数学教員のための
確率論

推薦のことば

大学で学ぶことの目的や目標は、学生諸君により諸種であると思います。しかしながら、深い専門的知識や高度な技術、そして幅広い教養の習得を大学教育の主要な目的とすることに異存のある人は、少ないと思います。この目的達成のため岡山大学は、高度な専門教育とともに、人間活動の基礎的な能力である「教養」の教育にも積極的に取り組んでいます。

限られた教育資源を活用し大学教育の充実を図るには、効果的かつ能率的な教育実施が不可欠です。これを実現するための有望な方策の一つとして、個々の授業目的に即した適切な教科書を使用するという方法があります。しかしながら、日本の大学教育では伝統的に教科書を用いない授業が主流であり、岡山大学においても教科書の使用率はけっして高くはありません。このような教科書の使用状況は、それぞれの授業内容に適した教科書が少ないことが要因の一つであると考えられます。

適切な教科書作成により、授業の受講者に対して、教授する教育内容と水準を明確に提示することが可能となります。そこで教育内容の一層の充実と勉学の効率化を図るため、岡山大学では平成２０年度より本学所属の教員による教科書出版を支援する事業を開始いたしました。

岡山大学出版会編集委員会では、提案された教科書出版企画を厳正に審査し、また必要な場合には助言をし、教科書出版に取り組んでいます。

今回、岡山大学オリジナルの教科書として、教員養成における教科と学問の接続を目的とした確率論の教科書を出版することになりました。本書には小中高等学校の算数科数学科の教科内容から確率論が関わる様々な具体例が引用されています。やや難解な議論が必要になる部分もありますが、全体を通して一本の道筋に沿って書かれています。

本書が、今後も改良を加えながら、確率論の関連授業において効果的に活用され、学生諸君の教科の理解へ向けて大いに役立つことを期待しています。

また、これを機に、今後とも、岡山大学オリジナルの優れた教科書が出版されていくことを期待しています。

令和３年７月

国立大学法人 岡山大学 学長 槇野 博史

目次

0 はじめに

本書は, 著者が岡山大学教育学部で確率論の講義を担当する際に用いる資料を加筆・修正・整理しなおしたものである. 教科書の選定は存外に難しく,

- 数学的にあいまいではないもの;
- 教育学部で必要な話題に絞ってあるもの;
- 具体例が多いもの;

といった要件を満たすものを従来探し求めていた. 探し方が足りないせいかもしれないが, 皆目見当たらぬ. ならば, と思い教科書作成に踏み切ったわけである.

本書は二重に読めるように作成してある (つもりである).

- 中学校第 2 学年までの確率論の基礎を想定する場合は, 無印と○印の部分を
- それはもう知っているから高校の確率論の基礎を, という場合は無印と☆印の部分を

読むと筋が通るようにしてある. 前者を小中コース, 後者を中高コースと便宜的に呼ぶことにすれば, 小中コースは有限確率空間を舞台として, 主として大数の法則をゴールにしている. 一方, 中高コースは一般の確率空間を舞台として, 中心極限定理をゴールにしている.

確率論の教科書を読んだことのある読者であれば, 多くの場合, 記述が二度手間になること, それを避けようとすると過度に抽象的な記述になってしまうことをご存じであろう. 本書では両者の良いところを選り抜いたつもりでいるが, もしかすると両者の悪いところばかりを選んでしまっているかもしれない. 読者の判断を待つことにする.

記号

本書で用いる集合論周辺の記号を整理しておく.

集合 S の元 x についての条件 $C(x)$ が与えられたとき, S の元 x で条件 $C(x)$ を満たすものの全体を

$$\left\{x \in S \;\middle|\; C(x)\right\} \quad \text{(内包的記法)}$$

とあらわす. 0 を自然数とみなし, $\mathbb{N}$ は自然数の全体がなす集合である:

$$\mathbb{N} = \{0, 1, 2, 3, \cdots\}.$$

$\mathbb{R}$ は実数の全体がなす集合である. A^c は部分集合 A の補集合である.

集合 A, B は, $A \cap B = \varnothing$ のとき**互いに素である**という. 集合 A, B が互いに素のとき, その和集合を $A \amalg B$ であらわし, 直和集合と呼ぶ. また, $\lambda \in \Lambda$ で添え字づけられた集合 A_λ たちが, どの二つも互いに素である場合は, その直和集合を $\coprod_{\lambda \in \Lambda} A_\lambda$ とあらわす. 集合 A の冪集合を 2^A であらわす.

集合 A の濃度を $\#A$ であらわす. $\aleph_0$ は可算無限濃度 ($\#\mathbb{N} = \aleph_0$), $\aleph$ は連続 (無限) 濃度 ($\#\mathbb{R} = \aleph$) である. 濃度が $\aleph_0$ 以下の集合を可算集合と呼ぶ. 有限個は 0 個を許す. 可算個は有限個または可算無限個の意味である.

$N, r \in \mathbb{N}$ に対して, 記号 $\binom{N}{r}$ で二項係数 ${}_N C_r$ をあらわす.

実数 $x \in \mathbb{R}$ に対して,

- x を超えない最大の整数を $\lfloor x \rfloor$ であらわし, $\quad (\lfloor x \rfloor \le x < \lfloor x \rfloor + 1)$
- x 以上の最小の整数を $\lceil x \rceil$ であらわす. $\quad (\lceil x \rceil - 1 < x \le \lceil x \rceil)$

実数 a, b について, $a \sim b$ は a が b と大体等しい (近似) ことをあらわす.

指数関数は e^x の代わりに $\exp x$ と書く場合もある.

集合 S 上の二項関係 $\le$ が**全順序関係**であるとは, 以下の 4 条件が成り立つことである.

(1) $\forall x \in S; x \le x,$

(2) $\forall x, y, z \in S; x \le y, y \le z \Rightarrow x \le z,$

(3) $\forall x, y \in S; x \le y, y \le x \Rightarrow x = y,$

(4) $\forall x, y \in S; x \le y \text{ or } y \le x.$

このとき, 組 $(S; \le)$ を**全順序集合**と呼ぶ. また, 集合 S は順序構造を持つと言う. $x \le y$ and $x \ne y$ のとき, $x < y$ とあらわす. 順序関係には全順序関係以外のものもあるが, 本書では専ら全順序関係しか用いない.

他の確率論の教科書と異なる記法

本書では, 数か所, 通常の確率論の教科書で採用する記法と異なる部分がある.

まず, 確率空間についてだが, 本書では, 有限確率空間の定義から始めるため, 確率測度の導入を後ろへ回し, 確率質量関数によって有限確率空間を定義する. この際, 確率質量関数を p で, 確率測度を P で表記している. これは, 前者が Ω 上の関数であるのに対して, 後者が Ω の冪集合 2^{Ω} 上の関数であるからである. 集合論が苦手な学生にとって写像の取り扱いは難しく, この意味で, 通常の確率論のような記法の濫用は学習上マイナスに働く. このような配慮から, 確率質量関数を P ではなく p であらわすことにした. なお, 結果と根元事象の区別も同様の配慮からくる区別である. 結果は outcome の訳語としたが, 日常用語との区別が難しく, いまいちかもしれない. また, このことから, Bernoulli 分布や二項分布や幾何分布の母数に p を用いることができなくなってしまい, p の代わりに通常は母数一般に用いる変数 θ を充てることにした.

通常, 半開区間 $(a, b]$ を利用することが多いが, 本書では任意の区間を利用している. 本書では累積密度関数を導入しないので, 特別 $(a, b]$ に拘る必要がないからだ.

通常は集合体 (有限加法族) について論ずる部分を半集合体 (set semifield) で論じている. これは確率測度の定義の際の議論を簡潔にするためである. また, Carathéodory の拡張定理は通常は集合体上の測度についての定理だが, 半集合体上の確率測度についての定理として紹介している. これも議論の重複を防ぐためである. なお, 半集合体や σ-集合体 $\mathcal{E}$ の定義に可分性

- 任意の 1 元部分集合は $\mathcal{E}$ に含まれる (可分性)

を含めている.

最後に, 著者は小針晛宏氏の著書『確率・統計入門』[11] に大いに影響を受けている. 本書にも [11] の影響が少なからず現れているだろう. しかし, 著者は小針氏の確率観が算数・数学教育と相性が良いと考えている.

第I部
確率空間

1 確率の定義—歴史—

確率の定義には歴史的な経緯から3種類の定義がある. 古典的確率, 統計的確率, 公理的確率である. 古典的確率や統計的確率は算数科・数学科で採用される確率であるが, 様々な問題点があり, 現代では公理的確率を採用する. 歴史的には古典的確率が最初に導入された確率であると言ってよいが, 学習指導要領では統計的確率を先に導入する.

1.1 古典的確率の定義と問題点

確率論は, G. Cardano[1)]によるサイコロ賭博に関する考察や, B. Pascal[2)]とP. de Fermat[3)]による往復書簡から始まったとされる. 古典的確率はこれらの集大成として, P. S. Laplace[4)]による1814年の著書『確率の哲学的試論』[8] において, 定義された確率である.

古典的確率の ‘定義’

全事象 Ω においてすべての結果が同様に確からしく起こるとき, 事象 E について, 実数 $\dfrac{\#E}{\#\Omega}$ を事象 E が起こる確率と呼ぶ.

しかし, 古典的確率には以下のようなデメリットがある:

(1) 同様に確からしいとは思えない場合はどうするのか. 例えば, 歪んだコインや画鋲を投げる場合はどうか.

(2) 全事象 Ω が無限集合だと, 確率が定義できない.

(3) そもそも「同様に確からしい」とはどういうことか. どのように確認するのか.

---

1)Girolamo Cardano, 1501—1576, イタリア. 3次方程式や4次方程式の代数的解法を記した『Ars magna』の著者.

2)Blaise Pascal, 1623—1662, フランス. Pascalの三角形, Pascalの定理などに名を遺す.

3)Pierre de Fermat, 1607—1665, フランス. Fermatの小定理, Fermat素数, Fermatの最終定理が有名.

4)Pierre Simon Laplace, 1749—1827. フランス. Laplace方程式, Laplace変換などに名を遺す.

1.2 統計的確率の定義と問題点

統計的確率はR. von Mises [5]を代表とする頻度主義に基づく確率である.

統計的確率の '定義'

何度でも独立に繰り返すことができる試行があるとする. この試行を N 回繰り返したとき, 事象 E が N_E 回起こったとする. このとき, N を大きくすると相対度数 $\dfrac{N_E}{N}$ は一定の実数 θ に近づく. この極限 θ を事象 E が起こる確率と呼ぶ.

しかし, 統計的確率にも以下のようなデメリットがある:

(1) 本当に何回でも繰り返すことができるのか. 例えば, 1 度きりしか起こらない事柄について確率を考えることはできるのか.[6]

(2) 試行を無限に繰り返すことができたとして, 相対度数 $\dfrac{N_E}{N}$ は必ずある実数に収束するか.

(3) 現実には (人間には), 試行を無限に繰り返すことができないので, つまり, 確率を計算することができないのではないか.

1.3 統計的確率・古典的確率のメリット

古典的確率に対する統計的確率のメリットとしては, 次がある:

- 「同様に確からしい」というのは仮定なので, それを確認することはできない. しかし, 統計的確率は実験に基づいているので, (正確ではないものの実際に) 相対度数によってある程度は確率を確認できる.

一方, 統計的確率に対する古典的確率のメリットとしては, 次がある:

- 統計的確率は実験に基づいているので, 実験をしないと確率が分からない. しかし, 古典的確率であれば実験をしなくても, 確率を計算することができる.

以上より, 古典的確率と統計的確率はそれぞれ一長一短であり, どちらか一方を採用するというのは賢明とは言えない. しかし, 両方を採用する

---

[5] Richard von Mises. 1883—1953. オーストリア=ハンガリー.

[6] Mises は 1 度きりの事柄について確率を考えることを無意味と考えていた. "First the Collective —then the Probability". したがって, Mises にとってこれはデメリットですらなかった.

と確率というものをどう捉えるべきかが分からなくなってしまう. つまり, これらの諸問題は, 古典的確率と統計的確率だけに頼る限り根本的に解決不可能で, どうしても不満足感が残ってしまうのである.

このような混沌とした状況を解消するために, 公理的確率を導入する.

1.4　公理的確率

公理的確率は A. N. Kolmogorov[7)]による 1933 年の著書『確率論の基礎概念』[10] において定義された確率である. これ以降, 数学ではこの定義が現在まで採用されており, 統計的確率も古典的確率も現代では公理的確率論の文脈の中で定式化される.

公理的確率では, 確率をしかるべき公理を満たすものとして定義する. この結果, 確率論は「確率とは何か」という根元的な問いに答えることを積極的に放棄することになった. このような流れは 1900 年の ICM[8)]での D. Hilbert による宣言を皮切りとする数学の形式化の流れの中で当然のことであったと言えよう.

Laplace による古典的確率も例にもれず, 公理的確率論の中では一様確率空間として定式化される. この結果, 古典的確率の定義が持っていた不満足感は解消されることになった.

Mises による統計的確率は公理的確率論の中では大数の法則として定式化され, その確固とした地位を得ている. また, 公理的確率という形式化された確率に命を吹き込む解釈の一つとして息づいている.

なお, 数学教育においては, Mises 流の統計的確率の考え方は, 教育上別の意味も持つ. 中学校においては, 古典的確率の指導の際に統計的確率を援用する. 2 枚のコインの実験は中学校第 2 学年の古典的確率の指導の典型的な具体例であるが, この指導の際に実験によって統計的確率 (相対度数) を求める. このことは, 推測統計学の考え方へと繋がっている.

---

7) Andrei Nikolaevich Kolmogorov, 1903—1987. ロシア.

8) ICM (International Congress of Mathematicians) 国際数学者会議. 大体 4 年に 1 度開催される.

2 確率空間

2.1 有限確率空間 (◯)

ここでは, まず有限確率空間から導入する. これは, 算数科・数学科における確率の取り扱いが ‘基本的には’ 有限なものであるからだ.

定義 2.1. Ω を有限集合とする. 写像 $p : \Omega \to \mathbb{R}$ が

(1) $\forall \omega \in \Omega; p(\omega) \geq 0,$ (2) $\displaystyle\sum_{\omega \in \Omega} p(\omega) = 1$

を満たすとき, 関数 p を**確率質量関数**, 組 $(\Omega; p)$ を**有限確率空間**と呼ぶ. また, $E \subseteq \Omega$ を**事象** *(an event)* と呼び, $\{\omega\} \subseteq \Omega$ を**根元事象** *(an elementary event)* と呼ぶ. $\omega \in \Omega$ を**結果** *(an outcome)* と呼ぶ.

例 2.1. $\Omega := \{H, T\}$ とおき, 写像 $p : \Omega \to \mathbb{R}$ を次で定めると有限確率空間 $(\Omega; p)$ が得られる:

$$p(H) = \frac{2}{3}, \quad p(T) = \frac{1}{3}.$$

例 2.2. $\Omega := \{H, T\}$ とおき, 写像 $p : \Omega \to \mathbb{R}$ を次で定めると有限確率空間 $(\Omega; p)$ が得られる:

$$p(H) = \frac{1}{2}, \quad p(T) = \frac{1}{2}.$$

例 2.3. $\theta \in [0,1]$ とする. $\Omega := \{H, T\}$ とおき, 写像 $p : \Omega \to \mathbb{R}$ を次で定めると有限確率空間 $(\Omega; p)$ が得られる:

$$p(H) = \theta, \quad p(T) = 1 - \theta.$$

例 2.4. $\Omega := \{H, T, S\}$ とおき, 写像 $p : \Omega \to \mathbb{R}$ を次で定めると有限確率空間 $(\Omega; p)$ が得られる:

$$p(H) = \frac{1}{2}, \quad p(T) = \frac{1}{2}, \quad p(S) = 0.$$

例 2.5. $\Omega := \{$グー, チョキ, パー$\}$ とおき, 写像 $p : \Omega \to \mathbb{R}$ を次で定めると有限確率空間 $(\Omega; p)$ が得られる:

$$p(\text{グー}) = \frac{1}{3}, \ p(\text{チョキ}) = \frac{1}{3}, \ p(\text{パー}) = \frac{1}{3}.$$

例 2.6. $\Omega := \{$ 太郎, 一郎, 花子 $\}$ とおき, 写像 $p : \Omega \to \mathbb{R}$ を次で定めると有限確率空間 $(\Omega; p)$ が得られる:

$$p(\text{太郎}) = \frac{1}{3}, \ p(\text{一郎}) = \frac{1}{3}, \ p(\text{花子}) = \frac{1}{3}.$$

例 2.7. $\Omega := \{1, 2, 3, 4, 5, 6\}$ とおき, 写像 $p : \Omega \to \mathbb{R}$ を次で定めると有限確率空間 $(\Omega; p)$ が得られる:

$$p(\omega) = \frac{1}{6}.$$

例 2.8. $\Omega := \left\{\omega \;\middle|\; \omega \text{は日本の大学生}\right\}$ とおき, 写像 $p : \Omega \to \mathbb{R}$ を次で定めると有限確率空間 $(\Omega; p)$ が得られる:

$$p(\omega) = \frac{1}{\#\Omega}.$$

定義 2.1 によれば, $p(\omega) = 0$ となる結果 $\omega \in \Omega$ が存在してもよいことになる. 例 2.4 はそのような例になっている. また, 統計学では, 例 2.6 や例 2.8 のような例が基本的になる.

補足 1. Ω の元のことを結果と呼ぶのは, 確率論の文脈ではわかりやすい. 例えば, 例 2.7 の場合, サイコロを振った '結果' と思えるからである. 一方, 統計学の文脈で, 例 2.6 や例 2.8 の場合に Ω の元, すなわち, 太郎・一郎・花子や大学生を結果と呼ぶのがいささか不自然に感じるかもしれないが, Ω からランダムに抽出した '結果' が「太郎」や「個々の大学生」だと思えば不自然ではない.

定義 2.2. $(\Omega; p)$ を有限確率空間とする. このとき, $\mathcal{E} := 2^{\Omega}$ とおき, また, $E \in \mathcal{E}$ に対して,

$$P(E) := \sum_{\omega \in E} p(\omega)$$

とおく. $\mathcal{E}$ を**事象空間**, P を p **が定める確率測度**と呼ぶ. また, 組 $(\Omega; \mathcal{E}, P)$ も**有限確率空間**と呼ぶ.

確率質量関数 p には Ω の元が入力されるのに対して, 確率測度 P には $\mathcal{E}$ の元 (Ω の部分集合) が入力されることに注意しよう. また, $p(\omega) = P(\{\omega\})$ が成り立つから, 確率質量関数は確率測度から求めることができる.

補足 2. 今後,「確率空間 $(\Omega; \mathcal{E}, P)$」と書いたら, 読者は有限確率空間のことと思えばよい. このような記述をするのは, 後に一般の確率空間としても読めるようにするためである.

次の命題は簡単に示される:

命題 2.1. 確率測度 $P : \mathcal{E} \to \mathbb{R}$ は以下を満たす:

(1) $E \in \mathcal{E} \Rightarrow P(E) \geq 0$.

(2) $E_n \in \mathcal{E}$ $(n = 1, 2, 3, \cdots)$ が対ごとに素であれば,
$$P\left(\coprod_{n=1}^{\infty} E_n\right) = \sum_{n=1}^{\infty} P(E_n). \qquad \text{(完全加法性)}$$

(3) $P(\Omega) = 1$.

(2) を確率測度の**完全加法性**と呼ぶ. 完全加法性については, いま Ω が有限集合なので, 有限個の事象を除いて $E_n = \varnothing$ となることに注意しよう. ここで, わざわざこの命題を取り上げたのは, 後々一般の確率空間をスムースに定義できるようにするためである.

2.2 解釈

2.2.1 試行の解釈

有限集合 Ω は試行 (trial) を意味する．このとき，元 $\omega \in \Omega$ は試行によって生起する結果を意味する．これに確率質量関数を合わせることで事象が確率的に生起すると解釈できるようになる．

現実		数学
試行	$\longleftrightarrow$	有限集合 Ω
事象	$\longleftrightarrow$	部分集合 $E \subseteq \Omega$
結果	$\longleftrightarrow$	元 $\omega \in \Omega$

補足 3. 例えば，例 2.1 は，画鋲を投げる試行と解釈し，H を針が上を向く，T を針が下を向く，と解釈してもよい．ただし，確率質量関数 p の仮定が妥当か否かは分からない．

補足 4. 例えば，例 2.2 は，コインを投げる試行と解釈し，H をコインの表が上を向く，T をコインの裏が上を向く，と解釈してもよい．ただし，確率質量関数 p の仮定が妥当か否かは分からない．

例 2.1 と例 2.2 では，集合 Ω は同じだが，確率質量関数が異なるので，例 2.1 と例 2.2 は確率空間として異なる．

補足 5. 例えば，例 2.3 は，歪んだコインを投げる試行と解釈し，H をコインの表が上を向く，T をコインの裏が上を向く，と解釈してもよい．このコインは歪んでいるので，表が出る確率・裏が出る確率ともに分からない．このようなときは実験をするしかないが，いずれにせよ確率自体は定まる'はず' なので[9]，それを θ とすれば，例 2.3 のように定式化できる．

補足 6. 例えば，例 2.4 は，コインを投げる試行と解釈し，H をコインの表が上を向く，T をコインの裏が上を向く，S をコインが立つ，と解釈してもよい．ただし，確率質量関数 p の仮定が妥当か否かは分からない．

補足 7. 例えば，例 2.5 は，じゃんけんで手を出す試行と解釈することができる．ただし，確率質量関数 p の仮定が妥当か否かは分からない．

補足 8. 例えば，例 2.6 は，太郎・一郎・花子の中から無作為に一人抽出する試行と解釈し，「太郎」を太郎を抽出する，「一郎」を一郎を抽出する，「花子」を花子を抽出する，と解釈してもよい．この設定は統計学における基本的な設定であり，確率質量関数 p の仮定は無作為抽出をあらわす．つまり，この仮定は統計学的に要請したい仮定である．もちろん，現実に等確率に抽出できるかは分からない．

---

[9] 本当は，確率が定まっていること自体も仮定である．歪んでいるので，コインを投げるたびに確率が変わっている可能性すら本当はある．すべて仮定である．

例 2.5 と例 2.6 では, 集合 Ω は異なるが, その上の確率質量関数は '同じ' と思うことができる. このようなとき, 二つの確率空間は**同型である**という. このように, 異なる現象を同型な確率空間で表現できることもある.

補足 9. 例えば, 例 2.8 は, 日本の大学生の中から無作為に一人抽出する試行と解釈してもよい. この設定は統計学における基本的な設定であり, 確率質量関数 p の仮定は無作為抽出をあらわす. つまり, この仮定は統計学的に要請したい仮定である. もちろん, 現実に等確率に抽出できるかは分からない.

このように, 結果は数学的には集合 Ω の元に過ぎないが, 結果の解釈は試行によって実に様々である. 以上を踏まえて, 数学ではこれらをすべて「生起する/起こる」という.

2.2.2 確率はいくら？

有限集合 Ω 上に確率質量関数 p を与えることは, 有限集合 Ω が意味する試行によって起こる結果ごとに, それが起こる確率を定めることである.

例えば, ここにコインが 1 枚あって, 「表が出る確率はいくらですか」と問われたとき, 「$\frac{1}{2}$ です」と答えてはいけない. 「そんなことは分からないので, $\frac{1}{2}$ としましょう. そうすると実験とよく合うようです」と答えるべきだ. 確率論というと, 先験的・絶対的な確率というものがどこか宙にフワフワと浮いていて, それを探求する学問であるかのように誤解するものが多いが, 確率というのは先験的に定まっているものではなく, 人間が主体的に定めるものだ. 確率が先験的に定まっていると感じてしまうのは思い込みであり, 大昔の確率観である. ちょうど「真理」なるものがどこかにあって, それを懸命に追及探求するのが学問だと思っているような 19 世紀以前の学問観のようである. 「真理」というのは言葉の上でしか存在しない. 何を仮定すれば何が結論されるか, という議論の連鎖が数学なのであって, どの仮定が真理に続いている道か, などと考えるのは不毛な詮索である[10]. 繰り返すと, 確率は人間が主体的に定めるものである. 有限集合 Ω にどのような確率質量関数 p を与えるかは人間が主体的に決めることであり, 先験的に何らかの真理に基づいて決まっているものではない.

公理的確率論では, 「確率質量関数はどう定められるべきか」という根元的な問に答えることを積極的に放棄する. これは「仮定」に過ぎない.

確率論は仮定から始まる

ということを肝に銘じるべきだろう. 我々は, 語りえないことについては沈黙しなければならない.

---

[10]例えば, 平行線公理は正しいか, などと考えるのは不毛であり, 「平行線公理を仮定したら何が結論されるか」が数学である. もちろん, 「平行線公理の否定を仮定したら何が結論されるか」を考えるのも数学である.

2.3 一様確率空間 (○)

公理的確率論の中で古典的確率を定式化するために, 一様確率空間を導入する.

定義 2.3. 有限確率空間 $(\Omega; p)$ が**一様確率空間**であるとは,

$$\forall \omega, \omega' \in \Omega; p(\omega) = p(\omega')$$

が成り立つことである. また, このときの確率質量関数を**一様確率質量関数**と呼ぶ.

これは, 任意のふたつの結果の生起する確率が等しい, すなわち, すべての結果が等確率で生起するという条件である. 例えば, 例 2.1 や例 2.4 の有限確率空間は一様確率空間でないが, 例 2.2 や例 2.5 や例 2.6 や例 2.7 や例 2.8 の有限確率空間は一様確率空間である. 例 2.3 は, $\theta = \frac{1}{2}$ のときは一様確率空間だが, $\theta \neq \frac{1}{2}$ のときは一様確率空間でない.

次の命題は簡単に証明される:

命題 2.2. $(\Omega; p)$ を一様確率空間とすると, 各結果 $\omega \in \Omega$ に対して, $p(\omega) = \dfrac{1}{\#\Omega}$ となる. 逆に, 任意の空でない有限有限集合 Ω は, 各結果 $\omega \in \Omega$ に $p(\omega) := \dfrac{1}{\#\Omega}$ と定めることで, 一様確率空間 $(\Omega; p)$ にすることができる.

次の命題も簡単に証明される:

命題 2.3. 一様確率空間 $(\Omega; p)$ において, 事象 $E \in \mathcal{E}$ に対して, 次が成り立つ:

$$P(E) = \frac{\#E}{\#\Omega}.$$

2.3.1 古典的確率の現代的理解

命題 2.3 は古典的確率の解釈を与えている. 有限集合 Ω 上に一様確率質量関数 p を与えることは, 有限集合 Ω が意味する試行によって生起する結果が '同様に確からしい' と仮定することを意味する. 現代数学的には (公理的確率論の立場では), '同様に確からしい' という考え方は確率に対する仮定であり, 何ら真理ではない. いわゆる「古典的確率」は, こうして一様確率質量関数という仮定として公理的確率論に組み込まれる[11]. 以上で, 古典的確率論の持つデメリット (1)(2)(3) については, 次のように解答できる:

デメリット (1) について:　同様に確からしいと思えない場合は一様確率質量関数以外の確率質量関数を定めればよい.

デメリット (2) について:　全事象 Ω が無限集合の場合には, 有限確率空間では対処できない. 一般の確率空間を導入しないといけない. 一般の確率空間は 2.5 節以降で導入される.

デメリット (3) について:　「同様に確からしい」とは, 有限集合 Ω 上に一様確率質量関数を仮定することである. これは仮定なので, そもそも「同様に確からしい」ことを確認する必要がない.

2.3.2　無作為抽出—統計学での利用—

一様確率空間は統計学でもよく用いられる. 特に, 例 2.6 や例 2.8 は**推測統計学**の文脈でよく現れる. 推測統計学では有限確率空間 $(\Omega; p)$ は**母集団**をあらわす. 12.1 節以降でもう少し詳しく述べるが, 推測統計学では母集団の情報は未知であるとする. しかし, 未知であるからこそ我々は母集団の情報を知りたい. そこで, 母集団から標本を抽出し, その標本から母集団の情報を推測する[12] のである. さて, このとき標本の抽出は作為的であってはならない. もし, 特定の Ω の元が他の元より抽出される確率が高い (低い) ようなことがあったら, 母集団の情報を読み取るのは難しくなってしまうだろう. つまり, これは集合 Ω 上に一様確率質量関数を与えること意味する. このような抽出を**無作為抽出**と呼ぶ. 言い換えれば, 無作為抽出を行なう際には母集団を一様確率空間 $(\Omega; p)$ とみなすのである.

補足 10. このような目的から言えば, 本来は例 2.8 のように大きな母集団を想定するのが普通である. しかし, これでは読者に手計算をしてもらうことができないので, その toy model[13] として, 例 2.6 を挙げている.

2.4　確率論と組合せ論 (○)

組合せ論的な対象を集合論的にどのように記述するか, という観点は大切である. 以下, いくつか基本的な有限集合を挙げるが, これらはいずれも組合せ論的に重要な対象である.

例 2.9. $\Omega := \{1, 2, 3, 4, 5, 6\}$. $(\#\Omega = 6)$
例えば, この有限集合は ‘ひとつのサイコロを振る’ という試行を意味する. 元 $4 \in \Omega$ は ‘4 の目が出る’ という結果を意味する.

---

[11] これに対して, 「統計的確率」を公理的確率論に組み込むためには, 大数の法則を証明するのを待たねばならない.

[12] 推測統計学における標本の確率論的な取り扱いについては後で Part III で述べる.

[13] 手計算ができるオモチャ(toy) のような具体例のこと.

定義 2.4. 有限集合 Ω と $r \in \mathbb{N}$ に対して, 集合 Ω^r を次で定める:

$$\Omega^r := \left\{ \omega = (\omega_1, \cdots, \omega_r) \,\middle|\, \omega_1, \cdots, \omega_r \in \Omega \right\}.$$

$\#\Omega = n$ のとき, ${}_n\Pi_r := \#\Omega^r$ とおき, これを**重複順列**と呼ぶ.

例 2.10. 例 2.9 の Ω に対して,

$$\Omega^3 = \{1, 2, 3, 4, 5, 6\}^3. \qquad (\#\Omega^3 = 6^3 = {}_6\Pi_3 = 216)$$

例えば, この有限集合は '3 個のサイコロを振る' という試行を意味する. 元 $(4, 4, 2) \in \Omega^3$ は '1 つ目のサイコロで 4 の目が, 2 つ目のサイコロで 4 の目が, 3 つ目のサイコロで 2 の目が出る' という結果を意味する.

定義 2.5. 有限集合 Ω と $r \in \mathbb{N}$ に対して, 集合 $\Omega^{\langle r \rangle}$ を次で定める:

$$\Omega^{\langle r \rangle} := \left\{ \omega = (\omega_1, \cdots, \omega_r) \in \Omega^r \,\middle|\, \#\{\omega_1, \cdots, \omega_r\} = r \right\}.$$

$\#\Omega = n$ のとき, ${}_nP_r := \#\Omega^{\langle r \rangle}$ とおき, これを**(非重複) 順列**と呼ぶ.

例 2.11. 例 2.9 の Ω に対して,

$$\Omega^{\langle 3 \rangle} = \left\{ (\omega_1, \omega_2, \omega_3) \in \{1, 2, 3, 4, 5, 6\}^3 \,\middle|\, \#\{\omega_1, \omega_2, \omega_3\} = 3 \right\}. (\#\Omega^{\langle 3 \rangle} = {}_6P_3 = 120)$$

例えば, この有限集合は '1 から 6 まで書かれたカードの中から 3 回カードを非復元抽出で取る' という試行を意味する. 元 $(4, 5, 2) \in \Omega^{\langle 3 \rangle}$ は '1 枚目には 4 と, 2 枚目には 5 と, 3 枚目には 2 と書かれている' という結果を意味する.

定義 2.6. 有限集合 Ω と $r \in \mathbb{N}$ に対して, 集合 $\Omega^{(r)}$ を次で定める:

$$\Omega^{(r)} := \left\{ \omega \subseteq \Omega \,\middle|\, \#\omega = r \right\}.$$

$\#\Omega = n$ のとき, ${}_nC_r := \#\Omega^{(r)}$ とおき, これを**(非重複) 組合せ**と呼ぶ.

例 2.12. 例 2.9 の Ω に対して,

$$\Omega^{(3)} = \left\{ \omega \subseteq \{1, 2, 3, 4, 5, 6\} \,\middle|\, \#\omega = 3 \right\}. \qquad (\#\Omega^{(3)} = {}_6C_3 = 20)$$

例えば, この有限集合は '1 から 6 まで書かれたカードの中から 3 枚のカードを選ぶ' という試行を意味する. 元 $\{4, 5, 2\} \in \Omega^{(3)}$ は '4,5,2 のカードが選ばれる' という結果を意味する.

定義 2.7. 有限集合 Ω と $r \in \mathbb{N}$ に対して, 集合 $\Omega^{((r))}$ を次で定める:

$$\Omega^{((r))} := \left\{ \omega : \Omega \to \mathbb{N} \;\middle|\; \textstyle\sum_{\omega_1 \in \Omega} \omega(\omega_1) = r \right\}.$$

$\#\Omega = n$ のとき, ${}_nH_r := \#\Omega^{((r))}$ とおき, これを**重複組合せ**と呼ぶ.

例 2.13. 例 2.9 の Ω に対して,

$$\Omega^{((3))} = \left\{ \omega : \{1,2,3,4,5,6\} \to \mathbb{N} \;\middle|\; \textstyle\sum_{i=1}^{6} \omega(i) = 3 \right\}. \quad (\#\Omega^{((3))} = {}_6H_3 = 56)$$

例えば, この有限集合は '1 から 6 まで書かれたカードがそれぞれ十分たくさんあるとき, その中から 3 枚のカードを選ぶ' という試行を意味する. $\omega(1) = \omega(3) = \omega(5) = \omega(6) = 0, \omega(2) = 1, \omega(4) = 2$ で定まる元 $\omega \in \Omega^{((3))}$ は '2 と書かれたカードを 1 枚, 4 と書かれたカードを 2 枚選ぶ' という結果を意味する.

なお, 上記の ω を $\omega = \{\!\{2,4,4\}\!\}$ とあらわす. このように重複を許すものの集まりを集合と区別するために**多重集合**と呼び, 上記のように二重中括弧であらわす. この記法は集合の集合と見かけ上似ているので注意が必要である[14).]

補足 11. 集合では $\{2,4,4\} = \{2,4\}$ だが, 多重集合では $\{\!\{2,4,4\}\!\} \neq \{\!\{2,4\}\!\}$ である.

(非重複) 組合せと重複組合せの間の等式

$$\begin{aligned} {}_NC_r &= \frac{N(N-1)\cdots(N-r+1)}{r!} = {}_{N-r+1}H_r, \\ {}_{N+r-1}C_r &= \frac{N(N+1)\cdots(N+r-1)}{r!} = {}_NH_r \end{aligned}$$

は基本的である. これは, 全単射

$$\begin{aligned} \{1,\cdots,N\}^{(r)} &\longleftrightarrow \{1,\cdots,N-r+1\}^{((r))}, \\ \{1,\cdots,N+r-1\}^{(r)} &\longleftrightarrow \{1,\cdots,N\}^{((r))} \end{aligned}$$

を構成することで証明される. 例えば,

$$\begin{array}{ccc} \{1,\cdots,9\}^{(4)} & \longleftrightarrow & \{1,\cdots,6\}^{((4))} \\ \cup\!\!\!\!\raisebox{0.5ex}{} & & \cup \\ \bigcirc\bigcirc\underline{\times}\bigcirc\underline{\times\times}\bigcirc\bigcirc\underline{\times} & \longleftrightarrow & \{\!\{3,4,4,6\}\!\} \\ \uparrow\uparrow\;\uparrow\quad\uparrow\;\;\uparrow\;\uparrow & & \\ 1\;2\;3\quad 4\;\;5\;6 & & \end{array}$$

のように対応させることで全単射が得られる.

14) 例えば, $\{\!\{2,3\}\!\}$ と $\{\{2,3\}\}$ は全く意味が違う.

2.5 一般の確率空間の導入 (☆)

我々は, まず有限確率空間から導入した. これは, 算数科・数学科における確率の取り扱いが '基本的には' 有限なものだったからだ. しかし, 算数科・数学科において取り扱われる確率には間接的に無限なものも含まれている. 例えば, コインを無限に投げる, じゃんけんを無限に繰り返す, などは有限確率空間では扱えない. 他にも, 表が出るまでコインを投げる, 勝負がつくまでじゃんけんを繰り返す, なども有限確率空間では扱えない. 標準正規分布に至ってはそもそも無限確率空間上の確率分布である. 本節では, 無限のものを含むように前節の定義を拡張する.

2.5.1 確率質量関数では不十分 (☆)

例えば, じゃんけんを 4 回繰り返す試行の場合, 集合としては

$$\Omega = \{\text{勝ち}, \text{負け}, \text{引き分け}\}^4$$

を考えればよいことになる. この場合, 引き分けが続く確率は $(\frac{1}{3})^4 = \frac{1}{81}$ である (一様確率空間で考えることにして).

しかし, じゃんけんを無限に繰り返す試行の場合はどうだろうか. この場合, 集合としては

$$\Omega = \{\text{勝ち}, \text{負け}, \text{引き分け}\}^\infty$$

を考えることになるだろう. このとき, 例えば無限に引き分け続ける結果 (引き分け, 引き分け, 引き分け, $\cdots$) を生起する確率は 0 である. さらによく考えてみると, どんな結果であろうと, その確率は 0 となる. 例えば, 勝ち負けを交互に繰り返す結果 (勝ち, 負け, 勝ち, 負け, $\cdots$) を生起する確率も 0 である. つまり, 結果に確率を割り当てる確率質量関数が, この $\Omega = \{\text{勝ち}, \text{負け}, \text{引き分け}\}^\infty$ の場合には意味をなさないことになる.

そこで, 確率質量関数を考えるのではなく, 確率測度の方を主体に考えるようにしよう, という視点の変更をする. つまり, $(\Omega; p)$ よりも $(\Omega; \mathcal{E}, P)$ の方を考えるようにするのである. ここで, 事象の全体 $\mathcal{E}$ が必要となる.

無頓着に考えれば, $\mathcal{E}$ として Ω の部分集合の全体 (冪集合 2^Ω) をとればよい ($\mathcal{E} = 2^\Omega$). 実際, Ω が有限集合の場合はそのようにしていた. しかし, 一般の確率空間の場合には $\mathcal{E} = 2^\Omega$ が不適切であることが知られている.

2.5.2 確率の測れない事象 (☆)

確率と面積は '似ている'. 例えば, 一辺の長さが 1 の正方形 Ω の中に何か図形 E を描こう. 正方形 Ω の中の 1 点 ω をランダムに選ぶとき, 点 ω

が図形 E の中に入っている確率は E の面積で与えられるであろう. 確率について考えるときに, 面積や体積を想起することは基本的である.

現代数学的には, 確率は長さ・面積・体積といった概念とともに合わせて**測度**と呼ばれるものの一種として扱われる. しかしながら, 長さ・面積・体積といった概念は素朴であるにもかかわらず意外に厄介者なのである. まず, 我々が持っている '体積' の感覚がいかにいい加減であるかを見るために次の定理を紹介する:

Banach(バナッハ)-Tarski(タルスキ) の定理

定理 2.4. 3 次元ユークリッド空間 $\mathbb{R}^3$ の中に半径 1 の球体 B を用意する. いま, 球体 B の 5 個の小片への分解

$$B = B_1 \amalg B_2 \amalg B_3 \amalg B_4 \amalg B_5,$$

で, 小片 B_1, B_2, B_3, B_4, B_5 を回転平行移動したものを $B'_1, B'_2, B'_3, B'_4, B'_5$ とすると, $B'_1 \amalg B'_2$ と $B'_3 \amalg B'_4 \amalg B'_5$ をそれぞれ半径 1 の球体にすることができるものが存在する.

まず注意してほしいのは, この定理で作った $B'_1 \amalg B'_2$ と $B'_3 \amalg B'_4 \amalg B'_5$ はそれぞれ中身の詰まった正真正銘の半径 1 の球体であることだ. 決してスカスカではない. 何と直観に反することか. あまりに直観に反するので, しばしば ***Banach-Tarski* のパラドクス**と呼ばれることがある[15]. しかし, これは数学的定理であり, 厳密に証明されている.

例えるなら, 1 個のリンゴをナイフで巧妙に 5 つに切り分けて組み直すと, もとのリンゴと同じ大きさのリンゴが 2 個できる, と主張しているのである. この定理から, 図形の中には体積を測ってはならない (体積を定めてはいけない) 図形があることが分かる. 実は, 主張にある $B_1, \cdots, B_5$ の中には, 体積を測ってはいけない図形が紛れ込んでいたのだ. このような図形 (集合) を**非可測集合**と呼ぶ.

確率を測ることができる事象の全体を $\mathcal{E}$ とおき, これを事象空間と呼ぶ. 上で述べたことは, $\mathcal{E} = 2^\Omega$ としてしまうと, $\mathcal{E}$ が大きすぎて不適切な場合があるということである. これは $\mathcal{E} = 2^\Omega$ では大きすぎるために, 上述の B_i のような病的な集合が含まれてしまうからである. したがって 'ほどほどに小さい' $\mathcal{E}$ を構成する必要が生じる. 実際には, $\#\Omega \leq \aleph_0$ の場合は $\mathcal{E} = 2^\Omega$ とすればよいので, 全く心配はいらない. 問題は $\#\Omega = \aleph$ の場合であるが, この場合は Ω 毎個別に適切な $\mathcal{E}$ を構成することになる[16].

---

[15] 本来は疑似パラドクスというべきであろう. 論理的には正しいが, 素朴な直観と反する事実を疑似パラドクスと呼ぶ.

[16] とは言え, あまり神経質になる必要はなく, さしあたり「上手い $\mathcal{E}$ が構成できる」という事実だけ知っておけば十分だったりする.

2.6 可測空間 (☆)

確率を '測る' ことができる集合の全体がどのような性質を満たすべきか, という観点でいくつか定義をする.

定義 2.8. Ω を集合とする. このとき, 部分集合の族 $\mathcal{E} \subseteq 2^{\Omega}$ が **Ω 上の σ-集合体**であるとは,

(1) $\varnothing, \Omega \in \mathcal{E}$,

(2) $\omega \in \Omega \to \{\omega\} \in \mathcal{E}$,

(3) $E, F \in \mathcal{E} \Rightarrow E \cap F \in \mathcal{E}$,

(4) $E, F \in \mathcal{E} \Rightarrow E \setminus F \in \mathcal{E}$,

(5) $E_n \in \mathcal{E}\ (n \in \mathbb{N}), E_n \subseteq E_{n+1}\ \ (n \in \mathbb{N}) \Rightarrow \bigcup_{n\in\mathbb{N}} E_n \in \mathcal{E}$

を満たすことである. 集合 Ω とその上の σ-集合体 $\mathcal{E}$ の組 $(\Omega;\mathcal{E})$ を**可測空間**と呼ぶ. また, $E \in \mathcal{E}$ を**可測集合**と呼ぶ.

次の命題を意識することは大切である. どの主張も簡単に証明できる.

命題 2.5. $(\Omega;\mathcal{E})$ を可測空間とする. このとき, 以下が成り立つ:

(1) $E \in \mathcal{E} \Rightarrow E^c \in \mathcal{E}$.

(2) $E, F \in \mathcal{E} \Rightarrow E \cup F \in \mathcal{E}$.

(3) $E_n \in \mathcal{E}\ (n \in \mathbb{N}), E_n \supseteq E_{n+1}\ \ (n \in \mathbb{N}) \Rightarrow \bigcap_{n\in\mathbb{N}} E_n \in \mathcal{E}$.

(4) $E_n \in \mathcal{E}\ (n \in \mathbb{N}) \Rightarrow \bigcup_{n\in\mathbb{N}} E_n, \bigcap_{n\in\mathbb{N}} E_n \in \mathcal{E}$.

(5) $E \subseteq \Omega$ を可算部分集合とすれば, $E \in \mathcal{E}$.

Proof. (1) $\Omega \in \mathcal{E}$ と $E^c = \Omega \setminus E$ から従う.

(2)(3)(4) (1) によって補集合をとれば, σ-集合体の公理から従う.

(5) 可算部分集合は 1 元部分集合の可算個の和集合だから. □

$\mathcal{E}_i\ \ (i \in I)$ を集合 Ω 上の σ-集合体の族とするとき, $\bigcap_{i\in I} \mathcal{E}_i$ は再び Ω 上の σ-集合体になる. ゆえに, Ω の部分集合の族 $\mathcal{F} \subseteq 2^{\Omega}$ が与えられたとき, $\mathcal{F}$ を含む σ-集合体の全体がなす族 $\mathcal{E}_i\ \ (i \in I)$ を考えることで, $\bigcap_{i\in I} \mathcal{E}_i$ は再び Ω 上の σ-集合体になる. これは**$\mathcal{F}$ を含む最小の σ-集合体**である.

例 2.14. Ω を集合とする. このとき, $\mathcal{E} := 2^{\Omega}$ とおけば, $\mathcal{E}$ は Ω 上の σ-集合体である. したがって $(\Omega;\mathcal{E}) = (\Omega; 2^{\Omega})$ は可測空間である. 任意の集合 Ω

は, このように自明な方法で可測空間にすることができる. 逆に, Ω が可算集合であれば, Ω 上の σ-集合体は 2^Ω に限る.

Banach-Tarski の定理のような病的な現象を避けるためには, 慎重に σ-集合体を構成する必要がある. そのための手立てとなるのが次に紹介する半集合体である.

定義 2.9. Ω を集合とする. このとき, 部分集合の族 $\mathcal{E} \subseteq 2^\Omega$ が **Ω 上の半集合体**であるとは,

(1) $\varnothing, \Omega \in \mathcal{E}$,

(2) $\omega \in \Omega \to \{\omega\} \in \mathcal{E}$,

(3) $E, F \in \mathcal{E} \Rightarrow E \cap F \in \mathcal{E}$,

(4) $E, F \in \mathcal{E} \Rightarrow$ 有限個の対ごとに素な $G_1, \cdots, G_n \in \mathcal{E}$ が存在して, $E \setminus F = G_1 \amalg \cdots \amalg G_n$

を満たすことである. $E \in \mathcal{E}$ を**基本図形**と呼ぶ.

補足 12. σ-集合体の公理 (4) より, 半集合体の公理 (4) の方が弱い. また, 半集合体には公理 (5) がない. したがって, σ-集合体は半集合体である.

2.6.1 区間・Borel 集合 (☆)

実数直線 $\mathbb{R}$ の部分集合 Ω が**区間**であるとは, Ω が空でなく, 任意の $a, b \in \Omega$ $(a < b)$ と $a < c < b$ となる実数 c に対して, $c \in \Omega$ となることである. 区間には, 以下の 9 種類がある:

	(閉区間)	(閉区間でない)
(開区間)	$(-\infty, +\infty)$,	$(-\infty, b), (a, b), (a, +\infty)$,
(開区間でない)	$(-\infty, b], [a, b], [a, +\infty)$,	$(a, b], [a, b)$.

区間の表記の左成分と右成分を**端点**と呼ぶことにする. 例えば, $[-2, 3)$ の端点は -2 と 3 であり, $(-\infty, 3]$ の端点は $-\infty$ と 3 である.

Ω を実数直線 $\mathbb{R}$ の区間とする. 区間 Ω に含まれるすべての区間, および空集合からなる集合を $\mathcal{B}_0$ とすれば, これは Ω 上の半集合体になる. しかし, Ω が 1 点集合でない限り, $\mathcal{B}_0$ は σ-集合体ではない.

定義 2.10. $\mathcal{B}_0$ を含む最小の σ-集合体を $\mathcal{B}_\Omega$ であらわす. これを **Ω 上の *Borel* 集合体**と呼ぶ. また, $B \in \mathcal{B}_\Omega$ を ***Borel* 集合**, **Ω の *Borel* 部分集合**と呼ぶ. 今後, Ω 上の σ-集合体としては, 常に $\mathcal{B}_\Omega$ を用いる. 通常, $\mathcal{B}_\mathbb{R}$ は $\mathcal{B}$ と略記する.

2.7 確率空間 (☆)

可測空間の上に確率測度が与えられたものが確率空間である. これが Kolmogorov による公理的な確率の定義である.

定義 2.11. $(\Omega;\mathcal{E})$ を可測空間とするとき, 写像 $P:\mathcal{E}\to\mathbb{R}$ が $(\Omega;\mathcal{E})$ **上の確率測度**であるとは, 以下を満たすことである:

(1) $E\in\mathcal{E}\Rightarrow P(E)\geq 0$,

(2) $E_n\in\mathcal{E}$ $(n=1,2,3,\cdots)$ が対ごとに素であれば,
$$P\left(\coprod_{n=1}^{\infty}E_n\right)=\sum_{n=1}^{\infty}P(E_n),\qquad \text{(完全加法性)}$$

(3) $P(\Omega)=1$.

このとき, 組 $(\Omega;\mathcal{E};P)$ を**確率空間**と呼ぶ. $\omega\in\Omega$ を**結果** *(an outcome)*, $\{\omega\}\in\mathcal{E}$ を**根元事象** *(an elementary event)* と呼ぶ. また, $E\in\mathcal{E}$ を**事象** *(an event)* と呼び, $P(E)$ を E **が生起する確率**と呼ぶ. $\mathcal{E}$ を**事象空間** *(an event space)* と呼ぶ. 公理 (2) を確率測度の**完全加法性**と呼ぶ.

しばしば, 確率は ‘ランダム’ という言葉で表現される. 確かに確率的現象はランダムな現象であろう. しかし, ‘ランダム’ という言葉はとても広い意味で利用されており, その中には確率的現象と言い切れないものも含まれる. それにもかかわらず, ‘ランダム’ という言葉から我々は確率を想起してしまう場合が多い. その結果, 思わぬ混乱が生じることになる.

2.7.1 Bertrand (ベルトラン) のパラドクス (☆)

確率は先験的に決まっていないことは先に述べた通りである. 何を以って同等とするかは人間が主体的に決めることである. しかしながら, ‘ランダム’ という言葉のベールによって, その主体性は覆い隠されてしまうことがある. このことを見るために *Bertrand* **のパラドクス**[17]を紹介しよう.

問題 1. 半径 1 の円に ‘ランダム’ に弦を引くとき, その長さが内接正三角形 *(ABC とする)* の一辺 *(長さ* $\sqrt{3}$*)* よりも長くなる確率を求めよ.

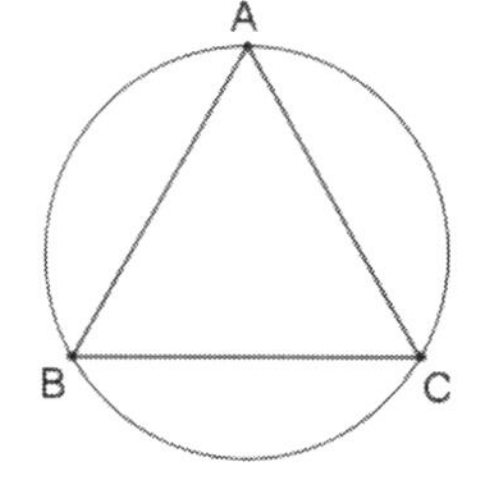

この問題に A さん B さん C さんはそれぞれ次のように回答した.

---

[17] Joseph Louis François Bertrand, 1822—1900. フランス.

解答 (A さん). 円周上に 2 点を無作為に選び, それらを結ぶ弦を考える. 必要ならば円を回転させることで選ばれた 1 点は正三角形の頂点 A として一般性を失わない. もう 1 点を P_0 とする. このとき, 弦の長さが内接正三角形の一辺より長くなるのは, 点 P_0 が孤 BC 上にあるときだから, 確率は $\frac{1}{3}$ である. ■

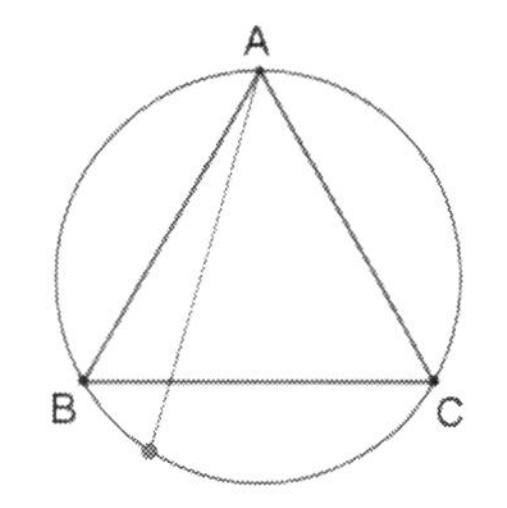

解答 (B さん). 必要ならば円を回転させることで弦は水平に引かれるとして一般性を失わない. まず, 点 A を通る直径 AE を引く. また, 直径 AE を $1:3$ に内分する点 D と $3:1$ に内分する点 F をとる. 直径 AE 上の 1 点 P_0 をランダムに与えることで, その点で垂直に交わる弦が得られる. このとき, 弦の長さが内接正三角形の一辺より長くなるのは, 点 P_0 が線分 DF 上にあるときなので, 確率は $\frac{1}{2}$ である. ■

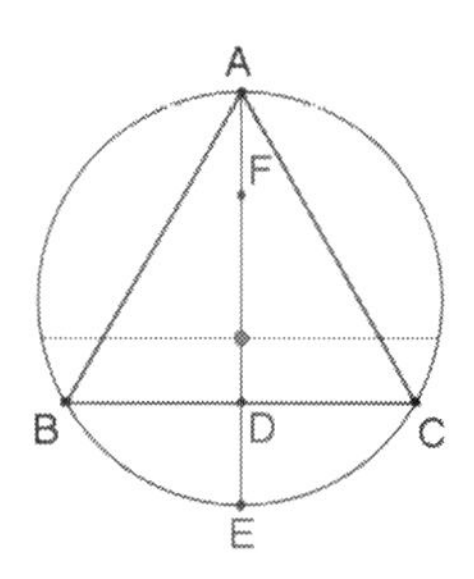

解答 (C さん). 円の内部の点 P_0 を無作為に選ぶ. 点 P_0 が中点となるような弦を考える. 中心が選ばれる確率は 0 だから無視する. このとき, 弦の長さが内接正三角形の一辺より長くなるのは, 点 P_0 が内側の円の内部にあるときなので, 確率は $\frac{1}{4}$ である. ■

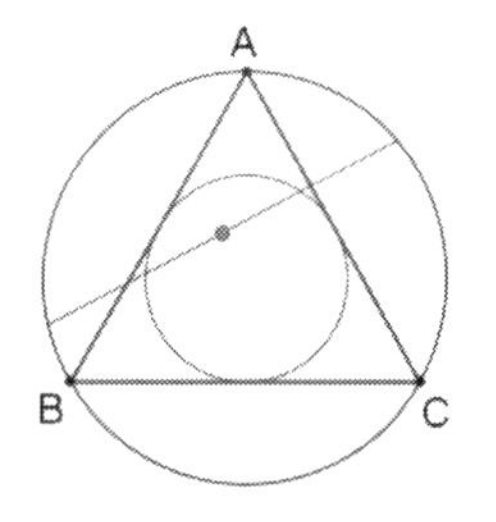

Bertrand のパラドクスは, 何を以って同等とするか, を明確にすることなしに確率を論ずることができない, という教訓を我々に与える. A さん B さん C さんは, 誰が正しいとかではなく, 3 人はそれぞれの仮定の下で正しいのである. この Bertrand のパラドクスでは, ‘ランダム’ の一言で, まるで確率が一意的に定まっているかのように思ってしまったところに混乱の原因がある. ‘ランダム’ の意味が不明確であれば三者三様の解答がありうる通り, この問題はそもそも解けないのである. 日常の不確実な現象を確率論で論じようとする場面では, ‘ランダム’ の意味が不明確な場合が多いので, そもそも解けるとは限らない可能性を考えるべきであろう.

確率空間 $(\Omega;\mathcal{E},P)$ には, 大別して**離散確率空間**と**連続確率空間**がある. 理論上は, 両者の混ざったものもありうるが, 応用上はそのような混合型が現れることはなく, どちらか一方のみが現れる. 有限確率空間は離散確率空間の一種である. 一般の確率空間では, 有限確率空間の場合と異なり, 期待値を持たない確率変数が存在するなど注意が必要な場合もある. 以下, 有限確率空間ではない基本的な確率空間をいくつか挙げる.

2.7.2 離散確率空間 (☆)

定義 2.12. 可測空間 $(P;\mathcal{E})$ 上の確率測度 P について, P が**離散 (確率) 測度**であるとは, ある可算可測集合 $E\in\mathcal{E}$ が存在して, $P(E^c)=0$ となることである. 可測空間と離散確率測度の組 $(\Omega;\mathcal{E},P)$ を**離散確率空間**と呼ぶ.

P が離散確率測度のとき,

$$p(\omega):=P(\{\omega\}),\quad (\omega\in\Omega)$$

とおけば, 関数 $p:\Omega\to\mathbb{R}$ が得られる. これを**確率質量関数**と呼ぶ. このとき, $p:\Omega\to\mathbb{R}$ は以下を満たす:

(1) 任意の $\omega\in\Omega$ に対して, $p(\omega)\geq 0$.

(2) 可算可測集合 $E_0\in\mathcal{E}$ が存在して, (a)(b)(c) が成り立つ:

  (a) E_0 に属さない $\omega\in\Omega$ に対して, $p(\omega)=0$.
  (b) E_0 に属す $\omega\in\Omega$ に対して, $p(\omega)>0$.
  (c) $\displaystyle\sum_{\omega\in E_0}p(\omega)=1$.

ここで, E_0 は有限集合のこともあれば, 可算無限集合のこともある. 集合 E_0 を p **の台** *(support)* と呼び, $\operatorname{supp}p$ とあらわす ($\operatorname{supp}p:=E_0$). また, $\operatorname{supp}P$ ともあらわして,P **の台**とも呼ぶ. 台が無限集合のとき条件 (c) では無限和になるが, すべての項が非負なので絶対収束することに注意する. したがって, 和をとる順番に依存せず極限が確定する.

逆に, 上の (1)(2) を満たす関数 $p:\Omega\to\mathbb{R}$ が与えられたとき,

$$P(E):=\sum_{\omega\in E\cap\operatorname{supp}p}p(\omega),\quad (E\in\mathcal{E})$$

とおけば, 関数 $P:\mathcal{E}\to\mathbb{R}$ が得られるが, このとき, P は離散確率測度になる.

こうして, 確率質量関数と離散確率測度は一対一に対応する.

$$\textbf{(確率質量関数)} \overset{1:1}{\longleftrightarrow} \textbf{(離散確率測度)}$$

つまり, 可測空間上に離散確率測度を与えることと確率質量関数を与えることは同じことである.

例 2.15. 有限確率空間 $(\Omega; p)$ が与えられたとき, p は台が有限な確率質量関数である. 事象空間を $\mathcal{E} := 2^{\Omega}$, 確率測度を $P(E) := \sum_{\omega \in E} p(\omega)$ と定めることで, 命題 2.1 ですでに示されている通り, 離散確率空間 $(\Omega; \mathcal{E}, P)$ が得られる. 有限確率空間は離散確率空間の一種である.

例 2.16. $\theta \in [0, 1]$ とし, $\Omega := \{0, 1\}$ とする. 写像 $p : \Omega \to \mathbb{R}$ を

$$p(1) = \theta, \quad p(0) = 1 - \theta$$

と定めると, これは確率質量関数である. 台は

- $\theta = 0$ のとき, $\operatorname{supp} p = \{0\}$,
- $0 < \theta < 1$ のとき, $\operatorname{supp} p = \{0, 1\}$,
- $\theta = 1$ のとき, $\operatorname{supp} p = \{1\}$

となる. 事象空間を $\mathcal{E} := 2^{\Omega}$, 確率測度を $P(E) := \sum_{\omega \in E} p(\omega)$ と定めることで, 離散確率空間 $(\Omega; \mathcal{E}, P)$ が得られる.

例 2.17. $\Omega := \mathbb{N}$ とおき, 写像 $p : \Omega \to \mathbb{R}$ を

$$p(\omega) = \frac{1}{2} \frac{1}{2^{\omega}}, \quad (\omega \in \mathbb{N})$$

と定めると, これは確率質量関数である. 台は $\operatorname{supp} p = \mathbb{N}$ となる. 事象空間を $\mathcal{E} := 2^{\mathbb{N}}$, 確率測度を $P(E) := \sum_{\omega \in E} p(\omega)$ と定めることで, 離散確率空間 $(\mathbb{N}; \mathcal{E}, P)$ が得られる.

ランダムという言葉が危険だということはすでに述べた通りであるが, Ω が有限集合のときは, とりあえず一様確率質量関数を仮定することができる. もちろんこれは仮定に過ぎないので, 現象を適切に表現しているかどうかは分からない. とは言え, とりあえずのたたき台として一様確率質量関数を考えることには意味がある.

しかし, Ω が例えば $\mathbb{N}$ のような無限集合のときは話が違う. この場合, 一様確率質量関数が存在しない. つまり, たたき台の確率質量関数すら存在しないのである. 例えば

問題 2. ‘ランダム’ に与えられた自然数が偶数である確率を求めよ.

のような問題の場合, $\mathbb{N}$ が無限集合であるため一様確率質量関数すら存在しない. したがって, この問題には答えられない. 言い換えれば, 確率論の問題になっていないのである[18].

[18] 確率論の問題ではないが, 整数論の問題ではある.

2.7.3 連続確率空間 (☆)

定義 2.13. 可測空間 $(\Omega;\mathcal{E})$ 上の確率測度 P について, P が**連続 (確率) 測度**であるとは, 任意の可算可測集合 $E \in \mathcal{E}$ に対して, $P(E) = 0$ となることである. 可測空間と連続確率測度の組 $(\Omega;\mathcal{E}, P)$ を**連続確率空間**と呼ぶ.

連続確率空間を作るときには, Banach-Tarski の定理のような病的な現象が生じないように慎重に事象空間 $\mathcal{E}$ と確率測度 P を作らねばならない. これには技術的な準備が必要になる.

まず, ほんの少し確率測度を拡張する.

定義 2.14. Ω を集合とし, $\mathcal{E}$ を Ω 上の半集合体とするとき, 写像 $P : \mathcal{E} \to \mathbb{R}$ が $(\Omega;\mathcal{E})$ **上の確率測度**であるとは, 以下を満たすことである:

(1) $E \in \mathcal{E} \Rightarrow P(E) \geq 0$.

(2) $E_n \in \mathcal{E}$ $(n = 1, 2, 3, \cdots)$ が対ごとに素で, $\coprod_{n=1}^{\infty} E_n \in \mathcal{E}$ あれば,

$$P\left(\coprod_{n=1}^{\infty} E_n\right) = \sum_{n=1}^{\infty} P(E_n).$$

(3) $P(\Omega) = 1$.

半集合体が σ-集合体の場合, この定義 2.14 が定義 2.11 と同値であることに注意せよ. 特に, 条件 (2) が定義 2.11 の条件 (2) とはわずかに異なることに注意せよ. 定義 2.14 は定義 2.11 の一般化になっている.

σ-集合体とその上の確率測度の構成が一筋縄に行かないとき, 我々は, 一旦, 半集合体上の確率測度を構成し, それを σ-集合体上の確率測度に拡張する, という手順を踏む. ここで利用するのが次の定理である.

Carathéodory の拡張定理 [6][13][14]

定理 2.6. Ω を集合, $\mathcal{E}_0$ を Ω 上の半集合体, P を $(\Omega;\mathcal{E}_0)$ 上の確率測度とする. このとき, $\mathcal{E}$ を $\mathcal{E}_0$ を含む最小の σ-集合体とすると, P は $\mathcal{E}$ 上の確率測度に一意的に拡張できる. すなわち, $\mathcal{E}$ 上の確率測度で $\mathcal{E}_0$ 上では P と一致するものが一意に存在する*).

*) この定理は E. Hopf の拡張定理とも呼ばれる.

今後, この定理は必要に応じて利用するが, 定理自体の証明をいま知ろうとする必要はない. この定理のおかげで, 我々は半集合体上の確率測度を作

ればよいことになる.

さて, Ω が実数直線 $\mathbb{R}$ の区間の場合, 次の定理は有用である.

定理 2.7. Ω を $\mathbb{R}$ の 1 点集合でない区間とする. $\varphi : \Omega \to \mathbb{R}$ を不連続点が有限個の区分的連続関数とし, 以下を満たすとする:

- $\forall t \in \Omega; \varphi(t) \geq 0$.
- $\displaystyle\int_\alpha^\beta \varphi(t)\,\mathrm{d}t = 1$ (広義 Riemann 積分).

ここで, α, β は区間 Ω の端点である. このとき, 可測空間 $(\Omega; \mathcal{B}_\Omega)$ 上の確率測度 P で, 任意の区間 C に対して

$$P(C) = \int_a^b \varphi(t)\,\mathrm{d}t$$

を満たすものが一意に存在する. ここで, a, b は区間 C の端点である.

Proof. $\mathcal{B}_0$ を区間と空集合のなす半集合体とする. いま, 区間に対しては P が定義されている. この P が $\mathcal{B}_0$ 上の確率測度であることは広義積分の定義から明らかである. つまり, P は $\mathcal{B}_0$ 上の確率測度である. したがって, Carathéodory の拡張定理から, 主張が示される. □

補足 13. 区間 C が端点を含んでいても含んでいなくても, 広義 Riemann 積分の積分値に影響を与えない.

定義 2.15. 定理 2.7 における関数 φ を連続確率測度 P の**確率密度関数**と呼ぶ.

我々は今後, $\Omega = [0, \infty), \mathbb{R}$ の場合にこの定理を利用する.

補足 14. 連続確率測度の様相はとても複雑で一言で述べるのは難しい. 可測空間 $(\Omega; \mathcal{B}_\Omega)$ 上の連続確率分布がすべてこのように区分的連続な確率密度関数から得られるわけではない. しかし, 応用上で現れる連続確率測度はこのような区分的連続な確率密度関数から得られるものばかりなので, あまり神経質になる必要はない.

到着率 λ の来客時刻の確率空間 $([0,\infty);\mathcal{B}_{[0,\infty)},P)$ (☆)

単位時間当たり平均で λ 人来客する店舗において, 1 人目の来客時刻を生起する確率空間を考えたい. 生起するのは時刻なので結果は半直線 $[0,\infty)$ に属す. この確率空間は, 例えば, 放射性物質が放射線を次に放出するまでの時間や, 地震が次に起こるまでの間隔, 電球の寿命などを記述する際に利用できる.

区間 $[a,b)$ に来客する確率 $P([a,b))$ が $\displaystyle\int_a^b \varphi(t)\,\mathrm{d}t$ とあらわされる関数 φ が存在するとして, $\varphi(t)=\lambda e^{-\lambda t}$ となることを説明しよう.

(説明). $P([a,b))$ は, 時刻 a までの間に来客せず, かつ, 時刻 a から b までの間に来客する確率でもある. そこで,

$$E_a := (\text{時刻 } a \text{ までの間に来客しない}),$$
$$F_{a,b} := (\text{時刻 } a \text{ から } b \text{ までの間に来客する})$$

とおこう. $\displaystyle\int_a^b \varphi(t)\,\mathrm{d}t = P(E_a\cap F_{a,b})$ となるはずである. また, 事象 E_a と事象 $F_{a,b}$ を独立であると仮定すれば, $P(E_a\cap F_{a,b})=P(E_a)P(F_{a,b})$ である. さらに, $P(E_a)=\displaystyle\int_a^\infty \varphi(t)\,\mathrm{d}t = 1-\int_0^a \varphi(t)\,\mathrm{d}t$ だから,

$$\int_a^b \varphi(t)\,\mathrm{d}t = \left(1-\int_0^a \varphi(t)\,\mathrm{d}t\right)P(F_{a,b}),$$
$$\frac{1}{b-a}\int_a^b \varphi(t)\,\mathrm{d}t = \left(1-\int_0^a \varphi(t)\,\mathrm{d}t\right)\cdot\frac{1}{b-a}P(F_{a,b})$$

を得る. ここで, $b\searrow a$ とすると,

$$\lim_{b\to a}\frac{1}{b-a}\int_a^b \varphi(t)\,\mathrm{d}t = \varphi(a), \quad \text{(積分版の平均値の定理)}$$
$$\lim_{b\to a}\frac{1}{b-a}P(F_{a,b}) = \lambda, \quad \left(\begin{array}{l}b-a \text{ を十分小さくとれば, その間に1}\\ \text{人しか来客しないと仮定してよいか}\\ \text{ら, } \lambda \text{ に収束すると考えられる.}\end{array}\right)$$

したがって, $\varphi(a)=\lambda\left(1-\displaystyle\int_0^a \varphi(t)\,\mathrm{d}t\right)$. 辺々微分して, $\varphi'(a)=-\lambda\varphi(a)$. 変数を置きなおして, $\varphi'(t)=-\lambda\varphi(t)$. これを解けば, $\varphi(t)=\lambda e^{-\lambda t}$ を得る. □

こうして, $P([a,b))=\displaystyle\int_a^b \lambda e^{-\lambda t}\,\mathrm{d}t$ となるのが自然だと分かる.

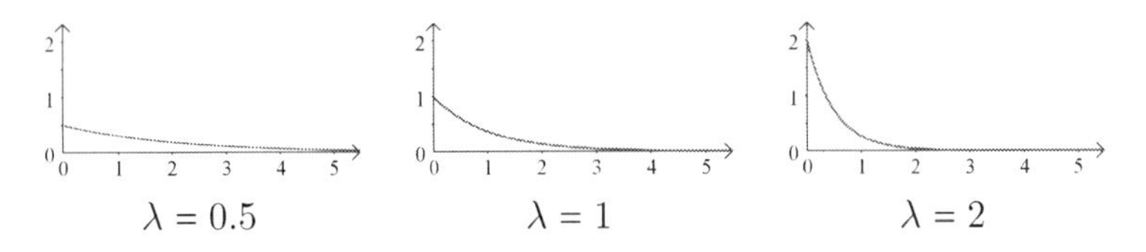

定数 $\lambda > 0$ をしばしば**到着率**と呼ぶ[19]. 定理 2.7 を適用すれば, P を $\mathcal{B}_{[0,\infty)}$ 上の確率測度に拡張できる. 以上より, 次の例を得る:

例 2.18. 可測空間 $([0,\infty); \mathcal{B}_{[0,\infty)})$ 上の (上で定めた) 確率測度 P を備えた到着率 $\lambda > 0$ の来客時刻の確率空間 $([0,\infty); \mathcal{B}_{[0,\infty)}, P)$ は連続確率空間である.

問題 3. 1 時間に平均 6 人が訪れる *web* サイトがある. 次の訪問者が 10 分以内に来る *(*到着する*)* 確率を求めよ.

解答. 到着率 $\lambda = 6$ として半直線 $[0,\infty)$ を考えて, $P([0,\frac{10}{60}])$ を求めれば,

$$P\left(\left[0, \frac{10}{60}\right]\right) = \int_0^{\frac{10}{60}} 6e^{-6x}\,\mathrm{d}x = \left[-e^{-6x}\right]_0^{\frac{1}{6}} = 1 - e^{-1} \quad (\sim 0.63212).$$

したがって, 確率 $1 - e^{-1}$. ■

問題 4. あなたは 1 時間に平均 3 人が訪れるコンビニのアルバイトであり, 今日はワンオペ[20]である. アルバイト中, あなたはトイレに行きたくなってしまった. 5 分はかかりそうだ. 幸いにも今はお客がいない. 今からトイレに行ってもよいだろうか.

解答. 到着率 $\lambda = 3$ として半直線 $[0,\infty)$ を考えて, $P([\frac{5}{60},\infty))$ を求めればよい.

$$P\left(\left[\frac{5}{60}, \infty\right)\right) = \int_{\frac{5}{60}}^{\infty} 3e^{-3x}\,\mathrm{d}x = \left[-e^{-3x}\right]_{\frac{1}{12}}^{\infty} = e^{-\frac{1}{4}} \quad (\sim 0.7788).$$

したがって, 確率 $e^{-\frac{1}{4}}$ で 5 分間お客が来ない. 判断に迷うところである. ■

[19] これは待ち行列の理論の用語である.
[20] あなた以外に従業員がいないこと.

精密度 s の偶然誤差の確率空間 $(\mathbb{R}; \mathcal{B}, P)$(☆)

測定の際に発生する誤差は, 偶然誤差・系統誤差・過失誤差に大別できる. 例えばメスシリンダーで溶液の体積を測る場面を考えよう. 最小目盛りの $\frac{1}{10}$ まで目分量で読むのが原則だったことを思い出そう.

- 偶然誤差 …「ある人は 46.5mL と読み取ったが, 別の人は 46.6mL と読み取った」など. この誤差は, 測定者がコントロールできない偶然によって生じたものである.
- 系統誤差 …「ある人は目分量を少なく読み取る傾向がある」「このメスシリンダーの目盛りは印刷がずれている」など. この誤差は, 偶然ではなく, 測定機器 (測定者も測定機器の一種) が持つ一定の傾向からくるものである.
- 過失誤差 …「測定機器の操作ミス」「測定者の勘違い」「目盛りの読み間違い」など. この誤差は, 人為的ミスによって生じたものである.

本小節では, 偶然誤差について考察する.

誤差が区間 $[a, b)$ に入る確率 $P([a, b))$ が $\displaystyle\int_a^b \varphi(\varepsilon)\,\mathrm{d}\varepsilon$ とあらわされる関数 φ が存在するとして, $\varphi(\varepsilon) = \dfrac{1}{\sqrt{2\pi s^2}} \exp\left(-\dfrac{\varepsilon^2}{2s^2}\right)$ となることを説明しよう.

(説明). 以下, J. F. W. Herschel [4] に基づく説明を述べる. 関数 φ は次を満たすとしてよいだろう.

(1) 誤差の量は, 誤差の絶対値にのみ依存する

(2) 誤差の量と, その誤差が生じる確率との間にはある関数関係があり, 前者が大きくなれば後者は小さくなる.

まず, 仮定 (1) より φ は偶関数であることに注意する.

さて, 床の上の一つの的をめがけて一定の高さからボールが落とされるとしよう. このとき, 実際にボールが落ちた位置とその的との距離が誤差に相当する. 直交座標を入れれば, 実際に落ちた位置が (x, y) であるときの確率密度は $\varphi(x)\varphi(y)$ となるが, 一方で, 座標系を回転させればこれは $\varphi\left(\sqrt{x^2+y^2}\right)\varphi(0)$ に等しい. つまり,

$$\varphi(x)\varphi(y) = \varphi\left(\sqrt{x^2+y^2}\right)\varphi(0)$$

が任意の x, y に対して成り立つ. いま, 辺々 $\varphi(0)^2$ で割れば,

$$\frac{\varphi(x)}{\varphi(0)}\frac{\varphi(y)}{\varphi(0)} = \frac{\varphi\left(\sqrt{x^2+y^2}\right)}{\varphi(0)}$$

を得る. これを解けば, 関数形は $\frac{\varphi(\varepsilon)}{\varphi(0)} = \exp(a\varepsilon^2)$ となる (a は定数)[21)]

次に, 仮定 (2) より $a < 0$ なので, $a = -\frac{1}{2s^2}$ $(s > 0)$ とあらわせる. したがって, $\varphi(\varepsilon) = \varphi(0)\exp\left(-\dfrac{\varepsilon^2}{2s^2}\right)$.

最後に, 全確率が 1 となるように定数 $\varphi(0)$ を求めれば, $\varphi(0) = \frac{1}{\sqrt{2\pi s^2}}$ を得る. したがって,

$$\varphi(\varepsilon) = \frac{1}{\sqrt{2\pi s^2}}\exp\left(-\frac{\varepsilon^2}{2s^2}\right)$$

を得る. □

こうして, $P([a,b)) = \displaystyle\int_a^b \frac{1}{\sqrt{2\pi s^2}}\exp\left(-\frac{\varepsilon^2}{2s^2}\right)\mathrm{d}\varepsilon$ となるのが自然だとわかる.

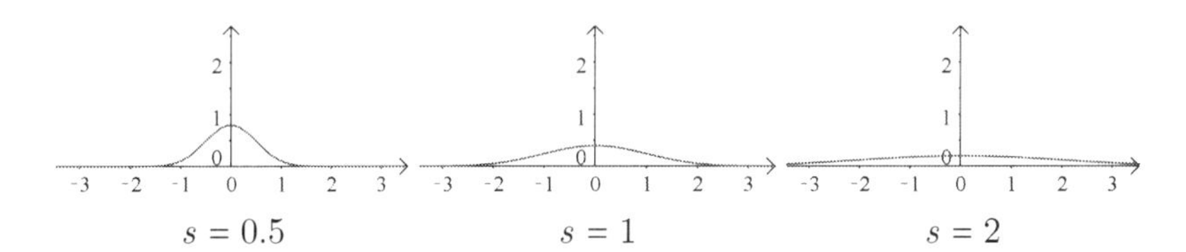

定数 $s > 0$ をしばしば**精密度** *(precision)* と呼ぶ[22)]. 精密度は小さいほど生じる偶然誤差 (の絶対値) が小さくなる確率が高いことになり, 精度が良いことになる. 定理 2.7 を適用すれば, P を $\mathcal{B}$ 上の確率測度に拡張できる. 以上より, 次の例を得る:

例 2.19. 精密度 $s > 0$ の偶然誤差の確率空間 $\mathbb{R}$ について, 上で定めた確率測度 P を備えた確率空間 $(\mathbb{R}; \mathcal{B}, P)$ は連続確率空間である.

[21)] 補遺 補題 16.3 において, $g(t) = \frac{\varphi(\sqrt{t})}{\varphi(0)}$ とおけばよい.

[22)] これは日本工業規格 JIS Z 8101-2 の用語である. 精密さとも呼ぶ. 後に, 確率分布の文脈では標準偏差として解釈される.

2.8 確率空間の性質と用語

確率空間が持つ基本的な性質を述べておこう.

命題 2.8. $(\Omega; \mathcal{E}, P)$ を確率空間とする. このとき, 以下が成り立つ:

(1) $P(\varnothing) = 0$.

(2) $E, F \in \mathcal{E}$ とする. このとき,

(a) $E \cap F = \varnothing \Rightarrow P(E \cup F) = P(E) + P(F)$. (加法性)

(b) $P(E \cup F) + P(E \cap F) = P(E) + P(F)$. (包除の原理)

(c) $E \subseteq F \Rightarrow P(E) \leq P(F)$.

(3) $P(E^c) = 1 - P(E)$.

(4) $E_n \in \mathcal{E}$ $(n \in \mathbb{N})$ とする. このとき, (単調性)

(a) $E_n \subseteq E_{n+1}$ $(n \in \mathbb{N}) \Rightarrow P\left(\bigcup_{n \in \mathbb{N}} E_n\right) = \lim_{n \to \infty} P(E_n)$.

(b) $E_n \supseteq E_{n+1}$ $(n \in \mathbb{N}) \Rightarrow P\left(\bigcap_{n \in \mathbb{N}} E_n\right) = \lim_{n \to \infty} P(E_n)$.

Proof. (1) 確率測度の完全加法性を, いま

$$E_1 = E_2 = E_3 = \cdots = \varnothing$$

に適用すれば,

$$P(\varnothing) = P(\varnothing) + P(\varnothing) + P(\varnothing) + \cdots .$$

$0 \leq P(\varnothing) < \infty$ だから, $P(\varnothing) = 0$ を得る.

(2)(a) 確率測度の完全加法性を, いま

$$E_1 = E, E_2 = F, E_3 = E_4 = \cdots = \varnothing$$

に適用すれば, (1) より,

$$P(E \amalg F) = P(E) + P(F) + P(\varnothing) + P(\varnothing) + \cdots = P(E) + P(F)$$

を得る.

(2)(b) $G_1 := E \setminus F, G_2 := E \cap F, G_3 := F \setminus E$ とおくと, G_1, G_2, G_3 は対ごとに素である. したがって, (2)(a) より,

$$
\begin{aligned}
P(E \cup F) &= P(G_1 \amalg G_2 \amalg G_3) = P(G_1) + P(G_2) + P(G_3), \\
P(E) &= P(G_1 \amalg G_2) = P(G_1) + P(G_2), \\
P(F) &= P(G_2 \amalg G_3) = P(G_2) + P(G_3)
\end{aligned}
$$

となるので, 辺々比較すれば主張を得る.

(2)(c) $G := F \setminus E$ とおけば, $E \cap G = \varnothing$ and $E \cup G = F$ なので, (1) と (2)(a) より従う.

(3) $E \cap E^c = \varnothing$ と $E \cup E^c = \Omega$ が成り立つので, (1)(2) から従う.

(4)(a) $F_1 := E_1, F_n := E_n \setminus E_{n-1}$ $(n \geq 2)$ とおけば, $F_1, F_2, \cdots$ は対ごとに素なので, P の完全加法性から,

$$
\begin{aligned}
P\left(\bigcup_{n=1}^{\infty} E_n\right) &= P\left(\coprod_{n=1}^{\infty} F_n\right) = \sum_{n=1}^{\infty} P(F_n) = \lim_{m\to\infty} \sum_{n=1}^{m} P(F_n) \\
&= \lim_{m\to\infty} P\left(\coprod_{n=1}^{m} F_n\right) = \lim_{m\to\infty} P(E_m).
\end{aligned}
$$

(4)(b) (4)(a) と (3) から従う. □

いくつか事象に関する基本的な用語を導入しよう. $(\Omega; \mathcal{E}, P)$ を確率空間として, $A, B \in \mathcal{E}$ とする.

Ω	全事象		
$A \cup B$	和事象	$A \subseteq B$	A は B に含まれる
$A \cap B$	共通部分	$A \cap B = \varnothing$	A と B は素である (排反である)
$A \setminus B$	差事象	$P(A) = 1$	A はほとんど確実に起こる
A^c	余事象・補事象	$P(A) = 0$	A はほとんど決して起こらない
$\varnothing$	空事象		

結果 $\omega \in \Omega$ についての何らかの条件 $C(\omega)$ が与えられたとき, 事象 $\left\{\omega \in \Omega \,\middle|\, C(\omega)\right\}$ がほとんど確実に起こることを

$$
C(\omega) \quad \text{(a.s.)}
$$

と表記する[23]. 一般に, $E = \Omega$ であれば $P(E) = 1$ であるが, 逆が成り立つとは限らない. 例えば, 例 2.4 の有限確率空間において, 事象 $\{H, T\}$ はほとんど確実に起こる. また, $E = \varnothing$ であれば $P(E) = 0$ であるが, 逆が成り立つとは限らない. 例えば, 例 2.4 の有限確率空間において, 事象 $\{S\}$ はほとんど決して起こらない.

[23] a.s は ‘ほとんど確実に’(almost surely) の略.

2.8.1 包除の原理

命題 2.8(2)(b) を**包除の原理** *(principle of inclusion and exclusion)* と呼ぶ. 包除の原理は有限集合についての組合せ論 (数え上げ組合せ論) もあるが, 命題 2.8(2)(b) はその確率版である. 包除の原理は 3 個以上の有限個の事象に対しても考えられる. 3 個の場合は次のようになる:

3 個の事象の包除の原理

命題 2.9. 確率空間 $(\Omega;\mathcal{E},P)$ において, $A,B,C\in\mathcal{E}$ とすると, 以下が成り立つ:

$$
\begin{aligned}
P(A\cup B\cup C) &= P(A)+P(B)+P(C)\\
&\quad -P(A\cap B)-P(A\cap C)-P(B\cap C)+P(A\cap B\cap C).
\end{aligned}
$$

添え字を用いてあらわす場合, $E_1,E_2,E_3\in\mathcal{E}$ とすると, 次のようになる:

$$
\begin{aligned}
P\left(\bigcup_{i=1}^{3}E_i\right) &= \sum_{i=1}^{3}P(E_i)-\sum_{1\le i<j\le 3}P(E_i\cap E_j)+P(E_1\cap E_2\cap E_3)\\
&= \sum_{1\le i_1\le 3}P(E_{i_1})-\sum_{1\le i_1<i_2\le 3}P(E_{i_1}\cap E_{i_2})+\sum_{1\le i_1<i_2<i_3\le 3}P(E_{i_1}\cap E_{i_2}\cap E_{i_3}).
\end{aligned}
$$

Proof.

$$
\begin{aligned}
P\left(\bigcup_{i=1}^{2+1}E_i\right) &= P\left((E_1\cup E_2)\cup E_3\right)\\
&= P\left(E_1\cup E_2\right)+P\left(E_3\right)-P\left((E_1\cup E_2)\cap E_3\right)\\
&= P\left(E_1\cup E_2\right)+P\left(E_3\right)-P\left((E_1\cap E_3)\cup(E_2\cap E_3)\right)\\
&= \Big(P(E_1)+P(E_2)-P(E_1\cap E_2)\Big)+P(E_3)\\
&\quad -\Big(P(E_1\cap E_3)+P(E_2\cap E_3)-P((E_1\cap E_3)\cap(E_2\cap E_3))\Big)\\
&= P(E_1)+P(E_2)+P(E_3)\\
&\quad -P(E_1\cap E_2)-P(E_1\cap E_3)-P(E_2\cap E_3)+P(E_1\cap E_2\cap E_3)
\end{aligned}
$$

から従う. □

より多くの個数の場合には次のようになる:

有限個の事象の包除の原理

命題 2.10. 確率空間 $(\Omega; \mathcal{E}, P)$ において, $E_1, E_2, \cdots, E_n \in \mathcal{E}$ とすると, 以下が成り立つ:

$$P\left(\bigcup_{i=1}^{n} E_i\right) = \sum_{r=1}^{n}(-1)^{r-1} \sum_{1\le i_1<\cdots<i_r\le n} P\left(\bigcap_{k=1}^{r} E_{i_k}\right).$$

Proof. n に関する帰納法で示す. $n=2$ のときは命題 2.8(2)(b) で示されている.

$n = m(\geq 2)$ で成立していると仮定する. このとき,

$$\begin{aligned}
P\left(\bigcup_{i=1}^{m+1} E_i\right) &= P\left(\bigcup_{i=1}^{m} E_i \cup E_{m+1}\right) \\
&= P\left(\bigcup_{i=1}^{m} E_i\right) + P\left(E_{m+1}\right) - P\left(\bigcup_{i=1}^{m} E_i \cap E_{m+1}\right) \\
&= \sum_{r=1}^{m}(-1)^{r-1} \sum_{1\le i_1<\cdots<i_r\le m} P\left(\bigcap_{k=1}^{r} E_{i_k}\right) + P\left(E_{m+1}\right) \\
&\quad - \sum_{r=1}^{m}(-1)^{r-1} \sum_{1\le i_1<\cdots<i_r\le m} P\left(\bigcap_{k=1}^{r} E_{i_k} \cap E_{m+1}\right) \\
&= \sum_{r=1}^{m+1}(-1)^{r-1} \sum_{1\le i_1<\cdots<i_r\le m+1} P\left(\bigcap_{k=1}^{r} E_{i_k}\right).
\end{aligned}$$

以上より示された. □

ここで示した確率版包除の原理は任意の確率空間に対して成立するが, これを特に一様確率空間の場合に適用すれば, 組合せ版包除の原理の証明が得られる. 先に, 包除の原理は組合せ論で知られているがこれはその確率版であると述べたが, まるでただの類似であるかのような言い方だった. しかし, 確率版包除の原理は, むしろ組合せ版包除の原理の一般化であると言えるのである.

3 2個の事象の独立性

3.1 条件付確率

例えば, 次のような問題を考えよう:

問題 5. 1年A組は40人の生徒からなる. 内訳は, 早生まれ[24]の男の子が6人, 早生まれでない男の子が16人, 早生まれの女の子が4人, 早生まれでない女の子が14人である[25]. ある生徒が, 早生まれであるとき, この生徒が女の子である確率を求めよ.

いま, ランダムに40人の中から1人抽出して, ただ単に「女の子である確率を求めよ」と問われているとすると, この確率は $\frac{4+14}{40} = \frac{9}{20}$ でよい. しかし, ここでは「早生まれであるとき」という条件が付いている. つまり, ランダムに抽出してみたところ, 早生まれであるという情報だけは分かっているとしている. この「早生まれである」という情報のおかげで確率は変化する. このようなときに条件付確率を考える.

定義 3.1 (条件付確率). 確率空間 $(\Omega; \mathcal{E}, P)$ において, $A, B \in \mathcal{E}$ (ただし $P(B) \neq 0$ とする) に対して,

$$P(A \mid B) := \frac{P(A \cap B)}{P(B)}$$

とおき, これを**事象 B の下での事象 A の条件付確率**と呼ぶ.

補足 15. 中等数学科では, これを $P_B(A)$ と表記するが, 本書では誤解を避けるために $P(A \mid B)$ と表記する.

解答 (問題 5). 確率空間の設定:

$$\Omega := \left\{ \begin{array}{l} (\text{遅}, \text{男}_1), \cdots, (\text{遅}, \text{男}_{16}), (\text{早}, \text{男}_1), \cdots, (\text{早}, \text{男}_6), \\ (\text{遅}, \text{女}_1), \cdots, (\text{遅}, \text{女}_{14}), (\text{早}, \text{女}_1), \cdots, (\text{早}, \text{女}_4) \end{array} \right\}$$

とおき, 結果は

- 左成分は早生まれかそうでないか, 「遅」は早生まれでないことをあらわす,
- 右成分は性別 (添え字は区別のため)

[24] 1月1日から4月1日までに生まれた子のこと.
[25] 男の子であることと女の子であることは両立しないとする.(念のため)

と解釈することにする. 確率質量関数を一様確率質量関数として, 確率空間 $(\Omega;\mathcal{E},P)$ を考える.

事象の設定: 事象 E,F を

$$E := \text{早生まれである}, \qquad F := \text{男の子である}$$

とおくと,

$$E = \{(\text{早},\text{男}_1),\cdots,(\text{早},\text{男}_6),(\text{早},\text{女}_1),\cdots,(\text{早},\text{女}_4)\},$$
$$F = \{(\text{遅},\text{女}_1),\cdots,(\text{遅},\text{女}_{14}),(\text{早},\text{女}_1),\cdots,(\text{早},\text{女}_4)\}$$

となる. このとき,

$$P(F \mid E) = \frac{P(F\cap E)}{P(E)}$$
$$= \frac{P(\{(\text{早},\text{女}_1),\cdots,(\text{早},\text{女}_4)\})}{P(\{(\text{遅},\text{女}_1),\cdots,(\text{遅},\text{女}_{14}),(\text{早},\text{女}_1),\cdots,(\text{早},\text{女}_4)\})} = \frac{\frac{4}{40}}{\frac{18}{40}} = \frac{2}{9}.$$

したがって, 求める確率は $\frac{2}{9}$. ■

問題 6. 1 年 B 組は 40 人の生徒からなる. 内訳は, 早生まれの男の子は 6 人, 早生まれでない男の子は 18 人, 早生まれの女の子は 4 人, 早生まれでない女の子は 12 人である. ある生徒が, 早生まれであるとき, この生徒が女の子である確率を求めよ.

解答 . 同様に解けば, 確率 $\frac{2}{5}$. ■

確率の問題は, 確率的現象を表現する確率空間を適切に設定するところにそのすべてがある[26). つまり, 重要なのは

- Ω がどのような結果達からなるか (Ω の設定),
- 各結果はどんな確率で生起するか (確率質量関数・確率測度の設定),
- 各結果はどのように解釈されるか

である. 出来上がった確率空間を**確率モデル**と呼ぶ. また, この段階で

- 出来上がった確率モデルは考えている確率的現象を適切に表現しているか

[26)] 後に, もうひと手間必要な問題も扱う.

を確認すべきである. もし不適切であれば, 確率モデルを作り直す. ここまでの一連の作業を**モデル化**とか**定式化**と呼ぶ. 一方で, モデル化さえできてしまえば, あとは定義通りで簡単である. つまり, 確率の問題の難しさはモデル化にあると言ってもよいだろう.

上で挙げた問題は確率モデルが簡単なものだったが, 以下, 定番の有名な問題をいくつか紹介する. これらを通じて, やや難しい確率モデルの作り方・モデル化に習熟せよ.

3.1.1 モンティ・ホール問題 (Monty Hall problem)

モンティ・ホール問題は, Monte Halperin (通称,Monty Hall) が司会者を務めるアメリカのゲームショー番組「Let's make a deal」の中で行なわれたゲームに関する論争に由来する.

問題 7 (モンティ・ホール問題)**.** 3 つの扉のうち 1 つだけに賞品が入っていて, 回答者はそれを当てたら賞品がもらえる. ただし扉の選択には 2 段階のチャンスがある.

(1) まず回答者は, 3 つの扉からどれか 1 つを選ぶ.

(2) 次に, 答を知っている司会者は, 回答者が (1) で選んでいない扉のうち, 賞品の入っていない扉 1 つを開けてみせる. ただし, 回答者が当たりの扉を選んでいる場合は, 残りの扉からランダムに 1 つを選んで開けるとする.

(3) 最後に回答者は, 扉を 1 回選び直してもよい. 最初に選んだ扉のままでも良い.

(3) で扉を変更するのと変更しないのと, どちらが当たる確率が高いか？

解答 . 確率空間の設定:

$$\Omega := \left\{ \begin{array}{lll} (A, A, B), & (B, A, C), & (C, A, B), \\ (A, A, C), & (B, B, A), & (C, B, A), \\ (A, B, C), & (B, B, C), & (C, C, A), \\ (A, C, B), & (B, C, A), & (C, C, B) \end{array} \right\},$$

とおき, 結果は

- 第一成分は, あたりの箱,
- 第二成分は, (1) で回答者が答える箱,
- 第三成分は, (2) で司会者が開ける箱

と解釈することにする. 確率質量関数を

$$
\begin{aligned}
&p((A,A,B))=\frac{1}{18}, && p((B,A,C))=\frac{1}{9}, && p((C,A,B))=\frac{1}{9},\\
&p((A,A,C))=\frac{1}{18}, && p((B,B,A))=\frac{1}{18}, && p((C,B,A))=\frac{1}{9},\\
&p((A,B,C))=\frac{1}{9}, && p((B,B,C))=\frac{1}{18}, && p((C,C,A))=\frac{1}{18},\\
&p((A,C,B))=\frac{1}{9}, && p((B,C,A))=\frac{1}{9}, && p((C,C,B))=\frac{1}{18}
\end{aligned}
$$

として, 確率空間 $(\Omega;p)=(\Omega;\mathcal{E},P)$ を考える.

事象の設定:　事象 E,F を

$$
\begin{aligned}
E &:= \text{回答者が A を選び司会者が B を開ける},\\
F &:= \text{A が当たり},\\
G &:= \text{C が当たり}
\end{aligned}
$$

とおくと,

$$
\begin{aligned}
E &= \{(A,A,B),(C,A,B)\},\\
F &= \{(A,A,B),(A,A,C),(A,B,C),(A,C,B)\},\\
G &= \{(C,A,B),(C,B,A),(C,C,A),(C,C,B)\}
\end{aligned}
$$

となる. このとき,

$$
\begin{aligned}
P(F\mid E) &= \frac{P(F\cap E)}{P(E)}\\
&= \frac{P(\{(A,A,B)\})}{P(\{(A,A,B),(C,A,B)\})} = \frac{\frac{1}{18}}{\frac{1}{18}+\frac{1}{9}} = \frac{1}{3}.
\end{aligned}
$$

一方,

$$
P(G\mid E) = \frac{P(G\cap E)}{P(E)} = \frac{P(\{(C,A,B)\})}{P(\{(A,A,B),(C,A,B)\})} = \frac{\frac{1}{9}}{\frac{1}{18}+\frac{1}{9}} = \frac{2}{3}.
$$

以上より, 扉を変えた方が良い.　■

この問題では, 集合 Ω の設定がとても技巧的である. 無論, 簡単に記述できる確率モデルがあるなら, それに越したことはないが. 考えている確率的現象を適切に表現していることが最重要であり, そのためであれば, 確率モデルはどんなに技巧的であってもよい.

3.1.2 3囚人問題 (three prisoners problem)

問題 8 (出典 [2][1]). A,B,C 3人の囚人がいて, 3人共に処刑されるはずであったが, 1人だけ恩赦で処刑をまぬかれることになった. 但しそれが A,B,C の誰であるかは知らされなかったので, A は看守に「B,C の一方は処刑されるのだから, どちらが処刑されるかを教えて欲しい」とたのんだところ, 看守は「B が処刑される」と答えた. これを聞いた A は「自分または C が恩赦になるから, これで自分の処刑される確率は 2/3 から 1/2 に減少した」と喜んだ. A の考えは正しいか.

解答． 確率空間の設定:

$$\Omega := \{(A, B), (A, C), (B, C), (C, B)\}$$

とおき, 結果は

- 左成分は, 釈放される囚人,
- 右成分は, 看守が答える処刑される囚人

と解釈することにする. 確率質量関数を

$$p((A, B)) = \frac{1}{6}, \quad p((A, C)) = \frac{1}{6}, \quad p((B, C)) = \frac{1}{3}, \quad p((C, B)) = \frac{1}{3}$$

として, 確率空間 $(\Omega; p) = (\Omega; \mathcal{E}, P)$ を考える.

事象の設定: 事象 E, F を

$$E := \text{B が処刑されると答えられる}, \qquad F := \text{A が釈放される}$$

とおくと,

$$E = \{(A, B), (C, B)\}, \qquad F = \{(A, B), (A, C)\}$$

となる. このとき,

$$P(F \mid E) = \frac{P(F \cap E)}{P(E)} = \frac{P(\{(A, B)\})}{P(\{(A, B), (C, B)\})} = \frac{\frac{1}{6}}{\frac{1}{2}} = \frac{1}{3}.$$

つまり, 看守の情報を聞いたところで, A 自身が釈放される確率は変わらない. 逆に, C が釈放される確率が $\frac{1}{3}$ から $\frac{2}{3}$ に上昇した. ■

補足 16. 本質的にはモンティ・ホール問題 (前の問題) と同等である.

3.1.3 偽陽性・偽陰性の問題

しばしば統計学の問題として扱われるが, 次の問題は典型的な条件付確率の問題である:

問題 9. 日本国民が, ある病気 X にかかっている確率は $\dfrac{1}{10000}$ であるとする. 検査薬 Y は, 日本国民が病気 X にかかっているか否かを調べる試薬であるが, 病気 X にかかっている人を陽性と判定する確率は $\dfrac{7}{10}$, 病気 X にかかっていない人を陰性と判定する確率は $\dfrac{99}{100}$ であるとする. あなたの友人 A さんは病気 X にかかっているか調べるために検査薬 Y を試したところ陽性と判定された. A さんは心配したほうが良いだろうか.

解答 . 病気 X にかかっている事象を E, 検査薬 Y で陽性判定が出る事象を F とする. このとき,

$$\frac{7}{10} = \frac{P(E \cap F)}{P(E)} = \frac{P(E \cap F)}{1/10000}$$

より, $P(E \cap F) = \frac{7}{100000}$. また,

$$\frac{99}{100} = \frac{P(E^c \cap F^c)}{P(E^c)} = \frac{P(E^c \cap F^c)}{9999/10000}$$

より, $P(E^c \cap F^c) = \frac{989901}{1000000}$. ゆえに,

$$P(E^c \cap F) = P(E^c) - P(E^c \cap F^c) = \frac{9999}{10000} - \frac{989901}{1000000} = \frac{9999}{1000000}.$$

したがって, A さんが病気 X にかかっている確率は,

$$\frac{P(E \cap F)}{P(F)} = \frac{P(E \cap F)}{P(F \cap E) + P(F \cap E^c)} = \frac{70}{70 + 9999} = \frac{70}{10069} \sim 0.7\%.$$

ゆえに, 心配いらない. (再検査を勧めましょう) ■

上では, 確率空間を設定しなかったが, これは, 確率空間 Ω として, 日本国民全体の集合を設定して, Ω 上の一様確率測度を考えていることになる. しかし, この場合 1 億 2 千万元集合を考えないといけないので, 大きすぎて扱いづらい. それよりは,

$$\Omega = \left\{ \begin{array}{ll} (\text{病気かつ陽性判定}), & (\text{病気でない, かつ陽性判定}), \\ (\text{病気かつ陰性判定}), & (\text{病気でない, かつ陰性判定}) \end{array} \right\}$$

という 4 元集合を考えるのがよい. もちろん, この場合は一様確率測度を与えてはいけない. このように, 確率空間の設定にはそもそも自由度がある.

3.1.4 スミス氏の子どもたち問題 (Mr. Smith's Children)

本問題は, Martin Gardner 作の以下二つの問題である [3]:

問題 10. *Smith* さんには2人の子どもがいる. ある日, 彼に道でばったり出会った.

- 彼は「2人のうち少なくとも1人は男の子です.」と言った.

このとき, *Smith* さんの子どもが2人とも男の子である確率を求めよ.

解答． 確率空間の設定: $\Omega := \{(B,B),(B,G),(G,B),(G,G)\}$ とおき, 結果は

- 左成分は, 第一子 (長子)(B は男子, G は女子),
- 右成分は, 第二子

と解釈して一様確率空間 $(\Omega;\mathcal{E},P)$ を考える.
事象の設定: 事象 E, F を

$$E := \text{少なくとも1人は男の子である}, \quad F := \text{2人とも男の子である}$$

とおくと,

$$E = \{(B,G),(G,B),(B,B)\}, \qquad F = \{(B,B)\}$$

となる. ゆえに,

$$P(F \mid E) = \frac{P(F\cap E)}{P(E)} = \frac{P(\{(B,B)\})}{P(\{(B,G),(G,B),(B,B)\})} = \frac{\frac{1}{4}}{\frac{3}{4}} = \frac{1}{3}.$$

したがって, 求める確率は $\frac{1}{3}$. ■

問題 11. *Smith* さんには2人の子どもがいる. ある日, 彼は子どもを1人連れていた.

- 彼に「息子さんですか？」と聞くと「はい」と答えた.

このとき, *Smith* さんの子どもが2人とも男の子である確率を求めよ.

解答． 確率空間の設定:

$$\Omega := \left\{ \begin{array}{llll} (B,B,1), & (B,G,1), & (G,B,1), & (G,G,1), \\ (B,B,2), & (B,G,2), & (G,B,2), & (G,G,2) \end{array} \right\}$$

とおき, 結果は

- 第一成分は, 第一子 (長子)(B は男子, G は女子),
- 第二成分は, 第二子,
- 第三成分は, 連れていた子 (1 は第一子, 2 は第二子)

と解釈して一様確率空間 $(\Omega;\mathcal{E},P)$ を考える.
事象の設定: 事象 E,F を

$$E := \text{出会った子どもは息子である,}$$
$$F := \text{二人とも男の子である,}$$

とおくと,

$$E=\{(B,G,1),(G,B,2),(B,B,1),(B,B,2)\},\quad F=\{(B,B,1),(B,B,2)\}$$

となる. このとき,

$$P(F\mid E)=\frac{P(F\cap E)}{P(E)}=\frac{P(\{(B,B,1),(B,B,2)\})}{P(\{(B,G,2),(G,B,1),(B,B,1),(B,B,2)\})}$$
$$=\frac{\frac{1}{4}}{\frac{1}{2}}=\frac{1}{2}.$$

したがって, 求める確率は $\frac{1}{2}$. ■

この問題の感覚的な難しさは,「どのように息子の存在を知ったか」によって確率が変わるところにある.

3.1.5 火曜日の男の子問題 (Tuesday birthday problem)

次の問題は, 2010 年 3 月に開催されたパズル家などが集う「Gathering for Gardner」という国際コンベンションにおいて, パズルデザイナー Gary Foshee 氏によって提示された:

問題 12. *Smith* さんには 2 人の子どもがいる. ある日, 彼に道でばったり出会った.

- 彼は,「二人のうち一人は火曜日生まれの男の子です」と言った.

このとき, *Smith* さんの子どもが 2 人とも男の子である確率を求めよ.

解答 . $\Omega:=\{$ 月男, $\cdots$, 日男, 月女, $\cdots$, 日女 $\}^2$ (自乗空間) とおき, 結果は

- 第一成分は, 第一子,
- 第二成分は, 第二子

と解釈して, 一様確率空間 $(\Omega; \mathcal{E}, P)$ を考える. 事象 E, F を

$$E := \text{二人のうち一人は火曜日生まれの男の子である},$$
$$F := \text{二人とも男の子である},$$

とおく. このとき,

$$P(E) = \frac{27}{196}, \qquad P(E \cap F) = \frac{13}{196}$$

なので,

$$P(F \mid E) = \frac{P(F \cap E)}{P(E)} = \frac{\frac{13}{196}}{\frac{27}{196}} = \frac{13}{27}.$$

したがって, 確率は $\frac{13}{27}$. ■

この問題の面白いところは, 「火曜日生まれ」という一見性別に無関係の情報によって, 男の子である確率が変わるところである.

本節ではここまで直観に反する結論が得られる条件付確率の問題を考えてきた. こういった問題を確率モデルなしに考察することは, 方程式の文章題を方程式なしで解くようなものである. 確率モデルなしに納得のできる結論が出るはずもない. このように, 直観があてにならないときこそモデル化が効果を発揮する. そして, モデル化さえされてしまえば, 確率の文章問題を解くのはたやすい. つまり, 確率の文章問題の難しさの大部分は, 哲学（モデル化）の問題であり, 数学の問題ではない.

3.2 事象の独立性と条件付確率の関係

事象 A と B が独立であるとは, 事象 B が成り立っているか否かの情報が, 事象 A が成り立つ確率に影響を与えないことである. これを式であらわせば, $P(A \mid B) = P(A)$ となる.

問題 5 と問題 6 を比較してみよう. 問題 5 では, そもそも女の子である確率は $\frac{18}{40} = \frac{9}{20}$ である. 一方, 早生まれであることを知ったときに女の子である確率は $\frac{2}{9}$ であった. つまり, 「早生まれである」という情報が「女の子である」確率に影響を与えていることになる. これは, 「早生まれである」事象と「女の子である」事象が独立でないことを意味している.

これに対して, 問題 6 では, 女の子である確率は $\frac{16}{40} = \frac{2}{5}$ である. 一方, 早生まれであることを知ったときに女の子である確率も $\frac{2}{5}$ である. つまり,

「早生まれである」という情報は「女の子である」確率に何ら影響を与えていないことになる. これは, 「早生まれである」事象と「女の子である」事象が独立であることを意味している.

このように, 独立であるか否かは, 確率空間 (確率モデル) が与えられて初めて論ずることができることであって, 先験的に分かっていること・決まっていることではない.

条件付確率と事象の独立性については, 次の命題が基本的である:

命題 3.1. $(\Omega; \mathcal{E}, P)$ を確率空間とする. このとき, 事象 $A, B \in \mathcal{E}$ (ただし, $P(B) \neq 0$ とする) について, 以下は同値である:

(1) $P(A \mid B) = P(A)$.

(2) $P(A \cap B) = P(A)P(B)$.

Proof. (1) ⇒ (2): $P(A \mid B) = P(A)$ とする.

$P(B) \neq 0$ の場合: $\dfrac{P(A \cap B)}{P(B)} = P(A)$ なので, $P(A \cap B) = P(A)P(B)$ となる.

$P(B) = 0$ の場合: $A \cap B \subseteq B$ より, $P(A \cap B) = 0$ なので, $P(A \cap B) = P(A)P(B)$ となる.

(2) ⇒ (1): $P(A \cap B) = P(A)P(B)$ とする.

$P(B) \neq 0$ の場合: $\dfrac{P(A \cap B)}{P(B)} = P(A)$ なので, $P(A \mid B) = P(A)$ となる.

$P(B) = 0$ の場合: 定義から, $P(A \mid B) = P(A)$ となる. □

事象の独立性の定義として, 命題 3.1 のどの条件を定義に採用してもよいが, 条件 (2) は事象 A, B について対称なので扱いやすいことから, 普通は条件 (2) が採用される. ただし, 独立性の定義の際には $P(B) \neq 0$ という条件は付けない.

3.3 2 個の事象の独立性

2 個の事象の独立性は次のように定義する:

定義 3.2. $(\Omega; \mathcal{E}, P)$ を確率空間とする. このとき, 事象 $A, B \in \mathcal{E}$ が**独立**であるとは,

$$P(A)P(B) = P(A \cap B)$$

が成り立つことである.

次のふたつの命題は自明である:

命題 3.2. $E \in \mathcal{E}$ とすれば, 以下が成り立つ:

(1) E と $\varnothing$ は独立である. (2) E と Ω は独立である.

命題 3.3. $E, F \in \mathcal{E}$ とすれば, 以下は同値:

(1) E と F は独立である.

(2) E と F^c は独立である.

(3) E^c と F は独立である.

(4) E^c と F^c は独立である.

問題 13. 公平なサイコロを振るとき, 以下の事象を考える:

- 事象 A: 2 の倍数の目が出る.
- 事象 B: 3 の倍数の目が出る.
- 事象 C: 4 の倍数の目が出る.

このとき, 以下の問いに答えよ:

(1) A と B が独立か否か調べよ.

(2) A と C が独立か否か調べよ.

(3) B と C が独立か否か調べよ.

解答 . この問題を数学的に定式化すると, 例 2.7 の確率空間 $(\Omega; p)$ を考え,

- $A := \{2, 4, 6\}$,
- $B := \{3, 6\}$,
- $C := \{4\}$

とおけばよい.

(1)　$P(A\cap B)=P(\{6\})=\frac{1}{6}=\frac{1}{2}\frac{1}{3}=P(\{2,4,6\})P(\{3,6\})=P(A)P(B)$ より, A,B は独立である.

(2)　$P(A\cap C)=P(\{4\})=\frac{1}{6}\neq\frac{1}{2}\frac{1}{6}=P(\{2,4,6\})P(\{4\})=P(A)P(C)$ より, A,C は独立でない.

(3)　$P(B\cap C)=P(\varnothing)=0\neq\frac{1}{3}\frac{1}{6}=P(\{3,6\})P(\{4\})=P(B)P(C)$ より, B,C は独立でない. ■

補足 17. 独立であることと排反であることは混同されやすいので注意が必要である.

問題 14. 1 年 C 組は 40 人の生徒からなり, 今日は数学の期末試験である. 60 点以上取れた者は 26 人, 昨夜, 数学の勉強した者は 24 人で, 昨夜, 数学の勉強をせずに 60 点以上取れた者は 14 人であった. 数学の勉強をしたことと 60 点以上取れることは独立か否か調べよ.

解答． 状況を整理すると

	60 点以上だった者	60 点未満だった者	(計)
昨夜勉強しなかった者	14 人	2 人	16 人
昨夜勉強した者	12 人	12 人	24 人
(計)	26 人	14 人	40 人

となる[27]. 事象 E,F を

$$E := \text{昨夜数学の勉強をした}$$
$$F := 60\text{ 点以上取れた}$$

とおけば,

$$P(E\cap F)=\frac{12}{40}\neq\frac{24}{40}\frac{26}{40}=P(E)P(F)$$

より, 数学の勉強をしたことと 60 点以上取れることは独立でない. ■

我々は, 過去が現在に影響を与えることは自然に感じるが, 逆に, 現在が過去に影響を与えることを想像するのは難しく感じる傾向がある.

上の問題で, E と F は独立でないから, F であるという情報は E であるという情報に影響を与える. ここで E が昨日のことであるのに対して, F が今日のことであることに注目しよう. つまり, 現在の情報が過去の情報に影響を与えるということである.

[27] このような表を**二元分割表**と呼ぶ.

3.4 2個の確率空間の直積確率空間

2個の事象の独立性について, 典型的な具体例は直積確率空間に現れる.

3.4.1 有限確率空間の場合 (○)

定義 3.3. $(\Omega_1; p_1)$ と $(\Omega_2; p_2)$ を有限確率空間とする. ここで, 直積集合 $\Omega_1 \times \Omega_2$ 上の関数 $p_1 \times p_2 : \Omega_1 \times \Omega_2 \to \mathbb{R}$ を

$$(p_1 \times p_2)((\omega_1, \omega_2)) = p_1(\omega_1) p_2(\omega_2), \quad ((\omega_1, \omega_2) \in \Omega_1 \times \Omega_2)$$

で定める. このとき, 次の命題で示す通り, $(\Omega_1 \times \Omega_2; p_1 \times p_2)$ は有限確率空間になる. これを**直積 (有限) 確率空間**と呼ぶ. $(\Omega_1; p_1)$ と $(\Omega_2; p_2)$ をそれぞれ $(\Omega_1; \mathcal{E}_1, P_1)$ と $(\Omega_2; \mathcal{E}_2, P_2)$ とあらわす場合, 対応する事象空間を記号的に $\mathcal{E}_1 \times \mathcal{E}_2$ とあらわし, 対応する確率測度についても記号的に $P_1 \times P_2$ とあらわす.

命題 3.4. $(\Omega_1 \times \Omega_2; p_1 \times p_2)$ は有限確率空間である.

Proof. まず, $(p_1 \times p_2)((\omega_1, \omega_2)) = p_1(\omega_1) p_2(\omega_2) \geq 0$. また,

$$\begin{aligned}\sum_{(\omega_1, \omega_2) \in \Omega_1 \times \Omega_2} (p_1 \times p_2)((\omega_1, \omega_2)) &= \sum_{\omega_1 \in \Omega_1} \sum_{\omega_2 \in \Omega_2} p_1(\omega_1) p_2(\omega_2) \\ &= \sum_{\omega_1 \in \Omega_1} p_1(\omega_1) \sum_{\omega_2 \in \Omega_2} p_2(\omega_2) = 1 \cdot 1 = 1.\end{aligned}$$

したがって, $(\Omega_1 \times \Omega_2; p_1 \times p_2)$ は有限確率空間である. □

命題 3.5. $(\Omega_1; p_1)$ と $(\Omega_2; p_2)$ を有限確率空間とし, 事象 $A \in \mathcal{E}_1$ と事象 $B \in \mathcal{E}_2$ をとる. このとき, 直積確率空間 $(\Omega_1 \times \Omega_2; p_1 \times p_2)$ において $(P_1 \times P_2)(A \times B) = P_1(A) P_2(B)$ が成り立つ.

Proof.

$$\begin{aligned}(P_1 \times P_2)(A \times B) &= \sum_{(a,b) \in A \times B} (p_1 \times p_2)((a, b)) = \sum_{a \in A} \sum_{b \in B} p_1(a) p_2(b) \\ &= \sum_{a \in A} p_1(a) \sum_{b \in B} p_2(b) = P_1(A) P_2(B).\end{aligned}$$

□

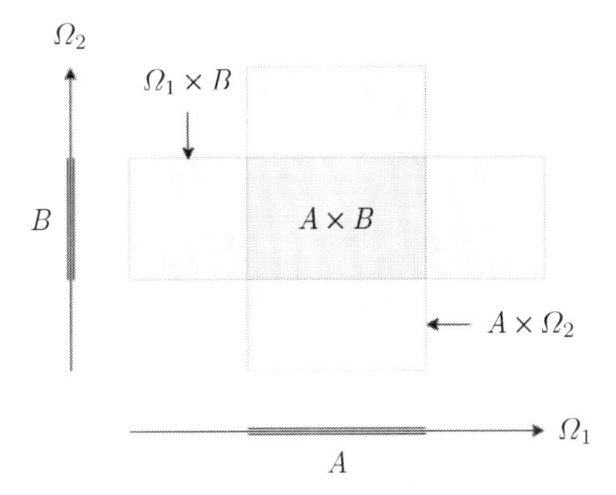

例 3.1. $(\Omega_1; p_1)$ を例 2.1 の有限確率空間, $(\Omega_2; p_2)$ を例 2.2 の有限確率空間とすると, $\Omega_1 \times \Omega_2 = \{(H, H), (H, T), (T, H), (T, T)\}$ で, 確率質量関数は,

$$(p_1 \times p_2)((H, H)) = \frac{1}{3}, \qquad (p_1 \times p_2)((H, T)) = \frac{1}{3},$$
$$(p_1 \times p_2)((T, H)) = \frac{1}{6}, \qquad (p_1 \times p_2)((T, T)) = \frac{1}{6}$$

となる.

特に, $(\Omega_1; p_1), (\Omega_2; p_2)$ が同一の確率空間の場合を考えよう.

定義 3.4. $(\Omega; p)$ を有限確率空間とするとき, 直積集合 Ω^2 上の関数 $p^2 : \Omega^2 \to \mathbb{R}$ を

$$p^2((\omega_1, \omega_2)) = p(\omega_1)p(\omega_2), \quad ((\omega_1, \omega_2) \in \Omega^2)$$

で定めることで, 有限確率空間 $(\Omega^2; p^2)$ を得る. これを**自乗 (有限) 確率空間**と呼ぶ. 対応する確率測度についても, P^2 とあらわす.

これは '試行 Ω を 2 回繰り返す' という試行を意味する.

例 3.2. $(\Omega; p)$ を例 2.3 の有限確率空間とすると, 自乗確率空間 $(\Omega^2; p^2)$ は, 集合が $\Omega^2 = \Omega \times \Omega = \{(H, H), (H, T), (T, H), (T, T)\}$ で, 確率質量関数が

$$p^2((H, H)) = \theta^2, \qquad p^2((H, T)) = \theta(1 - \theta),$$
$$p^2((T, H)) = \theta(1 - \theta), \qquad p^2((T, T)) = (1 - \theta)^2$$

である.

3.4.2 2枚のコイン表裏 (その１)(○)

さて, 区別のつかない2枚の公平なコインがあるとする. この2枚のコインを同時に投げるという試行を考えよう. '2枚のコインを投げる' 試行は中学校第二学年の確率の指導における基本的な教材となっている. 中学校第二学年の確率の指導において重要なのは, **ではこの試行をどのようにモデル化するか**という視点である. では, この試行を表現するためにはどのような確率空間を考えれば良いだろうか (A). また, 表と裏が一枚ずつ出るという事象はどのように表現されるであろうか (B). 考えられる案としては以下の4案があるだろう.

- 案1:

  A$\cdots\Omega :=$ { 表, 裏 }^{2} = {(表, 表), (表, 裏), (裏, 表), (裏, 裏)} を考え,
  B$\cdots E :=$ {(表, 裏), (裏, 表)} という事象で表現する.

- 案2:

  A$\cdots\Omega :=$ { 表, 裏 }$^{\langle 2\rangle}$ = {(表, 裏), (裏, 表)} を考え,
  B$\cdots E :=$ {(表, 裏), (裏, 表)} という事象で表現する.

- 案3:

  A$\cdots\Omega :=$ { 表, 裏 }$^{(2)}$ = {{表, 裏}} を考え,
  B$\cdots E :=$ {{表, 裏}} という事象で表現する.

- 案4:

  A$\cdots\Omega :=$ { 表, 裏 }$^{((2))}$ = {⦃表, 表⦄, ⦃表, 裏⦄, ⦃裏, 裏⦄} を考え,
  B$\cdots E :=$ {⦃表, 裏⦄} という事象で表現する.

このうち, 案2案3はあまり出てこない案ではあるが, 「確率 $\frac{1}{2}$ とは2回に1回起こることだ」と思っている生徒にとっては, 考えられる案である. 実際の指導では, 案2案3案4は指導上棄却される案であり, 案1が指導上で採択する案である. これは案1が正しいからであろうか.

否. これは案1が正しいからではない. 案1案2案3案4のどれが正しいかなんてことは分からない. そもそもこの中に正解があるかどうかも分からない. しかし, 案1の確率空間を仮定すると実験とよく合うように見える. だから, とりあえず案1の確率空間を仮定する. 繰り返しになるが, 確率は人間による仮定であるということを忘れてはならない.

補足 18. とは言え, 案1は仮定だとばかり言っていられないので, 統計的確率の考え方を援用して, 実験をする. 得られた実験結果は統計的結果なので, 確信には至らないが, ある程度, 案1が妥当であろうと思えるようにはなる. この考え方は統計学における**母比率の検定**へと続いていく.

3.4.3 一般の確率空間の場合 (☆)

有限確率空間が確率質量関数を利用して確率測度を定めているのに対して, 一般の確率空間では確率質量関数のようなものがない. そのため, 直積確率空間の定義も変更せざるを得ない. この小節では, 有限とは限らない確率空間の場合に直積確率空間を定義しよう.

$(\Omega_1;\mathcal{E}_1,P_1)$ と $(\Omega_2;\mathcal{E}_2,P_2)$ を確率空間とする. このとき,

$$\mathcal{E}_0 := \left\{ E \times F \;\middle|\; E \in \mathcal{E}_1, F \in \mathcal{E}_2 \right\}$$

とおくと, これは $\Omega_1 \times \Omega_2$ 上の半集合体になる. そして, $E \times F$ に対して,

$$P(E \times F) := P_1(E)P_2(F)$$

とおけば, P は $\mathcal{E}_0$ 上の確率測度になる. したがって, いま $\mathcal{E}$ を $\mathcal{E}_0$ を含む最小の σ-集合体とすれば, Carathéodory の拡張定理より, P は $\mathcal{E}$ 上の確率測度に一意的に拡張できる. 以上を踏まえて,

定義 3.5. $(\Omega_1;\mathcal{E}_1,P_1)$ と $(\Omega_2;\mathcal{E}_2,P_2)$ を確率空間とするとき, 上で定めた σ-集合体 $\mathcal{E}$ を記号的に $\mathcal{E}_1 \times \mathcal{E}_2$ とあらわし, 上で定めた確率測度 P を記号的に $P_1 \times P_2$ とあらわす. このとき, 得られた確率空間 $(\Omega_1 \times \Omega_2;\mathcal{E}_1 \times \mathcal{E}_2, P_1 \times P_2)$ を $(\Omega_1;\mathcal{E}_1,P_1)$ と $(\Omega_2;\mathcal{E}_2,P_2)$ の**直積確率空間**と呼ぶ.

特に, $(\Omega_1;\mathcal{E}_1,P_1),(\Omega_2;\mathcal{E}_2,P_2)$ が同一の確率空間の場合を考えよう.

定義 3.6. $(\Omega;\mathcal{E},P)$ を確率空間とする. このとき,

$$\mathcal{E}^2 := \mathcal{E} \times \mathcal{E},$$
$$P^2 := P \times P$$

と定めることで, 確率空間 $(\Omega^2;\mathcal{E}^2,P^2)$ を得る. これを**自乗確率空間**と呼ぶ.

これは '試行 Ω を 2 回繰り返す' という試行を意味する.

3.4.4 離散確率空間と離散確率空間の直積 (☆)

命題 3.6. $(\Omega_1;\mathcal{E}_1,P_1),(\Omega_2;\mathcal{E}_2,P_2)$ が離散確率空間で, それぞれ確率質量関数 p_1,p_2 を持つ場合, 直積 $(\Omega_1\times\Omega_2;\mathcal{E}_1\times\mathcal{E}_2,P_1\times P_2)$ も離散確率空間で, 確率質量関数 $(p_1\times p_2)((\omega_1,\omega_2)):=p_1(\omega_1)p_2(\omega_2)$ を持つ.

Proof.

$$\begin{aligned}(P_1\times P_2)(\{(\omega_1,\omega_2)\}) &= (P_1\times P_2)(\{\omega_1\}\times\{\omega_2\}) = P_1(\{\omega_1\})P_2(\{\omega_2\})\\ &= p_1(\omega_1)p_2(\omega_2) = (p_1\times p_2)((\omega_1,\omega_2)).\end{aligned}$$

□

補足 19. したがって, $(\Omega_1;\mathcal{E}_1,P_1),(\Omega_2;\mathcal{E}_2,P_2)$ が有限確率空間の場合, 本節の定義は 3.4.1 節で定義した直積確率空間と一致する.

例 3.3. $(\{0,1\};\mathcal{E},P)$ を例 2.16 の確率空間とする. このとき, 自乗確率空間 $(\{0,1\}^2;\mathcal{E}^2,P^2)$ は表の出る確率が θ の歪んだコインを 2 回投げる確率空間と解釈できる. ここで, $(\omega_1,\omega_2)\in\{0,1\}^2$ は,

- ω_1 は一回目の (コインを投げた) 結果,
- ω_2 は二回目の (コインを投げた) 結果

を意味する.

問題 15. A 君と B 君はじゃんけんをする. A 君も B 君もグーを $\frac{1}{6}$, チョキを $\frac{1}{3}$, パーを $\frac{1}{2}$ の確率で (独立に) 出すとき, A 君が B 君に勝つ確率を求めよ.

解答. 事象 E を

$$E := (\text{A 君は B 君に勝つ})$$

とおくと,

$$E=\{(\text{グー},\text{チョキ}),(\text{チョキ},\text{パー}),(\text{パー},\text{グー})\}$$

となる. このとき,

$$\begin{aligned}P^2(E) &= P^2(\{(\text{グー},\text{チョキ}),(\text{チョキ},\text{パー}),(\text{パー},\text{グー})\})\\ &= P^2(\{(\text{グー},\text{チョキ})\}) + P^2(\{\text{チョキ},\text{パー})\}) + P^2(\{(\text{パー},\text{グー})\})\\ &= P(\{\text{グー}\})P(\{\text{チョキ}\}) + P(\{\text{チョキ}\})P(\{\text{パー}\}) + P(\{\text{パー}\})P(\{\text{グー}\})\\ &= \frac{1}{6}\frac{1}{3}+\frac{1}{3}\frac{1}{2}+\frac{1}{2}\frac{1}{6}=\frac{11}{36}.\end{aligned}$$

したがって, 確率 $\frac{11}{36}$. ■

3.4.5 連続確率空間と連続確率空間の直積 (☆)

命題 3.7. $(\Omega_1;\mathcal{E}_1,P_1),(\Omega_2;\mathcal{E}_2,P_2)$ の少なくとも一方が連続確率空間のとき, 直積確率空間 $(\Omega_1\times\Omega_2;\mathcal{E}_1\times\mathcal{E}_2,P_1\times P_2)$ は連続確率空間である.

Proof. $E\in\mathcal{E}_1\times\mathcal{E}_2$ を任意の可算集合とする. このとき,

$$E_1 := \left\{\omega_1\in\Omega_1 \;\middle|\; \text{ある } \omega_2\in\Omega_2 \text{ が存在して,} (\omega_1,\omega_2)\in E\right\},$$
$$E_2 := \left\{\omega_2\in\Omega_2 \;\middle|\; \text{ある } \omega_1\in\Omega_1 \text{ が存在して,} (\omega_1,\omega_2)\in E\right\}$$

とおけば, 明らかに E_1,E_2 は可算集合である. いま, $E\subseteq E_1\times E_2$ だから,

$$(P_1\times P_2)(E)\leq(P_1\times P_2)(E_1\times E_2)=P_1(E_1)P_2(E_2)$$

となる. ここで, P_1 と P_2 の少なくとも一方は連続確率測度だから, $P_1(E_1)$ と $P_2(E_2)$ の少なくとも一方は 0 である. ゆえに, $P_1\times P_2$ は連続確率測度である. □

Ω_1,Ω_2 が実数直線の区間の場合は以下のようになる:

命題 3.8. Ω_1,Ω_2 をともに $\mathbb{R}$ の 1 点でない区間とし, $(\Omega_1;\mathcal{E}_1,P_1),(\Omega_2;\mathcal{E}_2,P_2)$ をそれぞれ確率密度関数 φ_1,φ_2 を持つ連続確率空間とするとき, 直積確率空間 $(\Omega_1\times\Omega_2;\mathcal{E}_1\times\mathcal{E}_2,P_1\times P_2)$ も連続確率空間で, 次が成り立つ:

$$(P_1\times P_2)(C)=\iint_C\varphi_1(\omega_1)\varphi_2(\omega_2)\,\mathrm{d}\omega_1\,\mathrm{d}\omega_2. \quad \text{(広義二重積分)}$$

ここで, $C\subseteq\Omega_1\times\Omega_2$ は開集合または閉集合とする.

Proof. 前半は命題 3.7 から従うので後半を示そう.

Ω_1 に含まれる区間 C_1 と Ω_2 に含まれる区間 C_2 の直積 $C_1\times C_2$ を**長方形**と呼ぶことにし, 長方形の全体および空集合のなす集合を $\mathcal{E}_0$ とおけば, $\mathcal{E}_0$ は半集合体となることが分かる. $\mathcal{E}_0$ を含む最小の σ-集合体は $\mathcal{B}_{\Omega_1}\times\mathcal{B}_{\Omega_2}$ と一致する.

いま, 関数 $P:\mathcal{E}_0\to\mathbb{R}$ を, 長方形に対して

$$
\begin{aligned}
P(C_1\times C_2) &:= \iint_{C_1\times C_2}\varphi_1(\omega_1)\varphi_2(\omega_2)\,\mathrm{d}\omega_1\,\mathrm{d}\omega_2 \\
&= \int_{C_1}\varphi_1(\omega_1)\,\mathrm{d}\omega_1\int_{C_2}\varphi_2(\omega_2)\,\mathrm{d}\omega_2 = P_1(C_1)P_2(C_2)
\end{aligned}
$$

で定めれば, P は $\mathcal{E}_0$ 上の確率測度であることが分かる. したがって, Carathéodory の拡張定理より, P の $\mathcal{B}_{\Omega_1}\times\mathcal{B}_{\Omega_2}$ 上の確率測度への拡張は $P_1\times P_2$ に一致する.

まず, C が開集合の場合を考える. 有界閉長方形の有限個の和集合 (直和でなくてよい) を**有界閉長方形塊**と呼ぶことにする. C は開集合だから, $D_1\subseteq D_2\subseteq\cdots$ を有界閉長方形塊の単調増加列で, $C=\bigcup_{i=1}^{\infty}D_i$ を満たすものがとれる. このとき, 広義積分の性質から,

$$
\begin{aligned}
&(P_1\times P_2)(C) = (P_1\times P_2)\left(\bigcup_{i=1}^{\infty}D_i\right) = \lim_{i\to\infty}(P_1\times P_2)(D_i) \\
&= \lim_{i\to\infty}\iint_{D_i}\varphi_1(\omega_1)\varphi_2(\omega_2)\,\mathrm{d}\omega_1\,\mathrm{d}\omega_2 = \iint_{\bigcup_{i=1}^{\infty}D_i}\varphi_1(\omega_1)\varphi_2(\omega_2)\,\mathrm{d}\omega_1\,\mathrm{d}\omega_2 \\
&= \iint_{C}\varphi_1(\omega_1)\varphi_2(\omega_2)\,\mathrm{d}\omega_1\,\mathrm{d}\omega_2
\end{aligned}
$$

となる. また, C が閉集合の場合は補集合 C^c が開集合なので,

$$
\begin{aligned}
(P_1\times P_2)(C) &= 1-(P_1\times P_2)(C^c) = 1-\iint_{C^c}\varphi_1(\omega_1)\varphi_2(\omega_2)\,\mathrm{d}\omega_1\,\mathrm{d}\omega_2 \\
&= \iint_{C}\varphi_1(\omega_1)\varphi_2(\omega_2)\,\mathrm{d}\omega_1\,\mathrm{d}\omega_2
\end{aligned}
$$

となる. □

補足 20. したがって, 広義二重積分の計算ができれば確率の計算ができる.

問題 16. 1時間当たり30人のお客が来るスーパー A と1時間当たり20人のお客が来るスーパー B がある. いま, A と B が独立であるとして, スーパー B の客が先に来店する確率を求めよ.

解答 . 到着率30の来客時刻の確率空間 $([0,\infty);\mathcal{B}_{[0,\infty)},P_1)$ と到着率20の来客時刻の確率空間 $([0,\infty);\mathcal{B}_{[0,\infty)},P_2)$ の直積 $([0,\infty)^2;\mathcal{B}_{[0,\infty)}{}^2,P_1\times P_2)$ を考える. いま, 事象 E を

- $E :=$ (A より B の客が先に来店する)

とおけば, $E = \left\{ (\omega_1, \omega_2) \in [0, \infty)^2 \ \middle| \ \omega_1 > \omega_2 \right\}$ となる. このとき,

$$\begin{aligned} P(E) &= \iint_E 30e^{-30\omega_1} \cdot 20e^{-20\omega_2} \, \mathrm{d}\omega_1 \, \mathrm{d}\omega_2 \\ &= \int_0^\infty \int_0^{\omega_1} 600 e^{-30\omega_1} e^{-20\omega_2} \, \mathrm{d}\omega_2 \, \mathrm{d}\omega_1 \\ &= \int_0^\infty \left(30e^{-30\omega_1} - 30e^{-50\omega_1} \right) \mathrm{d}\omega_1 = \frac{2}{5}. \end{aligned}$$

したがって, 確率は $\frac{2}{5}$. ■

例 3.4. $([0, \infty); \mathcal{E}, P)$ を例 2.18 の確率空間とする. このとき, 自乗確率空間 $([0, \infty)^2; {\mathcal{B}_{[0,\infty)}}^2, P^2)$ は単位時間当たり λ 人の客が来るコンビニに, 2 人の客が来る時刻を結果とする確率空間できる. ここで, $(\omega_1, \omega_2) \in [0, \infty)^2$ は,

- ω_1 は基点となる時刻から一人目が到着するまでの時間,
- ω_2 は一人目が到着してから二人目が到着するまでの時間

を意味する. (一人目の到着時刻が ω_1, 二人目の到着時刻が $\omega_1 + \omega_2$)

問題 17. 1 時間当たり 30 人のお客が来るスーパーがある. 2 人目のお客が 5 分以内に来る確率を求めよ.

解答 . 到着率 30 の来客時刻の確率空間 $([0, \infty); \mathcal{B}_{[0,\infty)}, P)$ の自乗確率空間 $([0, \infty)^2; {\mathcal{B}_{[0,\infty)}}^2, P^2)$ を考える. いま, 事象 E を

- $E :=$ (2 人目のお客が 5 分以内に来る)

とおけば, $E = \left\{ (\omega_1, \omega_2) \in [0, \infty)^2 \ \middle| \ \omega_1 + \omega_2 \leq \frac{5}{60} \right\}$ となる. このとき,

$$\begin{aligned} P(E) &= \iint_E 30e^{-30\omega_1} \cdot 30e^{-30\omega_2} \, \mathrm{d}\omega_1 \, \mathrm{d}\omega_2 \\ &= \int_0^{\frac{1}{12}} \int_0^{\frac{1}{12} - \omega_2} 900 e^{-30\omega_1} e^{-30\omega_2} \, \mathrm{d}\omega_1 \, \mathrm{d}\omega_2 \\ &= \int_0^{\frac{1}{12}} \left(-30e^{-\frac{5}{2}} + 30e^{-30\omega_2} \right) \mathrm{d}\omega_2 \\ &= 1 - \frac{7}{2} e^{-\frac{5}{2}} \sim 0.7127025048163542. \end{aligned}$$

したがって, 確率は $1 - \frac{7}{2} e^{-\frac{5}{2}}$. ■

3.5 事象のコピー

独立な事象は, 典型的にはコピーによって得られる. 本節では, 確率空間 $(\Omega_1;\mathcal{E}_1, P_1)$, $(\Omega_2;\mathcal{E}_2, P_2)$ と事象 $A \in \mathcal{E}_1$, $B \in \mathcal{E}_2$ を考える.

定義 3.7. 直積確率空間 $(\Omega_1 \times \Omega_2;\mathcal{E}_1 \times \mathcal{E}_2, P_1 \times P_2)$ における事象 $A_{(1)}, B_{(2)}$ を

$$A_{(1)} := A \times \Omega_2, \qquad B_{(2)} := \Omega_1 \times B$$

で定める. このとき, $A_{(1)}$ を A **のコピー**, $B_{(2)}$ を B **のコピー**と呼ぶ.

命題 3.9. 直積確率空間 $(\Omega_1 \times \Omega_2;\mathcal{E}_1 \times \mathcal{E}_2, P_1 \times P_2)$ において $A_{(1)}$ と $B_{(2)}$ は独立である.

Proof.

$$\begin{aligned}(P_1 \times P_2)(A_{(1)} \cap B_{(2)}) &= (P_1 \times P_2)((A \times \Omega_2) \cap (\Omega_1 \times B)) \\ &= (P_1 \times P_2)(A \times B) \overset{(*)}{=} P_1(A)P_2(B) \\ &= (P_1 \times P_2)(A \times \Omega_2) \cdot (P_1 \times P_2)(\Omega_1 \times B) \\ &= (P_1 \times P_2)(A_{(1)}) \cdot (P_1 \times P_2)(B_{(2)}).\end{aligned}$$

したがって, $A_{(1)}$ と $B_{(2)}$ は独立である. □

補足 21. 証明中の $(*)$ について, $(\Omega_1;\mathcal{E}_1, P_1)$ と $(\Omega_2;\mathcal{E}_2, P_2)$ が有限確率空間の場合は, 命題 3.5 から従うが, $(\Omega_1;\mathcal{E}_1, P_1)$ と $(\Omega_2;\mathcal{E}_2, P_2)$ が一般の確率空間の場合は, 直積確率測度の定義から従う.

これは直積集合 $\Omega_1 \times \Omega_2$ の上に直積確率測度 $P_1 \times P_2$ を考えているからであって, 直積集合 $\Omega_1 \times \Omega_2$ の上に他の確率測度を考えるなら, $A \times \Omega_2$ と $\Omega_1 \times B$ が独立であるとは限らない. 直積集合 $\Omega_1 \times \Omega_2$ の上に直積確率測度 $P_1 \times P_2$ を考えることは, 試行 Ω_1 と試行 Ω_2 が '無関係' であると仮定することを意味する.

例えば, $(\Omega_1;\mathcal{E}_1, P_1)$ をサイコロを振る確率空間 (例 2.7), $(\Omega_2;\mathcal{E}_2, P_2)$ をコインを投げる確率空間 (例 2.2) としよう. このとき, 先験的に 'サイコロを振る' 試行と 'コインを投げる' 試行が無関係だから確率が $P_1 \times P_2$ になるのではない. 'サイコロを振る' 試行と 'コインを投げる' 試行が無関係であると信じて, 確率を $P_1 \times P_2$ と仮定するのである. 実際に 'サイコロを振る' 試行と 'コインを投げる' 試行が無関係であるか否かは人間には分からないことである.

補足 22. とは言え, 無関係かどうかが分からないとばかりも言っていられないので, 統計的確率の考え方を援用して, 実験をする. 得られた実験結果は統計的結果なので, 確信には至らないが, ある程度, ‘サイコロを振る’ 試行と ‘コインを投げる’ 試行は無関係であろうと思えるようにはなる. この考え方は統計学における**独立性の検定**へと続いていく.

特に, $(\Omega_1;\mathcal{E}_1,P_1)=(\Omega_2;\mathcal{E}_2,P_2)$ で, $A=B$ の場合を考える. この場合, コピーの定義を改めて書くと,

定義 3.8 (再掲). Ω における事象 $E\in\mathcal{E}$ と $i=1,2$ に対して, Ω^2 における事象 $E_{(i)}$ を

$$E_{(1)}:=E\times\Omega,\qquad E_{(2)}:=\Omega\times E$$

で定める. このとき, $E_{(1)},E_{(2)}$ を**事象 E のコピー**と呼ぶ.

ここで, $E_{(i)}$ は ‘(Ω における) 事象 E が i 回目に起こる’ という (Ω^2 における) 事象を意味する. この記号は本稿を通じて利用する.

また, すでに示した通り, 次が成り立つ:

系 3.10. 確率空間 $(\Omega;\mathcal{E},P)$ において, $E\in\mathcal{E}$ とすると, 自乗確率空間 $(\Omega^2;\mathcal{E}^2,P^2)$ において, $E_{(1)}$ と $E_{(2)}$ は独立である.

補足 23. E と E は一般に独立でないが, $E_{(1)}$ と $E_{(2)}$ は独立になることに注意する.

問題 18. 大小ふたつのサイコロがある. それぞれ 1 から 6 の目が同様に確からしく出るとする. 大小のサイコロは独立とする. これらを同時に振る. 以下の事象を考えよう:

- *A:* 大きいサイコロの出目が 4 になる.
- *B:* 小さいサイコロの出目が 2 になる.
- *C:* ふたつのサイコロの出目の和が 3 になる.
- *D:* ふたつのサイコロの出目の和が 7 になる.

このとき, 以下の問いに答えよ:

(1) A と B は独立か.

(2) A と C は独立か.

(3) A と D は独立か.

上では, 試行 Ω^2 を ‘試行 Ω を 2 回繰り返す’ 試行と解釈したが, これはこのように解釈しないといけないわけではない. 解釈には多様性がある. 例えば, Ω を ‘コインを投げる’ 試行とするとき, Ω^2 を ‘(1 枚の) コインを 2 回投げる’ 試行と解釈してもよいし, ‘2 枚のコインを同時に投げる’ 試行と解釈してもよい.

3.6 無作為抽出 (○)

3.6.1 復元無作為抽出 (○)

有限確率空間 $(\Omega; p)$ であらわされる試行を 2 回繰り返すときに, 1 度目に生起した結果が 2 度目にも生起しうるとする場合を**復元抽出**と呼ぶ. これは集合 Ω^2 で記述できる.

例 3.5. 有限集合 Ω を $\Omega := \{a, b, c\}$ と定めると,

$$\Omega^2 = \{(a,a),(a,b),(a,c),(b,a),(b,b),(b,c),(c,a),(c,b),(c,c)\}$$

となる. このとき,

- 1 回目に a が生起する事象は $\{(a,a),(a,b),(a,c)\}$, (E_1 とおく)
- 2 回目に a が生起する事象は $\{(a,a),(b,a),(c,a)\}$ (E_2 とおく)

となる.

$(\Omega; p)$ を有限確率空間とする. このとき, 自乗有限確率空間 $(\Omega^2; p^2)$ を得る. 対応する確率測度は P^2 であった.

確率 $p^2((\omega_1,\omega_2))$ は, 復元抽出で, 1 回目に ω_1 が, 2 回目に ω_2 が生起する確率を意味する. これを条件付確率の観点から調べよう.

(仮定１)⋯ 「1 回目に ω_1 が出る」確率は,

$$P^2(1 \text{ 回目に } \omega_1 \text{ が出る}) = p(\omega_1).$$

(仮定２)⋯ 「1 回目に ω_1 が出た上で 2 回目に ω_2 が出る」確率は,

$$\begin{aligned}
&P^2((2 \text{ 回目に } \omega_2 \text{ が出る}) \mid (1 \text{ 回目に } \omega_1 \text{ が出る}))\\
&= \frac{P((2 \text{ 回目に } \omega_2 \text{ が出る}) \cap (1 \text{ 回目に } \omega_1 \text{ が出る}))}{P((1 \text{ 回目に } \omega_1 \text{ が出る}))}\\
&= \frac{P(\{(\omega_1,\omega_2)\})}{P(\Omega \times \{\omega_1\})} = p(\omega_2).
\end{aligned}$$

が妥当であろう. したがって,

$$\begin{aligned}
&p^2((\omega_1,\omega_2))\\
&= P^2((1 \text{ 回目に } \omega_1 \text{ が出る}) \cap (2 \text{ 回目に } \omega_2 \text{ が出る}))\\
&= P^2((1 \text{ 回目に } \omega_1 \text{ が出る}))P^2((2 \text{ 回目に } \omega_2 \text{ が出る}) \mid (1 \text{ 回目に } \omega_1 \text{ が出る}))\\
&= p(\omega_1)p(\omega_2) = p^2((\omega_1,\omega_2))
\end{aligned}$$

を得る. つまり, (仮定１)(仮定２) の下で, Ω^2 に P^2 を考えるのが妥当だと言えよう.

このように, 復元抽出では自乗有限確率空間を考えるのが妥当である.

例 3.6. 有限集合 $\Omega = \{a, b, c\}$ の上に確率質量関数 p を

$$p(a) = \frac{1}{6}, \quad p(b) = \frac{1}{3}, \quad p(c) = \frac{1}{2}$$

で定めた有限確率空間 $(\Omega; p)$ を考える. このとき, $(\Omega^2; p^2)$ は,

$$\begin{aligned}
&p^2((a, a)) = \frac{1}{36}, \qquad p^2((a, b)) = \frac{1}{18}, \qquad p^2((a, c)) = \frac{1}{12}, \\
&p^2((b, a)) = \frac{1}{18}, \qquad p^2((b, b)) = \frac{1}{9}, \qquad p^2((b, c)) = \frac{1}{6}, \\
&p^2((c, a)) = \frac{1}{12}, \qquad p^2((c, b)) = \frac{1}{6}, \qquad p^2((c, b)) = \frac{1}{4}
\end{aligned}$$

で与えられる. このとき, $P^{\langle 2\rangle}(E_1) = \frac{1}{6}(= \frac{1}{15} + \frac{1}{10})$, $P^{\langle 2\rangle}(E_2) = \frac{1}{4}(= \frac{1}{12} + \frac{1}{6})$ を得る. このように, 確率質量関数 p が一様でない場合は, 何回目に引くかで生起する確率が変わってしまう.

数学科で通常利用される p が一様確率質量関数の場合は**復元無作為抽出**と呼ぶ. この場合, p^2 も一様確率質量関数になる.

次の命題は定義から明らかである:

命題 3.11. $(\Omega; p)$ が一様確率空間の場合は, $n := \#\Omega$ とおけば,

$$p^2((\omega_1, \omega_2)) = \frac{1}{n^2}$$

となる. したがって, p^2 は Ω^2 上の一様確率質量関数である.

例 3.7. 有限集合 $\Omega = \{a, b, c\}$ の上に確率質量関数 p を

$$p(a) = \frac{1}{3}, \quad p(b) = \frac{1}{3}, \quad p(c) = \frac{1}{3}$$

で定めた有限確率空間 $(\Omega; p)$ を考える. このとき, $(\Omega^2; p^2)$ は,

$$\begin{aligned}
&p^2((a, a)) = \frac{1}{9}, \qquad p^2((a, b)) = \frac{1}{9}, \qquad p^2((a, c)) = \frac{1}{9}, \\
&p^2((b, a)) = \frac{1}{9}, \qquad p^2((b, b)) = \frac{1}{9}, \qquad p^2((b, c)) = \frac{1}{9}, \\
&p^2((c, a)) = \frac{1}{9}, \qquad p^2((c, b)) = \frac{1}{9}, \qquad p^2((c, c)) = \frac{1}{9}
\end{aligned}$$

で与えられる. このとき, $P^2(E_1) = \frac{1}{3}$, $P^2(E_2) = \frac{1}{3}$, $P^2(E_1 \cap E_2) = \frac{1}{9}$ なので, E_1, E_2 は独立である.

3.6.2 非復元無作為抽出 (○)

有限確率空間 $(\Omega; p)$ であらわされる試行を 2 回繰り返すときに, 1 度目に生起した結果は 2 度目には生起しないとする場合を**非復元抽出**と呼ぶ. これは集合 $\Omega^{\langle 2\rangle}$ で記述できる.

例 3.8. 有限集合 Ω を $\Omega := \{a, b, c\}$ と定めると,

$$\Omega^{\langle 2\rangle} = \{(a, b), (b, a), (a, c), (c, a), (b, c), (c, b)\}$$

となる. このとき,

- 1 回目に a が生起する事象は $\{(a, b), (a, c)\}$, (後のために E_1 とおく)
- 2 回目に a が生起する事象は $\{(b, a), (c, a)\}$, (後のために E_2 とおく)

となる.

しかし, 確率質量関数を考えようとすると, 多少難しい.

定義 3.9. $(\Omega; p)$ を有限確率空間とする. $\#\Omega \geq 2$ とする. このとき, 集合 $\Omega^{\langle 2\rangle}$ 上の関数 $p^{\langle 2\rangle} : \Omega^{\langle 2\rangle} \to \mathbb{R}$ を

$$p^{\langle 2\rangle}((\omega_1, \omega_2)) = \begin{cases} 1, & p(\omega_1) = 1 \\ \frac{p(\omega_1)p(\omega_2)}{1-p(\omega_1)}, & p(\omega_1) < 1 \end{cases} \qquad ((\omega_1, \omega_2) \in \Omega^{\langle 2\rangle})$$

で定めることで, 有限確率空間 $(\Omega^{\langle 2\rangle}; p^{\langle 2\rangle})$ を得る. 対応する確率測度についても, $P^{\langle 2\rangle}$ とあらわす.

$p^{\langle 2\rangle}((\omega_1, \omega_2))$ は, 非復元抽出で, 1 回目に ω_1 が, 2 回目に ω_2 が生起する確率を意味する. これを条件付確率の観点から調べよう.

(仮定１)… 「1 回目に ω_1 が出る」確率は,

$$P^{\langle 2\rangle}(1 \text{ 回目に } \omega_1 \text{ が出る}) = p(\omega_1).$$

(仮定２)… 「1 回目に ω_1 が出た上で 2 回目に ω_2 が出る」確率は,

$$P^{\langle 2\rangle}((2 \text{ 回目に } \omega_2 \text{ が出る}) \mid (1 \text{ 回目に } \omega_1 \text{ が出る})) = \frac{p(\omega_2)}{P(\Omega \setminus \{\omega_1\})}.$$

が妥当であろう. したがって,

$$\begin{aligned} p^{\langle 2\rangle}((\omega_1, \omega_2)) &= P^{\langle 2\rangle}((1 \text{ 回目に } \omega_1 \text{ が出る}) \cap (2 \text{ 回目に } \omega_2 \text{ が出る})) \\ &= P^{\langle 2\rangle}((1 \text{ 回目に } \omega_1 \text{ が出る})) \\ &\qquad \times P^{\langle 2\rangle}((2 \text{ 回目に } \omega_2 \text{ が出る}) \mid (1 \text{ 回目に } \omega_1 \text{ が出る})) \\ &= p(\omega_1)\frac{p(\omega_2)}{P(\Omega \setminus \{\omega_1\})} \end{aligned}$$

を得る. つまり, (仮定１)(仮定２) の下で, $\Omega^{\langle 2\rangle}$ に $p^{\langle 2\rangle}$ を考えるのが妥当だと言えよう.

このように, 自乗有限確率空間の場合とは異なり. 確率質量関数の定義が第 1 成分と第 2 成分に関して対称でないところが特徴的である.

例 3.9. 有限集合 $\Omega = \{a, b, c\}$ の上に確率質量関数 p を

$$p(a) = \frac{1}{6}, \quad p(b) = \frac{1}{3}, \quad p(c) = \frac{1}{2}$$

で定めた有限確率空間 $(\Omega; p)$ を考える. このとき, $(\Omega^{\langle 2\rangle}; p^{\langle 2\rangle})$ は,

$$p^{\langle 2\rangle}((a,b)) = \frac{1}{15}, \qquad p^{\langle 2\rangle}((a,c)) = \frac{1}{10}, \qquad p^{\langle 2\rangle}((b,c)) = \frac{1}{4},$$
$$p^{\langle 2\rangle}((b,a)) = \frac{1}{12}, \qquad p^{\langle 2\rangle}((c,a)) = \frac{1}{6}, \qquad p^{\langle 2\rangle}((c,b)) = \frac{1}{3}$$

で与えられる. このとき, $P^{\langle 2\rangle}(E_1) = \frac{1}{6}(= \frac{1}{15} + \frac{1}{10})$, $P^{\langle 2\rangle}(E_2) = \frac{1}{4}(= \frac{1}{12} + \frac{1}{6})$ を得る. このように, 確率質量関数 p が一様でない場合は, 何回目に引くかで生起する確率が変わってしまう.

数学科で通常利用される p が一様確率質量関数の場合を**非復元無作為抽出**と呼ぶ. 確率質量関数の定義が第 1 成分と第 2 成分に関して対称になり, $p^{\langle 2\rangle}$ も一様確率質量関数になる.

次の命題は定義から明らかである:

命題 3.12. $(\Omega; p)$ が一様確率空間の場合は, $n := \#\Omega$ とおけば,

$$p^{\langle 2\rangle}((\omega_1, \omega_2)) = \frac{1}{n(n-1)}$$

となる. したがって, $p^{\langle 2\rangle}$ は $\Omega^{\langle 2\rangle}$ 上の一様確率質量関数である.

例 3.10. 有限集合 $\Omega = \{a, b, c\}$ の上に確率質量関数 p を

$$p(a) = \frac{1}{3}, \quad p(b) = \frac{1}{3}, \quad p(c) = \frac{1}{3}$$

で定めた有限確率空間 $(\Omega; p)$ を考える. このとき, $(\Omega^{\langle 2\rangle}; p^{\langle 2\rangle})$ は,

$$p^{\langle 2\rangle}((a,b)) = \frac{1}{6}, \qquad p^{\langle 2\rangle}((a,c)) = \frac{1}{6}, \qquad p^{\langle 2\rangle}((b,c)) = \frac{1}{6},$$
$$p^{\langle 2\rangle}((b,a)) = \frac{1}{6}, \qquad p^{\langle 2\rangle}((c,a)) = \frac{1}{6}, \qquad p^{\langle 2\rangle}((c,b)) = \frac{1}{6}$$

で与えられる. このとき, $P^{\langle 2\rangle}(E_1) = \frac{1}{3}(= \frac{1}{6} + \frac{1}{6})$, $P^{\langle 2\rangle}(E_2) = \frac{1}{3}(= \frac{1}{6} + \frac{1}{6})$ を得る. このように, 確率質量関数 p が一様である場合は, 何回目に引くかで生起する確率は変わらない. また, 明らかに E_1 と E_2 は独立ではない.

3.6.3 単純無作為抽出 (○)

有限確率空間 $(\Omega; p)$ であらわされる試行を非復元抽出するとき, 繰り返しの順番を無視する場合を**単純抽出**と呼ぶ. これは集合 $\Omega^{(2)}$ で記述できる.

例 3.11. 有限集合 Ω を $\Omega := \{a, b, c\}$ と定めると, 次のようになる:

$$\Omega^{(2)} = \{\{a, b\}, \{a, c\}, \{b, c\}\}.$$

定義 3.10. $(\Omega; p)$ を有限確率空間とする. $\#\Omega \geq 2$ とする. このとき, 集合 $\Omega^{(2)}$ 上の関数 $p^{(2)} : \Omega^{(2)} \to \mathbb{R}$ を

$$p^{(2)}(\{\omega_1, \omega_2\}) = \begin{cases} 1, & p(\omega_1) = 1 \text{ or } p(\omega_2) = 1 \\ \frac{p(\omega_1)p(\omega_2)(2-p(\omega_1)-p(\omega_2))}{(1-p(\omega_1))(1-p(\omega_2))}, & p(\omega_1) < 1, p(\omega_2) < 1 \end{cases}$$
$$(\{\omega_1, \omega_2\} \in \Omega^{(2)})$$

で定めることで, 有限確率空間 $(\Omega^{(2)}; p^{(2)})$ を得る. 対応する確率測度についても, $P^{(2)}$ とあらわす.

$p^{(2)}(\{\omega_1, \omega_2\})$ は, 単純抽出で ω_1, ω_2 が生起する確率を意味する. ここで,

(仮定 3)⋯ 同時に ω_1 と ω_2 を抽出すると言っても,
必ずどちらかを先にどちらかを後に抽出している

と解釈すれば, 非復元抽出で

- 1 回目に ω_1 を, 2 回目に ω_2 を抽出する事象
- 1 回目に ω_2 を, 2 回目に ω_1 を抽出する事象

を考えればよい. これらは排他的なので,

$$\begin{aligned} p^{(2)}(\{\omega_1, \omega_2\}) &= p^{\langle 2\rangle}((\omega_1, \omega_2)) + p^{\langle 2\rangle}((\omega_2, \omega_1)) \\ &= p(\omega_1)\frac{p(\omega_2)}{1 - p(\omega_1)} + p(\omega_2)\frac{p(\omega_1)}{1 - p(\omega_2)} = p(\omega_1)p(\omega_2)\frac{2 - p(\omega_1) - p(\omega_2)}{(1 - p(\omega_1))(1 - p(\omega_2))} \end{aligned}$$

を得る. つまり, (仮定 3) の下で $\Omega^{(2)}$ に $p^{(2)}$ を考えるのが妥当だと言える.

例 3.12. 有限集合 $\Omega = \{a, b, c\}$ の上に確率質量関数 p を

$$p(a) = \frac{1}{6}, \quad p(b) = \frac{1}{3}, \quad p(c) = \frac{1}{2}$$

で定めた有限確率空間 $(\Omega; p)$ を考える. このとき, $(\Omega^{(2)}; p^{(2)})$ は,

$$p^{(2)}(\{a, b\}) = \frac{3}{20}, \qquad p^{(2)}(\{a, c\}) = \frac{4}{15}, \qquad p^{(2)}(\{b, c\}) = \frac{7}{12}$$

で与えられる.

p が一様確率質量関数の場合は**単純無作為抽出**と呼ぶ. 次の命題は定義から明らかである:

命題 3.13. $(\Omega; p)$ が一様確率空間の場合は, $n := \#\Omega$ とおけば,

$$p^{(2)}(\{\omega_1, \omega_2\}) = \frac{2}{n(n-1)}$$

となる. したがって, $p^{(2)}$ は $\Omega^{(2)}$ 上の一様確率質量関数である.

例 3.13. 有限集合 $\Omega = \{a, b, c\}$ の上に確率質量関数 p を

$$p(a) = \frac{1}{3}, \quad p(b) = \frac{1}{3}, \quad p(c) = \frac{1}{3}$$

で定めた有限確率空間 $(\Omega; p)$ を考える. このとき, $(\Omega^{(2)}; p^{(2)})$ は,

$$p^{(2)}(\{a, b\}) = \frac{1}{3}, \qquad p^{(2)}(\{a, c\}) = \frac{1}{3}, \qquad p^{(2)}(\{b, c\}) = \frac{1}{3}$$

で与えられる.

問題 19. 4 枚のカードがあり, 裏面はいずれも区別がつかない. 表面は, 2 枚が白で, 残り 2 枚が黒である. A 君と B 君は 4 枚の裏向きのカードを使いゲームをする. A 君がカードをよくシャッフルして, B 君が 2 枚選び表返す. 2 枚が同じ色であれば B 君の勝ち, 2 枚が違う色であれば A 君の勝ちというゲームだ. B 君が勝つ確率を求めよ.

3.6.4 重複無作為抽出 (○)

集合 $\Omega^{((2))}$ であらわされる抽出を考えることもできるが, これには定まった呼称がないように思われるので, 本書では**重複抽出**と呼ぶことにする. 特に, p が一様確率質量関数の場合は, **重複無作為抽出**と呼ぶことにし, 確率質量関数を $p^{((2))}$ と表記することにする.

定義 3.11. $(\Omega; p)$ が一様確率空間のとき, $n := \#\Omega$ とおき, $\Omega^{((2))}$ 上の一様確率質量関数 $p^{((2))}$ を次で定める:

$$p^{((2))}(\{\!\{\omega_1, \omega_2\}\!\}) := \frac{2}{n(n+1)}.$$

4 有限個の事象の独立性

4.1 有限個の事象の独立性

有限個の事象の独立性は次のように定義する:

定義 4.1. $(\Omega; \mathcal{E}, P)$ を確率空間とし, $E_1, E_2, \cdots, E_N \in \mathcal{E}$ とする. このとき, $E_1, E_2, \cdots, E_N$ が**独立である**とは,

- 任意の $k \geq 2$ と $1 \leq i_1 < i_2 < \cdots < i_k \leq N$ に対して,

$$P(E_{i_1} \cap E_{i_2} \cap \cdots \cap E_{i_k}) = P(E_{i_1})P(E_{i_2}) \cdots P(E_{i_k})$$

を満たすことである.

例えば, $N = 3$ の場合, 事象 A, B, C が独立であるとは

(1) $P(A \cap B) = P(A)P(B)$,

(2) $P(A \cap C) = P(A)P(C)$,

(3) $P(B \cap C) = P(B)P(C)$,

(4) $P(A \cap B \cap C) = P(A)P(B)P(C)$

が成り立つことである.

例 4.1. $\Omega = \{0, 1, 2, 3, 4, 5, 6, 7\}$ とおき, p を

$$p(0) = p(1) = p(2) = p(3) = p(4) = p(5) = p(6) = p(7) = \frac{1}{8}$$

で定める. このとき,

$$A := \{1, 3, 5, 7\}, \quad B := \{2, 3, 6, 7\}, \quad C := \{4, 5, 6, 7\}$$

とおくと, (1)(2)(3)(4) が成り立つ. したがって, A, B, C は独立である.

例 4.2. $\Omega = \{0, 1, 2, 3, 4, 5, 6, 7\}$ とおき, p を

$$p(0) = p(1) = \frac{1}{30}, p(2) = p(3) = \frac{1}{15}, p(4) = p(5) = \frac{2}{15}, p(6) = p(7) = \frac{4}{15}$$

で定める. このとき,

$$A := \{1, 3, 5, 7\}, \quad B := \{2, 3, 6, 7\}, \quad C := \{4, 5, 6, 7\}$$

とおくと, (1)(2)(3)(4) が成り立つ. したがって, A, B, C は独立である.

4 条件 (1)(2)(3)(4) は, どれ一つとして欠くことができない.

例 4.3. $\Omega = \{0, 3, 5, 6\}$ とおき, $(\Omega; p)$ を

$$p(0) = p(3) = p(5) = p(6) = \frac{1}{4}$$

で定める. このとき,

$$A := \{3, 5\}, \quad B := \{3, 6\}, \quad C := \{5, 6\}$$

とおくと, (1)(2)(3) は成り立つが, (4) は成り立たない. したがって, A, B, C は独立でない.

例 4.4. $\Omega = \{0, 1, 2, 4, 7\}$ とおき, $(\Omega; p)$ を

$$p(0) = \frac{2}{27}, p(1) = p(2) = p(4) = \frac{8}{27}, p(7) = \frac{1}{27}$$

で定める. このとき,

$$A := \{1, 7\}, \quad B := \{2, 7\}, \quad C := \{4, 7\}$$

とおくと, (4) は成り立つが, (1)(2)(3) は成り立たない. したがって, A, B, C は独立でない.

例 4.5. $\Omega = \{1, 2, 4, 5, 7\}$ とおき, p を

$$p(1) = p(4) = \frac{1}{4}, p(2) = \frac{1}{4}, p(5) = \frac{1}{6}, p(7) = \frac{1}{12},$$

で定める. このとき,

$$A := \{1, 5, 7\}, \quad B := \{2, 7\}, \quad C := \{4, 5, 7\}$$

とおくと, (2)(4) は成り立つが, (1)(3) は成り立たない. したがって, A, B, C は独立でない.

例 4.6. $\Omega = \{1, 2, 3, 4, 6, 7\}$ とおき, p を

$$p(1) = p(4) = \frac{1}{4}, p(2) = p(3) = p(6) = p(7) = \frac{1}{8}$$

で定める. このとき,

$$A := \{1, 3, 7\}, \quad B := \{2, 3, 6, 7\}, \quad C := \{4, 6, 7\}$$

とおくと, (1)(3)(4) は成り立つが, (2) は成り立たない. したがって, A, B, C は独立でない.

4.2 有限個の確率空間の直積確率空間

定義 4.2. $(\Omega; \mathcal{E}, P)$ を確率空間とする．このとき，

$$\Omega^N := \Omega \times \cdots \times \Omega, \qquad (N \text{ 個の積})$$
$$\mathcal{E}^N := \mathcal{E} \times \cdots \times \mathcal{E}, \qquad (N \text{ 個の積})$$
$$P^N := P \times \cdots \times P, \qquad (N \text{ 個の積})$$

と定めることで，確率空間 $(\Omega^N; \mathcal{E}^N, P^N)$ を得る．これを N **乗確率空間**と呼ぶ．

これは '試行 Ω を N 回繰り返す' という試行を意味する．これは '復元抽出' として解釈される．

4.2.1 有限確率空間の N 乗 (○)

$(\Omega; p)$ が有限確率空間のとき，直積確率空間の確率質量関数は

$$p^N := p \times \cdots \times p, \qquad (N \text{ 個の積})$$

であり，

$$p^N((\omega_1, \cdots, \omega_N)) = p(\omega_1) \cdots p(\omega_N), \quad ((\omega_1, \cdots, \omega_N) \in \Omega^N)$$

が成り立つ．

例 4.7. $(\Omega; p)$ を例 2.3 の有限確率空間とすると，N 乗確率空間 $(\Omega^N; p^N)$ は，集合が Ω^N で，確率質量関数は

$$p^N(r \text{ 個の } H, N - r \text{ 個の } T \text{ からなる列}) = \theta^r (1 - \theta)^{N-r}$$

を満たす．

4.2.2 誕生日のパラドクス (○)

問題 20. 1 年 D 組は 35 人の生徒からなる．このクラスの中に偶然同じ日に生まれた生徒がいる確率を小数点以下 2 桁の近似値で求めよ．

解答． $(\Omega; p)$ を 365 個の元からなる一様確率空間として，35 乗確率空間 $(\Omega^{35}; p^{35})$ を考えればよい．事象 E を

$$E := (35 \text{ 人がことごとく違う日に生まれた})$$

とおけば, $\#E = \#\Omega^{\langle 35 \rangle} = \prod_{i=0}^{34}(365-i)$. したがって, E が生起する確率は

$$P^{35}(E) = \frac{\prod_{i=0}^{34}(365-i)}{365^{35}} \sim 0.1856167611252848.$$

求める確率は E の補事象の確率だから,

$$P^{35}(E^c) = 1 - \frac{\prod_{i=0}^{34}(365-i)}{365^{35}} \sim 0.8143832388747152.$$

したがって, 求める確率の近似値は 81%. ■

これがいわゆる**誕生日のパラドクス**であるが[28], この 81% という確率はパラドクスというほどのものか微妙である. これは 35 人という人数が少ないからである. 例えばこの確率を 90% にしたいなら 41 人の生徒が必要だし, 95% にしたいなら 47 人の生徒が必要となる.

いま, 近似計算のために, $f(x) := -x-(1-x)\log(1-x) = \int_0^x \log(1-t)\,\mathrm{d}t$ とおけば, 区分求積法より,

$$\frac{1}{K}\log\prod_{k=0}^{N-1}\left(1-\frac{k}{K}\right) = \sum_{k=0}^{N-1}\log\left(1-\frac{k}{K}\right)\frac{1}{K} \sim \int_0^{\frac{N}{K}}\log(1-t)\,\mathrm{d}t = f(\frac{N}{K}).$$

したがって, $\prod_{k=0}^{N-1}\left(1-\frac{k}{K}\right) \sim e^{Kf(\frac{N}{K})}$. いま, $e^{f(x)}$ を 2 次まで Taylor 展開すれば, $e^{f(x)} \sim 1 - \frac{x^2}{2}$ となるので,

$$\prod_{k=0}^{N-1}\left(1-\frac{k}{K}\right) \sim \left(1-\frac{N^2}{2K^2}\right)^K \sim \exp\left(-\frac{N^2}{2K}\right)$$

という近似式を得る. 近似式もそれほど悪くない:

N	$1-\frac{{}_{365}P_N}{365^N}$	$1-\exp\left(-\frac{N^2}{730}\right)$
20	0.4114383836	0.4218634575 弱
25	0.5686997040	0.5752117135 弱
30	0.7063162427	0.7085470557
35	0.8143832389	0.8132682515 弱
40	0.8912318098	0.8882823778
45	0.9409758995 弱	0.9375864327
50	0.9703735796	0.9674395701

(表の値は, 小数点第 11 位以降を四捨五入したもの. 末尾が 5 のものについている「弱」は, 四捨五入した結果, 繰り上がったものであることをあらわす.)

[28] これは疑似パラドクスの一種である.

4.2.3 確率モデル (その1)

現実の確率的現象を数学に翻訳する作業を**定式化**とか**モデル化**と呼ぶ. モデル化には扱う確率的現象によって様々なものがあるが, 大きく分けて

- 確率空間を作る
- 確率空間とその上の確率変数を作る

の二通りであろう. これらを**確率モデル**と呼ぶ. ここでは前者の確率モデルの作り方について論じてみたい. 我々はすでに様々な確率モデルに出会っている. 例えば 3 節では様々な確率モデルを作った. 本小節で導入した直積確率空間を利用すれば, 例えば次のような問題でも確率モデルを作ることができる.

問題 21. a,b,c の 3 人でゲームをする. 1 回のゲームでは勝者が 1 人定まるとし, 各々の勝つ確率を $\frac{1}{6}, \frac{1}{3}, \frac{1}{2}$ とする. 先に 2 勝した者を優勝とする. a が優勝する確率を求めよ.

この問題では, 「先に 2 勝した」というところが曲者である. つまり, 試行するたびに何回ゲームをするかが変わってしまうところが悩みどころである. このようなときは優勝が決まった後のゲームを消化試合として含めてしまえば直積確率空間でモデル化できる.

まず, 集合 $\Omega = \{a, b, c\}$ 上に確率質量関数 p を

$$p(a) = \frac{1}{6}, \qquad p(b) = \frac{1}{3}, \qquad p(c) = \frac{1}{2}$$

で定める. ここで, (最長でも 4 回しかゲームが行なわれないことに注目して) 直積確率空間 $(\Omega^4; p^4)$ を考える. このとき, 「a が優勝する」事象を E とすれば,

$$\begin{aligned} E = &\Big(\{a\} \times \{a\} \times \Omega \times \Omega\Big) \\ &\amalg \Big(\{a\} \times \{b, c\} \times \{a\} \times \Omega\Big) \amalg \Big(\{b, c\} \times \{a\} \times \{a\} \times \Omega\Big) \\ &\amalg \left\{ \begin{array}{l} (a, b, c), (a, c, b), (b, a, c), \\ (b, c, a), (c, a, b), (c, b, a) \end{array} \right\} \times \{a\} \end{aligned}$$

となる. あとは E が生起する確率を求めればよい.

4.2.4 離散確率空間の N 乗 (☆)

$(\Omega;\mathcal{E},P)$ が離散確率空間で, 確率質量関数 p を持つとき, 直積確率空間の確率質量関数は,

$$p^N := p \times \cdots \times p, \qquad (N\text{ 個の積})$$

となり,

$$p^N((\omega_1,\cdots,\omega_N)) = p(\omega_1)\cdots p(\omega_N), \quad ((\omega_1,\cdots,\omega_N)\in\Omega^N)$$

が成り立つ.

例 4.8. $(\Omega;\mathcal{E},P) = (\{0,1\};2^{\{0,1\}},P)$ を例 2.16 の確率空間とすると, N 乗確率空間 $(\Omega^N;\mathcal{E}^N,P^N)$ は, 集合が Ω^N で, 確率測度は次を満たす:

$$P^N(\{(\omega_1,\cdots,\omega_N)\}) = \theta^r(1-\theta)^{N-r} \quad (\omega_1,\cdots,\omega_N\text{の中に }1\text{ が }r\text{ 個あるとき}).$$

これは表の出る確率が θ の歪んだコインを N 回投げる試行をあらわす.

4.2.5 連続確率空間の N 乗 (☆)

命題 4.1. Ω を $\mathbb{R}$ の 1 点でない区間とし, $(\Omega;\mathcal{E},P)$ を確率密度関数 φ を持つ連続確率空間とするとき, N 乗確率空間 $(\Omega^N;\mathcal{E}^N,P^N)$ も連続確率空間で, 次が成り立つ:

$$P^N(C) = \int\cdots\int_C \varphi(\omega_1)\cdots\varphi(\omega_N)\,\mathrm{d}\omega_1\cdots\mathrm{d}\omega_N. \quad (\text{広義多重積分})$$

ここで, $C\subseteq\Omega^N$ は開集合または閉集合とする.

Proof. 前半は命題 3.7 から従うので後半を示そう.

Ω に含まれる区間 $C_1,\cdots,C_N$ の直積 $C_1\times\cdots\times C_N$ を**直方体**と呼ぶことにし, 直方体の全体および空集合のなす集合を $\mathcal{E}_0$ とおけば, $\mathcal{E}_0$ は半集合体となることが分かる. $\mathcal{E}_0$ を含む最小の σ-集合体は $\mathcal{B}_{\Omega_1}\times\mathcal{B}_{\Omega_2}$ と一致する.

いま, 関数 $P:\mathcal{E}_0\to\mathbb{R}$ を, 直方体に対して

$$\begin{aligned}P(C_1\times\cdots\times C_N) &:= \iint_{C_1\times\cdots\times C_N}\varphi(\omega_1)\cdots\varphi(\omega_N)\,\mathrm{d}\omega_1\cdots\mathrm{d}\omega_N\\ &= \int_{C_1}\varphi(\omega_1)\,\mathrm{d}\omega_1\cdots\int_{C_N}\varphi(\omega_N)\,\mathrm{d}\omega_N = P(C_1)\cdots P(C_N)\end{aligned}$$

で定めれば，P は $\mathcal{E}_0$ 上の確率測度であることが分かる．したがって，Carathéodory の拡張定理より，P の $\mathcal{B}_{\Omega}^N$ 上の確率測度への拡張は P^N に一致する．

まず，C が開集合の場合を考える．有界閉直方体の有限個の和集合 (直和でなくてよい) を**有界閉直方体塊**と呼ぶことにする．C は開集合だから，$D_1 \subseteq D_2 \subseteq \cdots$ を有界閉直方体塊の単調増加列で，$C = \bigcup_{i=1}^{\infty} D_i$ を満たすものがとれる．このとき，広義積分の性質から，

$$
\begin{aligned}
P^N(C) &= P^N\left(\bigcup_{i=1}^{\infty} D_i\right) = \lim_{i\to\infty} P^N(D_i) \\
&= \lim_{i\to\infty} \int\cdots\int_{D_i} \varphi(\omega_1)\cdots\varphi(\omega_N)\,\mathrm{d}\omega_1\cdots\mathrm{d}\omega_N \\
&= \int\cdots\int_{\bigcup_{i=1}^{\infty} D_i} \varphi(\omega_1)\cdots\varphi(\omega_N)\,\mathrm{d}\omega_1\cdots\mathrm{d}\omega_N \\
&= \int\cdots\int_{C} \varphi(\omega_1)\cdots\varphi(\omega_N)\,\mathrm{d}\omega_1\cdots\mathrm{d}\omega_N
\end{aligned}
$$

となる．また，C が閉集合の場合は補集合 C^c が開集合なので，

$$
\begin{aligned}
P^N(C) &= 1 - P^N(C^c) = 1 - \int\cdots\int_{C^c} \varphi(\omega_1)\cdots\varphi(\omega_N)\,\mathrm{d}\omega_1\cdots\mathrm{d}\omega_N \\
&= \int\cdots\int_{C} \varphi(\omega_1)\cdots\varphi(\omega_N)\,\mathrm{d}\omega_1\cdots\mathrm{d}\omega_N
\end{aligned}
$$

となる．□

補足 24. したがって，広義多重積分の計算ができれば確率の計算ができる．

例 4.9. $(\Omega;\mathcal{E},P) = ([0,\infty);\mathcal{B}_{[0,\infty)},P)$ を例 2.18 の確率空間とすると，N 乗確率空間 $(\Omega^N;\mathcal{E}^N,P^N)$ は，到着率 $\lambda > 0$ の店舗に N 人到着する時刻を生起する確率空間を意味する．結果 $(\omega_1,\cdots,\omega_N) \in \Omega^N$ は，1 人目は時刻 ω_1 に，2 人目は時刻 $\omega_1+\omega_2$ に，$\cdots$，N 人目は時刻 $\omega_1+\cdots+\omega_N$ に到着する結果をあらわす．

1 時間後になるまでに N 人目が来る確率は，

$$
E := \left\{(\omega_1,\cdots,\omega_{N-1},\omega_N) \in [0,\infty)^N \;\middle|\; \omega_1+\cdots+\omega_{N-1}+\omega_N < 1\right\}
$$

とおくと，$P^N(E)$ であらわせる．いま，

$$
F := \left\{(\omega_1,\cdots,\omega_{N-1}) \in [0,\infty)^{N-1} \;\middle|\; \omega_1+\cdots+\omega_{N-1} < 1\right\}
$$

とおけば,

$$
\begin{aligned}
&P^N(E)\\
&=\int\cdots\iint_E \lambda e^{-\lambda\omega_1}\cdots\lambda e^{-\lambda\omega_{N-1}}\lambda e^{-\lambda\omega_N}\,\mathrm{d}\omega_1\cdots\mathrm{d}\omega_{N-1}\,\mathrm{d}\omega_N\\
&=\int\cdots\int_F\left(\int_0^{1-\omega_1-\cdots-\omega_{N-1}}\lambda e^{-\lambda\omega_1}\cdots\lambda e^{-\lambda\omega_{N-1}}\lambda e^{-\lambda\omega_N}\,\mathrm{d}\omega_N\right)\mathrm{d}\omega_1\cdots\mathrm{d}\omega_{N-1}\\
&=\int\cdots\int_F\left(\lambda e^{-\lambda\omega_1}\cdots\lambda e^{-\lambda\omega_{N-1}}(1-e^{\lambda(\omega_1+\cdots+\omega_{N-1})-\lambda})\right)\mathrm{d}\omega_1\cdots\mathrm{d}\omega_{N-1}\\
&-\int\cdots\int_F\left(\lambda e^{-\lambda\omega_1}\cdots\lambda e^{-\lambda\omega_{N-1}}-\lambda^{N-1}e^{-\lambda}\right)\mathrm{d}\omega_1\cdots\mathrm{d}\omega_{N-1}\\
&=\int\cdots\int_F\lambda e^{-\lambda\omega_1}\cdots\lambda e^{-\lambda\omega_{N-1}}\,\mathrm{d}\omega_1\cdots\mathrm{d}\omega_{N-1}-\lambda^{N-1}e^{-\lambda}\cdot(F\text{ の体積})\\
&=P^{N-1}(F)-\frac{\lambda^{N-1}}{(N-1)!}e^{-\lambda}.
\end{aligned}
$$

ここで, $(F\text{ の体積})=\dfrac{1}{(N-1)!}$ を用いた. また,

$$
P^1(E)=\int_E\lambda e^{-\lambda\omega_1}\,\mathrm{d}\omega_1=\int_0^1\lambda e^{-\lambda\omega_1}\,\mathrm{d}\omega_1=1-e^{-\lambda}.
$$

したがって, 数列 $a_N:=P^N(E)$ は漸化式

$$
\begin{cases}
a_1=1-e^{-\lambda}.\\
a_N=a_{N-1}-\frac{\lambda^{N-1}}{(N-1)!}e^{-\lambda} & (N\geq 2)
\end{cases}
$$

を満たす. したがって,

$$
\begin{aligned}
a_N&=1-e^{-\lambda}-\lambda e^{-\lambda}-\frac{\lambda^2}{2!}e^{-\lambda}-\cdots-\frac{\lambda^{N-1}}{(N-1)!}e^{-\lambda}\\
&=1-e^{-\lambda}\left(1+\lambda+\frac{\lambda^2}{2!}+\cdots+\frac{\lambda^{N-1}}{(N-1)!}\right)
\end{aligned}
$$

を得る.

4.3 事象の有限個のコピー

独立な事象は, 典型的にはコピーによって得られる.

定義 4.3. Ω における事象 $E \in \mathcal{E}$ と $i = 1, 2, \cdots, N$ に対して, Ω^N における事象 $E_{(i)}$ を

$$E_{(i)} := \Omega \times \cdots \times \Omega \times \overset{i\,\text{番目}}{E} \times \Omega \times \cdots \times \Omega \quad (i = 1, 2, \cdots, N)$$

で定める. このとき, $E_{(1)}, \cdots, E_{(N)}$ を E **のコピー**と呼ぶ.

この記号は本稿を通じて利用する. これは '事象 E が i 回目に起こる' という事象を意味する.

命題 4.2. $(\Omega; \mathcal{E}, P)$ を確率空間とする. $E \in \mathcal{E}$ とすると, N 乗確率空間 $(\Omega^N; \mathcal{E}^N, P^N)$ において, $E_{(1)}, E_{(2)}, \cdots, E_{(N)}$ は独立である.

Proof. $1 \leq i_1 < i_2 < \cdots < i_k \leq N$ を任意にとると,

$$\begin{aligned}
&P^N(E_{(i_1)} \cap E_{(i_2)} \cap \cdots \cap E_{(i_k)}) \\
&= P^N(\Omega \times \cdots \times \overset{i_1\,\text{番目}}{E} \times \cdots \times \overset{i_2\,\text{番目}}{E} \times \cdots \times \overset{i_k\,\text{番目}}{E} \times \cdots \times \Omega) \\
&= P(\Omega) \times \cdots \times \overset{i_1\,\text{番目}}{P(E)} \times \cdots \times \overset{i_2\,\text{番目}}{P(E)} \times \cdots \times \overset{i_k\,\text{番目}}{P(E)} \times \cdots \times P(\Omega) \\
&= \overbrace{P(E)P(E)\cdots P(E)}^{k\,\text{個}} \\
&= P^N(E_{(i_1)})P^N(E_{(i_2)}) \cdots P^N(E_{(i_k)}).
\end{aligned}$$

したがって, $E_1, \cdots, E_N$ は独立である. □

4.3.1 確率 1% の意味

サイコロを振るとき 1 の目が出る確率が 1/6 であるというのはどういう意味であろうか. 2015 年度の国立教育政策研究所による全国学力・学習状況調査 [9] によれば, 「確率 1/6 とは 6 回中丁度 1 回起こることである」と理解している中学生が調査対象の 42% にも及んだらしい.

例えば, 1% の確率で当たるガチャを (復元抽出で) 100 回引いたら 1 回くらい当たるということであろうか. 実は, 100 回中丁度 1 度当たる確率は 37% 程しかない. それどころか, ただの 1 度も当たらない確率もやはり 37% 程度ある.

確率空間 $(\Omega;\mathcal{E},P)$ を考え, 事象 $E\in\mathcal{E}$ は確率 $\frac{1}{N}$ で生起するとしよう $(P(E)=\frac{1}{N})$. 直積確率空間 $(\Omega^N;\mathcal{E}^N,P^N)$ において, コピー $E_{(1)},\cdots,E_{(N)}$ を考える. N 回の試行で 1 回も E が生起しない事象を A とすれば,

$$A=E^c_{(1)}\cap\cdots\cap E^c_{(N)}$$

だから, その確率は

$$P^N(A)=P^N\left(E^c_{(1)}\cap\cdots\cap E^c_{(N)}\right)=\overbrace{P(E^c)\cdots P(E^c)}^{N\text{ 個}}$$
$$=\left(1-\frac{1}{N}\right)^N\sim e^{-1}\sim 0.3678794411714423$$

となる. また, 丁度 1 度 E が生起する事象を B とすれば,

$$\begin{aligned}B=&\left(E_{(1)}\cap E^c_{(2)}\cap\cdots\cap E^c_{(N)}\right)\\&\amalg\cdots\amalg\left(E^c_{(1)}\cap\cdots\cap E^c_{(i-1)}\cap E_{(i)}\cap E^c_{(i+1)}\cap\cdots\cap E^c_{(N)}\right)\\&\amalg\cdots\amalg\left(E^c_{(1)}\cap\cdots\cap E^c_{(N-1)}\cap E_{(N)}\right)\end{aligned}$$

だから, その確率は

$$\begin{aligned}&P^N(B)\\&=\frac{1}{N}\left(1-\frac{1}{N}\right)^{N-1}+\cdots+\left(1-\frac{1}{N}\right)^{i-1}\overset{i\text{ 番目}}{\frac{1}{N}}\left(1-\frac{1}{N}\right)^{N-i}+\cdots+\left(1-\frac{1}{N}\right)^{N-1}\frac{1}{N}\\&=\left(1-\frac{1}{N}\right)^{N-1}\sim e^{-1}\sim 0.3678794411714423\end{aligned}$$

となる. ここで, 近似の部分は等式 $e^x=\lim_{N\to\infty}\left(1+\frac{x}{N}\right)^N$ に注目すればよい. $x=-1$ を代入すれば, 十分大きな N に対して e^{-1} の近似式が得られる.

N	$\left(1-\frac{1}{N}\right)^N$	$\left(1-\frac{1}{N}\right)^{N-1}$
1	0	1
2	0.25	0.5
6	0.3348979767	0.4018775720
10	0.3486784401	0.3874204890
30	0.3616615135 弱	0.3741326001
100	0.3660323413	0.3697296376
300	0.3672654558	0.3684937683
$e^{-1}\sim$	0.3678794412	

4.4 無作為抽出 (○)

有限集合 Ω の中から「N 個の元を抽出する」というとき, 抽出の仕方には 4 通りある.

4.4.1 復元無作為抽出 (○)

有限確率空間 $(\Omega; p)$ であらわされる試行を N 回繰り返すときに, 1 度生起した結果が何度でも生起しうるとする場合を**復元抽出**と呼ぶ. これは N 乗有限確率空間 $(\Omega^N; p^N)$ で記述できる. 数学科で通常利用される p が一様確率質量関数の場合は**復元無作為抽出**と呼ぶ. この場合, p^N も一様確率質量関数になる. 次の命題は定義から明らかである:

命題 4.3. $(\Omega; p)$ が一様確率空間の場合は, $n := \#\Omega$ とおけば,

$$p^N((\omega_1, \cdots, \omega_N)) = \frac{1}{n^N}$$

となる. したがって, p^N は Ω^N 上の一様確率質量関数である.

4.4.2 非復元無作為抽出 (○)

有限確率空間 $(\Omega; p)$ であらわされる試行を N 回繰り返すときに, 1 度生起した結果は 2 度と生起しないとする場合を**非復元抽出**と呼ぶ. これは集合 $\Omega^{\langle N \rangle}$ で記述できる. しかし, 確率質量関数は少し複雑である.

定義 4.4. $(\Omega; p)$ を有限確率空間とする. $\#\Omega \geq N$ とする. このとき, 集合 $\Omega^{\langle N \rangle}$ 上の関数 $p^{\langle N \rangle} : \Omega^{\langle N \rangle} \to \mathbb{R}$ を

$$\begin{aligned} &p^{\langle N \rangle}((\omega_1, \cdots, \omega_N)) \\ &= \frac{p(\omega_1)p(\omega_2)\cdots p(\omega_{N-1})p(\omega_N)}{\prod_{r=1}^{N-1}(1 - p(\omega_1) - \cdots - p(\omega_r))} \\ &= \frac{p(\omega_1)p(\omega_2)\cdots p(\omega_{N-1})p(\omega_N)}{(1 - p(\omega_1))(1 - p(\omega_1) - p(\omega_2))\cdots(1 - p(\omega_1) - \cdots - p(\omega_{N-1}))}, \\ &((\omega_1, \cdots, \omega_N) \in \Omega^{\langle N \rangle}) \end{aligned}$$

で定めることで, 有限確率空間 $(\Omega^{\langle N \rangle}; p^{\langle N \rangle})$ を得る. 対応する確率測度についても, $P^{\langle N \rangle}$ とあらわす.

$p^{\langle N \rangle}((\omega_1, \cdots, \omega_N))$ は, 非復元抽出で, 1 回目に ω_1 が, 2 回目に ω_2 が, $\cdots$, N 回目に ω_N が生起する確率を意味する.

p が一様確率質量関数の場合を**非復元無作為抽出**と呼ぶ. 確率質量関数の定義が第 1 成分と第 2 成分に関して対称になり, $p^{\langle 2\rangle}$ も一様確率質量関数になる. 次の命題は定義から明らかである:

命題 4.4. $(\Omega; p)$ が一様確率空間の場合は, $n := \#\Omega$ とおけば,

$$p^{\langle N\rangle}((\omega_1, \cdots, \omega_N)) = \frac{1}{n(n-1)\cdots(n-N+1)} = \frac{1}{{}_nP_N}$$

となる. したがって, $p^{\langle N\rangle}$ は $\Omega^{\langle N\rangle}$ 上の一様確率質量関数である.

4.4.3 単純無作為抽出 (○)

有限確率空間 $(\Omega; p)$ であらわされる試行を非復元抽出し, 繰り返しの順番を無視する場合を**単純抽出**と呼ぶ. これは集合 $\Omega^{(N)}$ で記述できる. $p^{(N)}(\{\omega_1, \cdots, \omega_N\})$ は $p^{\langle N\rangle}$ を用いて自然に定義されるが, $p^{(N)}(\{\omega_1, \cdots, \omega_N\})$ は単純抽出で $\omega_1, \cdots, \omega_N$ が生起する確率を意味する. p が一様確率質量関数の場合は**単純無作為抽出**と呼び, $p^{(N)}$ は次のようになる:

命題 4.5. $(\Omega; p)$ が一様確率空間の場合は, $n := \#\Omega$ とおけば,

$$p^{(N)}(\{\omega_1, \cdots, \omega_N\}) = \frac{1}{{}_nC_N}$$

となる. したがって, $p^{(N)}$ は $\Omega^{(N)}$ 上の一様確率質量関数である.

4.4.4 重複無作為抽出 (○)

集合 $\Omega^{((N))}$ で記述できる抽出を**重複抽出**と本書では呼ぶことにする. 特に, 一様確率空間 $(\Omega; p)$ から重複抽出する場合, **重複無作為抽出**と呼び, $\Omega^{((N))}$ 上の一様確率質量関数 $p^{((N))}$ は次で与えられる:

命題 4.6. $(\Omega; p)$ が一様確率空間の場合は, $n := \#\Omega$ とおけば,

$$p^{((N))}(\{\omega_1, \cdots, \omega_N\}) = \frac{1}{{}_nH_N}$$

となる. したがって, $p^{((N))}$ は $\Omega^{((N))}$ 上の一様確率質量関数である.

4.4.5 確率モデル (その 2)

ここまでの議論で, 様々な確率的現象をモデル化できるようになる. 例えば次のような問題を考えよう.

問題 22. 自然数 $1, 2, 3, 4, 5$ が書かれたカードがそれぞれ 1 枚ずつある. この 5 枚のカードをよくシャッフルし, 内 4 枚を選んで 1 列に並べるとき, 1 番目と 2 番目の数の和と, 3 番目と 4 番目の数の和が等しくなる確率を求めよ.

この問題では, 重複なく 1 列に並べるので, 集合 $\Omega = \{1, 2, 3, 4, 5\}$ の非復元抽出の集合 $\Omega^{\langle 4 \rangle}$ を考えればよい. どの並べ方も同様に確からしいとして, $\Omega^{\langle 4 \rangle}$ 上の一様確率質量関数を考えればよい.

1 番目と 2 番目の数の和と, 3 番目と 4 番目の数の和が等しくなる事象を E とすれば,

$$
\begin{aligned}
E = &\Big(\{(2,5),(5,2)\} \times \{(3,4),(4,3)\}\Big) \amalg \Big(\{(3,4),(4,3)\} \times \{(2,5),(5,2)\}\Big) \\
&\amalg \Big(\{(1,5),(5,1)\} \times \{(2,4),(4,2)\}\Big) \amalg \Big(\{(2,4),(4,2)\} \times \{(1,5),(5,1)\}\Big) \\
&\amalg \Big(\{(1,4),(4,1)\} \times \{(2,3),(3,2)\}\Big) \amalg \Big(\{(2,3),(3,2)\} \times \{(1,4),(4,1)\}\Big)
\end{aligned}
$$

となる. あとは E が生起する確率を求めればよい.

4.5 可算無限個の確率空間の直積確率空間 (☆)

可算無限個の確率空間の直積空間について, 特に, 可算無限冪について考察したい.

例えば, 勝負がつくまでじゃんけんをする場合など, 原理的には永遠に勝負がつかない場合もあり, 基本的に可算無限冪 ($\aleph_0$-冪) を考えねばならない. ここでは $(\Omega; \mathcal{E}, P)$ を Ω が連続濃度以下の濃度を持つ確率空間とする.

集合の準備

まず, 集合 Ω^∞ を考える. これは, Ω-値点列の集合である.

$$\Omega^\infty := \Big\{ \omega \,\Big|\, \omega \text{は } \Omega \text{ 値の点列} \Big\}.$$

点列 ω は, しばしば

$$\omega = (\omega_1, \omega_2, \omega_3, \cdots)$$

という表示法も利用する.

補足 25. 点列の初項を何番目から始めるかはしばしば問題になるが, 本書では第 1 項から始める.

補足 26. 濃度について注意しておくと, $2 \leq \#\Omega \leq \aleph$ のとき,

$$\aleph = 2^{\aleph_0} \leq (\#\Omega)^{\aleph_0} \leq \aleph^{\aleph_0} = \aleph$$

より[29], $\#\Omega^{\infty} = (\#\Omega)^{\aleph_0} = \aleph$ を得る. 我々が考える確率空間は常に $2 \leq \#\Omega \leq \aleph$ なので ($\#\Omega = 1$ の確率空間はつまらない), 可算無限冪は常に連続濃度である.

事象空間の準備

次に, 集合 Ω^{∞} 上に半集合体を導入する. 事象

$$E_1, E_2, \cdots, E_n \in \mathcal{E}$$

に対して, 直積集合

$$E := E_1 \times E_2 \times \cdots \times E_n \times \Omega \times \Omega \times \cdots$$

を考える. n も自由に動かした上でこのような集合の全体を $\mathcal{E}_0$ とおくと, これは Ω^{∞} 上の半集合体になる. そして, E に対して,

$$P^{\infty}(E) := P(E_1)P(E_2)\cdots P(E_n)$$

とおけば, P^{∞} は $\mathcal{E}_0$ 上の確率測度になる. したがって, いま $\mathcal{E}^{\infty}$ を $\mathcal{E}_0$ を含む最小の σ-集合体とすれば, Carathéodory の拡張定理より, P^{∞} は $\mathcal{E}^{\infty}$ 上の確率測度に一意的に拡張できる. 以上を踏まえて,

> **定義 4.5.** $(\Omega; \mathcal{E}, P)$ を確率空間とするとき, 上で定めた σ-集合体 $\mathcal{E}^{\infty}$ と上で定めた確率測度 P^{∞} を組にした確率空間 $(\Omega^{\infty}; \mathcal{E}^{\infty}, P^{\infty})$ を $(\Omega; \mathcal{E}, P)$ の**無限乗確率空間**と呼ぶ.

これは '試行 Ω を無限に繰り返す' という試行を意味する.

例 4.10. $(\{0,1\}; \mathcal{E}; P)$ を表の出る確率が θ のコイントスの確率空間 (例 2.16) とすれば, $(\{0,1\}^{\infty}; \mathcal{E}^{\infty}; P^{\infty})$ はコインを投げ続ける確率空間をあらわす.

例 4.11. $([0,\infty); \mathcal{E}; P)$ を到着率 λ の半直線 (例 2.18) とすれば, 確率空間 $([0,\infty)^{\infty}; \mathcal{E}^{\infty}; P^{\infty})$ は何度も到着する確率空間 (すべてのお客の来店タイミングの確率空間) をあらわす.

---

[29] 最左の等号はカントールの定理. 最右の等号は, $\aleph^{\aleph_0} = (2^{\aleph_0})^{\aleph_0} = 2^{\aleph_0 \times \aleph_0} = 2^{\aleph_0} = \aleph$ から従う. 例えば, $\mathbb{R}^{\infty}$ は実数列の全体がなす集合だが, $\#\mathbb{R}^{\infty} = \aleph^{\aleph_0} = \aleph$ だから, 実数列の個数は実数と同じだけあることになる.

第II部
確率変数と確率分布

5 確率変数

5.1 確率変数とデータ (○)

確率変数とは, 確率空間の各結果ごとに値を対応付ける写像のことである.

定義 5.1. $(\Omega; p)$ を有限確率空間, S を集合, X を Ω から S への写像とする. このとき, X を**確率変数**と呼ぶ. また, 結果 $\omega \in \Omega$ に対して, 値 $X(\omega) \in S$ を **ω の X による実現値**と呼ぶ.

補足 27. 後に Ω が有限とは限らない場合を考える. その際には, 集合 S と確率変数 X に (とても弱いが) 条件を課すことになる.

確率変数は, '変数' と呼ばれているがその名に反して写像であり, ランダム性はないことに注意しよう. ふたつ例を挙げておく.

例 5.1. $(\Omega; p)$ を例 2.7 の確率空間とし, X を, 出目が奇数のときは出目が得点, 出目が偶数のときは 0 点, つまり,

$$X(1) = 1, X(3) = 3, X(5) = 5, X(2) = X(4) = X(6) = 0$$

で定まる確率変数とする.

例 5.2. $(\Omega; p)$ を例 2.8 の確率空間とし, X を日本人の身長を返す確率変数, つまり,

$$X(\omega) = (\omega \text{ の身長 (mm)})$$

で定まる確率変数とする.

例 5.1 において, サイコロを振ったときに得られる得点はランダムではあるが, 例えば出目が 2 であれば, 得点は 4 と決まっている. つまり, 出目に対して得点はランダムではなく確定的である. これが確率変数が写像であるという意味である. すべてのランダム性は確率変数にあるのではなく, 確率空間の方にあると考える.

例 5.2 についても同様である. 日本人をランダムに抽出すれば, 彼 (彼女) の身長は確定的である. したがって, 例 5.2 の X も確率変数である.

このように確率変数は変数ではなく, 写像である. そのことも明示する気持ちを込めて, X, Y, Z などの大文字であらわす. これに対して, 確率変数に結果を代入したもの (実現値) は x, y, z など小文字であらわす.

統計学の文脈ではよく例 5.2 のようなものを具体例として扱い, 確率論の文脈ではよく例 5.1 のようなものを具体例として扱うが, 実際には両者とも確率論で扱うことができる.

5.1.1 データ (○)

算数科 D 領域の学習のテーマの一つは「データの処理」であるが, データとは確率変数のことであると理解すれば, これは統計学のさわりを扱っていることになる[30). 例えば, 指導要領解説 [12] には,

> 「D データの活用」では, データの個数に着目して身の回りの事象の特徴を捉える力を養う. 身の回りにあるデータに関心をもって, 事象の特徴をデータの個数に着目して大小や順番を捉えることができるようにする.

とある. 算数科の D 領域を分析すると, 算数科では以下 3 種類のデータが扱われることが分かる:

- 質的データ
- 量的データ
- 時系列データ.

また, 時系列データには

- 質的時系列データ
- 量的時系列データ

があるが, 算数科・数学科で扱うのは専ら量的時系列データである[31).

我々は, その際に Ω や S の '構造' に, 特に代数構造や順序構造に着目してデータについて分類する. 代数構造とは足し算引き算を代表とする演算による計算を可能にするシステムのことである. これに対して, 順序構造とは大小の比較を代表とする判断を可能にするシステムのことである. この観点で, データ (とそれを表現するグラフ) を整理すると, 次のようになる:

Ω ＼ S	構造なし	構造あり
構造なし	質的データ 表	量的データ 棒グラフ
構造あり	質的時系列データ ガントチャート	量的時系列データ 折れ線グラフ

上段がデータの呼称, 下段がその表現方法である.

以下, 具体例を通じてデータの本質が写像であることを理解しよう.

[30) 実際には, 日常用語としての「データ」は多様な用いられ方をしており, 写像として解釈できないものもあるだろうが, そのようなものはとりあえず本書では考えない. 本書では写像として解釈される「データ」のみを扱う.

[31) これに対して, 例えば社会科には質的時系列データの取り扱いがある.

5.1.2 質的データ (算数科：第二学年)(○)

主として, 算数科第二学年では, 質的データと称される種類のデータを扱う. 例えば次のようなものを質的データと呼ぶ.

例 5.3. 「太郎・一郎・花子の 3 人に, ラーメン・カレーライス・ハンバーグの中から好きなものを答えてもらったら, 太郎はハンバーグ, 一郎はカレーライス, 花子はハンバーグと答えた.」これを数学的に定式化すると, 次のようになる:

$$\Omega := \{\text{太郎}, \text{一郎}, \text{花子}\},$$
$$S := \{\text{ラーメン}, \text{カレーライス}, \text{ハンバーグ}\},$$
$$\begin{array}{cccc} X: & \Omega & \to & S \\ & \text{⋓} & & \text{⋓} \\ & \text{太郎} & \mapsto & \text{ハンバーグ} \\ & \text{一郎} & \mapsto & \text{カレーライス} \\ & \text{花子} & \mapsto & \text{ハンバーグ} \end{array}$$

これを表であらわせば, 次を得る:

太郎	一郎	花子
ハンバーグ	カレーライス	ハンバーグ

例 5.4. 「太郎・一郎・花子の 3 人に, 国語・算数・理科・社会の中から好きな教科を答えてもらったら, 太郎は国語, 一郎は算数, 花子は理科と答えた.」これを数学的に定式化すると, 次のようになる:

$$\Omega := \{\text{太郎}, \text{一郎}, \text{花子}\},$$
$$S := \{\text{国語}, \text{算数}, \text{理科}, \text{社会}\},$$
$$\begin{array}{cccc} X: & \Omega & \to & S \\ & \text{⋓} & & \text{⋓} \\ & \text{太郎} & \mapsto & \text{国語} \\ & \text{一郎} & \mapsto & \text{算数} \\ & \text{花子} & \mapsto & \text{理科} \end{array}$$

これを表であらわせば, 次を得る:

太郎	一郎	花子
国語	算数	理科

これらの例を見ると, データの本質は写像 $X : \Omega \to S$ にあることが分かるだろう. ここで, 集合 Ω や S には何ら構造がない[32]. このように, 無構造の集合の間の写像があらわすデータを**質的データ**と呼ぶ.

補足 28. 上記のように質的データは標準的に**表**を用いてあらわされる. 表にあらわすときは, 上段に Ω の元 (結果), 下段に S の元 (実現値) を配置する. 質的データにおいては, Ω が構造を持たないので, 表にあらわす際には結果の入れ換え (列の入れ換え) が自由である.

---

[32] 太郎・一郎・花子の中に大きい小さいの関係 (優劣の関係) はない. これは Ω が順序構造を持たないことを意味する. また, S の元の間に演算はない. 例えばラーメンとカレーライスを足すことはできない (カレーラーメンではない). これは S が代数構造を持たないことを意味する.

5.1.3 量的データ (算数科：第三学年)(○)

第三学年では, 量的データと称されるデータを扱う.

例 5.5. 「太郎・一郎・花子の 3 人に身長を答えてもらったら, 太郎は 162cm, 一郎は 159cm, 花子は 150cm であった.」これを数学的に定式化すると, 次のようになる:

$$
\begin{aligned}
&\Omega := \{\, \text{太郎}, \text{一郎}, \text{花子} \,\},\\
&S := \mathbb{R},\\
&X : \begin{array}{ccc} \Omega & \to & S \\ \cup\!\!\!\shortmid & & \cup\!\!\!\shortmid \\ \text{太郎} & \mapsto & 162 \\ \text{一郎} & \mapsto & 159 \\ \text{花子} & \mapsto & 150 \end{array}
\end{aligned}
$$

これを表であらわせば, 次を得る:

太郎	一郎	花子
162cm	159cm	150cm

また, 棒グラフであらわせば,

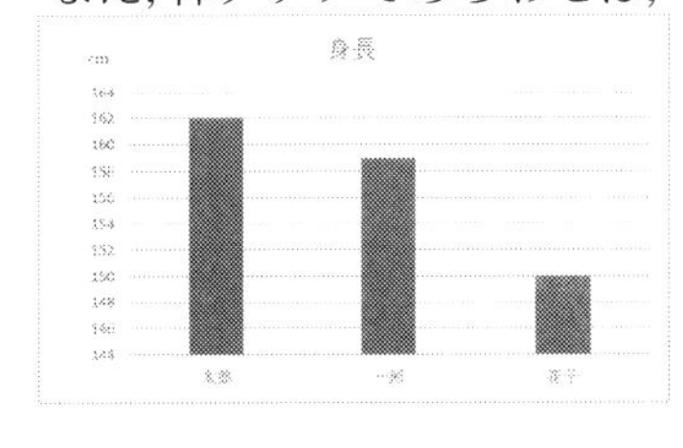

例 5.6. 太郎・一郎・花子の 3 人に体重を答えてもらったら, 以下のようになった: 太郎は 50kg, 一郎は 48kg, 花子は 45kg であった.」これを数学的に定式化すると, 次のようになる:

$$
\begin{aligned}
&\Omega := \{\, \text{太郎}, \text{一郎}, \text{花子} \,\},\\
&S := \mathbb{R},\\
&X : \begin{array}{ccc} \Omega & \to & S \\ \cup\!\!\!\shortmid & & \cup\!\!\!\shortmid \\ \text{太郎} & \mapsto & 50 \\ \text{一郎} & \mapsto & 48 \\ \text{花子} & \mapsto & 45 \end{array}
\end{aligned}
$$

これを表であらわせば, 次を得る:

太郎	一郎	花子
50kg	48kg	45kg

また, 棒グラフであらわせば,

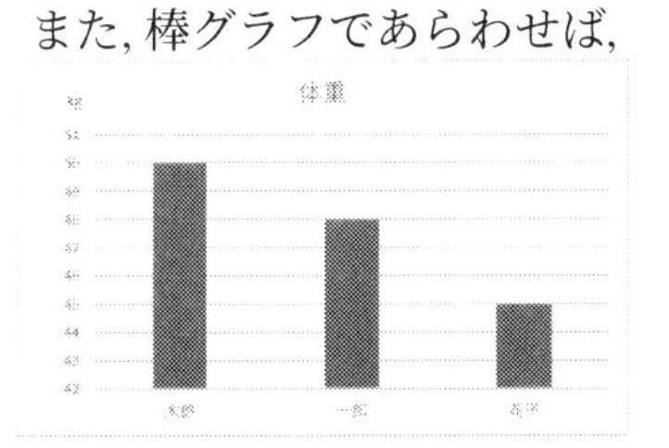

質的データとの大きな違いは, データの終域に構造が入っていることである. このため, 実現値の大小比較やデータの合計・平均の計算などができる. このように, 始域 Ω は無構造だが, 終域 S に構造が入っているデータを**量的データ**と呼ぶ. 多くの場合, 終域は実数体 $\mathbb{R}$ として問題ない.

補足 29. 量的データは, 標準的に**棒グラフ**を用いてあらわされるが**表**を用いてもよい[33]. 棒グラフにあらわすときは, 横軸に Ω の元 (結果), 縦軸に S の元 (実現値) を配置する. 量的データにおいては, Ω が構造を持たないので, 棒グラフにあらわす際には結果の入れ換えが自由である.

[33] 終域の構造を '忘れて', 量的データを質的データとしてみれば, 表としてあらわすことができる.

5.1.4　量的時系列データ (算数科：第四学年)(○)

第四学年では, 量的時系列データと称されるデータを扱う. 算数科では量的時系列データのことをたんに時系列データと称する.

例 5.7. ある学校の図書室での各月の本の貸し出し数を調べたら, 以下のようになった:

4 月	5 月	6 月	7 月	8 月	9 月	10 月	11 月	12 月	1 月	2 月	3 月
14 冊	12 冊	9 冊	21 冊	7 冊	10 冊	7 冊	10 冊	7 冊	11 冊	13 冊	12 冊

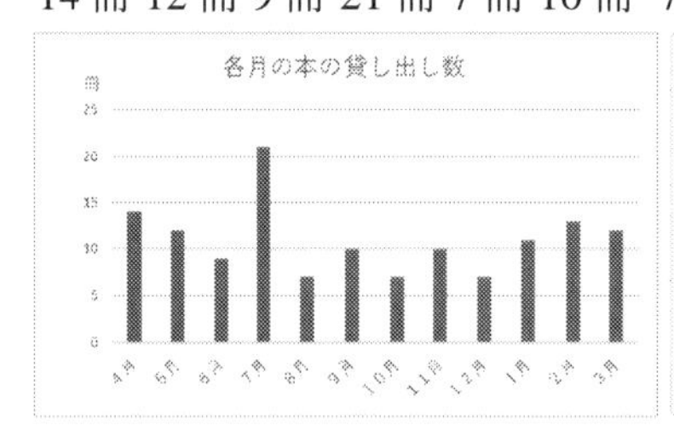

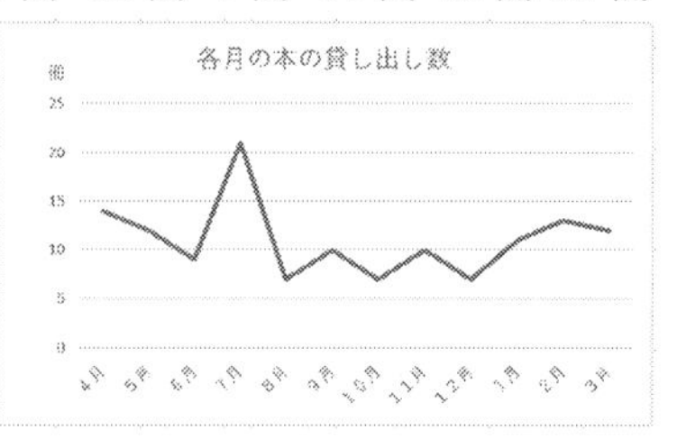

量的データとの大きな違いは, (S だけでなく)Ω にも構造が入っていることである. 多くの場合, Ω は有限全順序集合とみなされる. そのため, 結果間で大小の比較, 前後の比較ができる. このことを時刻の前後になぞらえて**量的時系列データ**と称する. 終域は実数体 $\mathbb{R}$ として問題ない.

補足 30. 量的時系列データは標準的に**折れ線グラフ**を用いてあらわされるが, Ω の構造を無視すれば, **棒グラフ**であらわすのもよいし, さらに終域の構造も無視すれば**表**を用いてもよい[34]. 折れ線グラフにあらわすときは, 横軸に Ω の元 (結果), 縦軸に S の元 (実現値) を配置する. 量的時系列データにおいては, Ω に構造があるので, 結果の入れ換え (列の入れ換え) が不適切である.

5.1.5　質的時系列データ (○)

最後に, 算数科での扱いがない質的時系列データについて少しだけ触れておこう. これはガントチャートによって表示される. ガントチャートとは右のようなグラフ (チャート) である. 量的時系列データとの大きな違いは, S に構造が入っていない

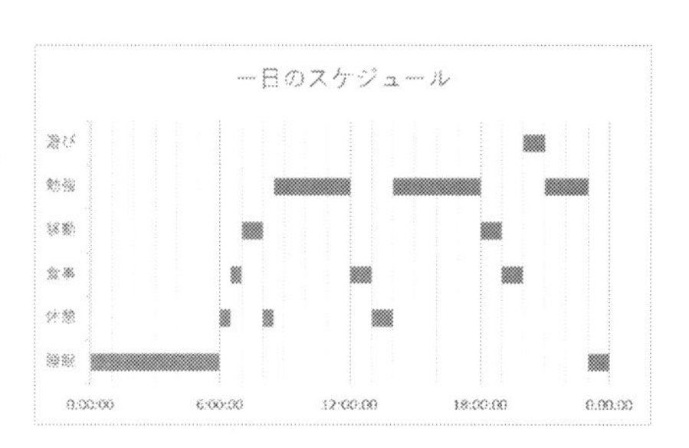

[34] Ω の構造を '忘れて', 量的時系列データを量的データとしてみれば, 棒グラフであらわせる. さらに実現空間の構造を '忘れて', 質的データとしてみれば, 表としてあらわすことができる.

ことである. 一方で, Ω には構造が入っている. 多くの場合, Ω は有限全順序集合とみなされる. そのため, 結果間で大小の比較, 前後の比較ができる. このことを時刻の前後になぞらえて**質的時系列データ**と称する.

補足 31. 質的時系列データは標準的に**ガントチャート**を用いてあらわされるが, Ω の構造を無視すれば**表**を用いてもよい[35]. ガントチャートにあらわすときは, 横軸に Ω の元 (結果), 縦軸に S の元 (実現値) を配置する. 質的時系列データにおいては, Ω に構造があるので, 結果の入れ換え (列の入れ換え) が不適切である. しかし, S には構造がないので, 実現値の入れ換え (行の入れ換え) は自由である.

質的時系列データは数学的に取り扱うことが少ないので算数科でも扱わないが, 例えば, 社会科では年表などで利用することもあるし, データの分類の観点ではこれも扱っておいた方が完備になるので, ここで紹介した.

5.2 確率変数の例

ここまで挙げてきたのは統計的な文脈で現れる確率変数だが, 確率論的な文脈ではやはり次のような確率変数が基本的である. これらはいずれも量的データである.

例 5.8. 表の出る確率が θ のコイントスの確率空間 $(\{H, T\}; p)$ から $\mathbb{R}$ への確率変数 X:

$$X(\omega) = \begin{cases} 1 & \omega = H \\ 0 & \omega = T. \end{cases}$$

例 5.9. 表の出る確率が θ のコイントスの確率空間 $(\{H, T\}; p)$ の N 乗確率空間 $(\{H, T\}^N; p^N)$ から $\mathbb{R}$ への確率変数 S_N を

$$S_N((\omega_1, \omega_2, \cdots, \omega_N)) = (\omega_i = H \text{ となる } i \text{ の個数})$$

で定める. $S_N(\omega)$ は N 回コインを投げたときに表が出た回数と解釈できる.

[35] Ω の構造を '忘れて', 質的時系列データを質的データとしてみれば, 表としてあらわすことができる.

5.3 確率変数 (☆)

Ω が有限集合のとき, 確率変数とは Ω から S への写像に過ぎなかった. しかし, Ω が有限集合とは限らない場合に確率変数の定義を拡張しようとすると事情が少し違う. この場合, Ω も S も可測空間であるとして, 確率変数は可測写像であることを要求する.

定義 5.2. $(\Omega;\mathcal{E})$ と $(S;\mathcal{S})$ を可測空間とするとき, 写像 $X:\Omega\to S$ が**可測**であるとは,

- S の任意の可測集合 $B\in\mathcal{S}$ に対して, 逆像 $X^{-1}(B)$ が Ω の可測集合である $(X^{-1}(B)\in\mathcal{E})$ (可測性)

ことである. 確率論の文脈では, 可測写像 X を**確率変数**と呼ぶ. また, 結果 $\omega\in\Omega$ に対して, 値 $X(\omega)\in S$ を **ω の X による実現値**と呼ぶ.

Ω が有限集合のときは σ-集合体として $\mathcal{E}=2^{\Omega}$ をとるのであった. したがって, Ω からの写像 X の逆像は必ず $\mathcal{E}$ に属す. つまり, Ω からの任意の写像は可測写像になる.

例 5.10. $(\Omega;\mathcal{E})$ を可算可測空間, $(S;\mathcal{S})$ を任意の可測空間とする. このとき, Ω から S への任意の写像は確率変数である. これは, $\mathcal{E}=2^{\Omega}$ だからである.

実用上, 可測性という条件については, ほとんど気する必要がない. およそ思いつく写像はすべて可測になるからである. 確率変数の終域が $(\mathbb{R};\mathcal{B})$ の場合, 次の定理は, 写像が確率変数であるか判断する上で有用である:

定理 5.1. 可測空間 $(\Omega;\mathcal{E})$ からの写像 $f:\Omega\to\mathbb{R}$ について, 以下は同値:

(1) $f:(\Omega;\mathcal{E})\to(\mathbb{R};\mathcal{B})$ は可測関数.

(2) $\forall a\in\mathbb{R}; f^{-1}((a,+\infty))\in\mathcal{E}.$ $\left(f^{-1}((a,+\infty))=\left\{\omega\in\Omega\;\middle|\;f(\omega)>a\right\}\right)$

(3) $\forall b\in\mathbb{R}; f^{-1}((-\infty,b])\in\mathcal{E}.$

証明は本筋から外れるので, 16[補遺] に回した.

命題 5.2. Ω を $\mathbb{R}$ の区間とする. このとき, 可測空間 $(\Omega;\mathcal{B}_{\Omega})$ から可測空間 $(\mathbb{R};\mathcal{B})$ への区分的連続関数 X は確率変数である.

Proof. 任意に $a\in\mathbb{R}$ をとると, X が区分的連続であることから, $X^{-1}([a,+\infty))$ は可算個の区間の和集合になる. これは可測なので, X は可測である. □

例 5.11. 表の出る確率が θ のコイントスの確率空間 $(\{0,1\};\mathcal{E};P)$ から $(\mathbb{R};\mathcal{B})$ への確率変数 X:

$$X(\omega)=\omega.$$

例 5.12. 例 2.18 における到着率 λ を持つ確率空間 $([0,\infty);\mathcal{E},P)$ から $(\mathbb{R};\mathcal{B})$ への確率変数 X:

$$X(t)=t$$

例 5.13. 表の出る確率が θ のコイントスの確率空間 $(\{0,1\};\mathcal{E},P)$ の N 乗確率空間 $(\{0,1\}^N;\mathcal{E}^N,P^N)$ から $(\mathbb{R};\mathcal{B})$ への確率変数 S_N を

$$S_N((\omega_1,\omega_2,\cdots,\omega_N))=\omega_1+\cdots+\omega_N$$

で定める. $S_N(\omega)$ は N 回コインを投げたときに表が出た回数と解釈できる.

例 5.14. 例 2.18 における到着率 λ を持つ確率空間 $([0,\infty);\mathcal{E},P)$ の N 乗確率空間 $([0,\infty)^N;\mathcal{E}^N,P^N)$ から $(\mathbb{R};\mathcal{B})$ への確率変数 S_N を

$$S_N((\omega_1,\omega_2,\cdots,\omega_N))=\omega_1+\cdots+\omega_N$$

で定める. $X(\omega)$ は, N 人目が到着した時刻と解釈できる.

例 5.15. 表の出る確率が θ のコイントスの確率空間 $(\{0,1\};\mathcal{E},P)$ の無限直積確率空間 $(\{0,1\}^\infty;\mathcal{E}^\infty,P^\infty)$ から $(\mathbb{R};\mathcal{B})$ への確率変数 Y を

$$Y((\omega_1,\omega_2,\omega_3,\cdots))=(\omega_1+\cdots+\omega_i=0 \text{ となる最大の } i)$$

で定める. $Y(\omega)$ は, 初めて表が出るまで間に出た裏の回数と解釈できる.

例 5.16. 例 2.18 における到着率 λ を持つ確率空間 $([0,\infty);\mathcal{E},P)$ の無限直積確率空間 $([0,\infty)^\infty;\mathcal{E}^\infty,P^\infty)$ から $(\mathbb{R};\mathcal{B})$ への確率変数 Y を

$$Y((\omega_1,\omega_2,\omega_3,\cdots))=(\omega_1+\cdots+\omega_i<1 \text{ となる最大の } i)$$

で定める. $Y(\omega)$ は, 単位時間内に起こったイベントの回数と解釈できる.

5.4 記号 (確率の略記)

確率空間 $(\Omega;\mathcal{E},P)$ と確率変数 $X:\Omega\to\mathbb{R}$ が与えられたとき,

$$P(X=x):=P\left(\left\{\omega\in\Omega \;\middle|\; X(\omega)=x\right\}\right),$$
$$P(X\geq x):=P\left(\left\{\omega\in\Omega \;\middle|\; X(\omega)\geq x\right\}\right),$$
$$P(X\leq x):=P\left(\left\{\omega\in\Omega \;\middle|\; X(\omega)\leq x\right\}\right),$$
$$P(X>x):=P\left(\left\{\omega\in\Omega \;\middle|\; X(\omega)>x\right\}\right),$$
$$P(X<x):=P\left(\left\{\omega\in\Omega \;\middle|\; X(\omega)<x\right\}\right)$$

といった略記をする. ここで, $x\in\mathbb{R}$ である.

6 確率分布

6.1 度数分布 (〇)

データ (確率変数) $X : \Omega \to S$ の情報を取り出す際に, 度数分布は基本的である.

定義 6.1. 量的データ $f : S \to \mathbb{R}$ が**度数分布**であるとは,

(1) 任意の $\forall x \in S$ に対して, $f(x) \in \mathbb{N}$.

(2) 有限個の $x_1, \cdots, x_n \in S$ ($x_1, \cdots, x_n$ は相異なる) が存在して, 以下が成り立つ:

(a) $x_1, \cdots, x_n$ 以外の $x \in S$ に対して, $f(x) = 0$.

(b) $x_1, \cdots, x_n \in S$ に対して, $f(x_i) > 0$.

(c) $\displaystyle\sum_{i=1}^{n} f(x_i) < \infty$.

ここで, $\operatorname{supp} f := \{x_1, \cdots, x_n\}$ とおき, これを f **の台** *(support)* と呼ぶ.

次の命題は簡単に証明できる:

命題 6.1. Ω を有限集合とし, $X : \Omega \to S$ を確率変数 (データ) とする. このとき, (量的) データ $N_X : S \to \mathbb{R}$ を

$$N_X(x) := \#\left\{\omega \in \Omega \;\middle|\; X(\omega) = x\right\}, \quad (x \in S)$$

とおくと, N_X は S 上の有限度数分布であり, $\operatorname{supp} N_X \subseteq X(\Omega)$ である. ここで, $X(\Omega)$ は Ω の X による像である.

定義 6.2. Ω を有限集合とするとき, S を終域とする確率変数 $X : \Omega \to S$ に対して, 上の命題で定まる (量的) データ $N_X : S \to \mathbb{R}$ を X **が従う度数分布** *(the frequency distribution of X)* と呼ぶ. $N_X = f$ のとき, $X \sim f$ とあらわす.

補足 32. 一般の量的データは第三学年相等であるが, 度数分布に関しては第一学年である. 質的データの度数分布に関しては第二学年で, 量的データの度数分布に関しては第三学年で扱う.

例 6.1. 例 5.3 のデータ X について度数分布 N_X を考えると, 次を得る:

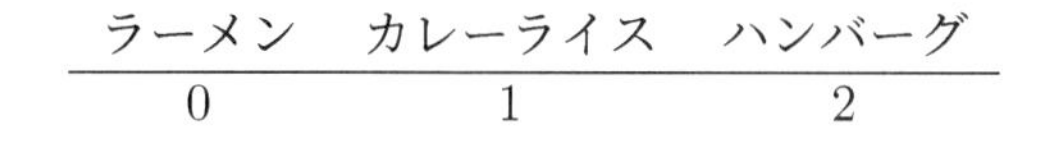

ラーメン	カレーライス	ハンバーグ
0	1	2

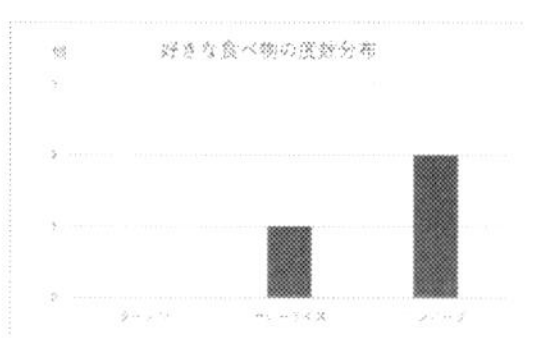

データ X 自体は質的データだが, 度数分布 N_X は量的データである.

例 6.2. 例 5.5 のデータ X について度数分布 N_X を考えると, 次を得る:

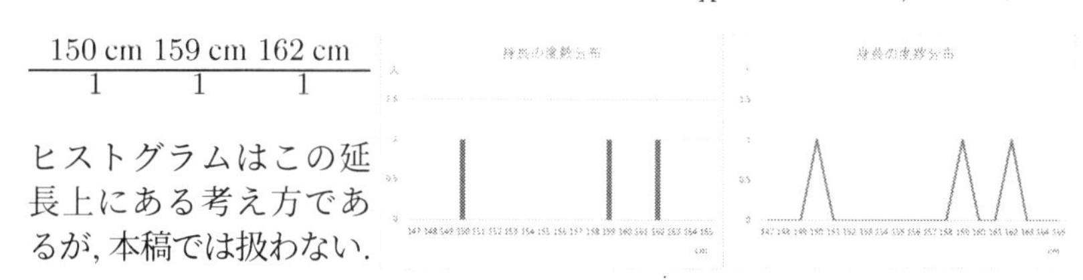

150 cm	159 cm	162 cm
1	1	1

ヒストグラムはこの延長上にある考え方であるが, 本稿では扱わない.

データ X 自体は量的データだが, 度数分布 N_X は量的時系列データである[36).

再び, Ω を有限集合とし, $X : \Omega \to S$ を確率変数とする. このとき, X の度数分布 $N_X : S \to \mathbb{R}$ は量的データになる. この S の役割が変化する部分の取り扱いは基本的である.

例 6.3. ある中学校の 1 年生男子 16 人の運動靴のサイズを調べると, 次のようになった:

安藤	井上	上田	遠藤	小野	加藤	木下	久保
25.5	24	24.5	25	26.5	26	27	23

芥野	近藤	佐藤	清水	須藤	瀬山	曽我	多田
24	25	24.5	23.5	27.5	26	26.5	25

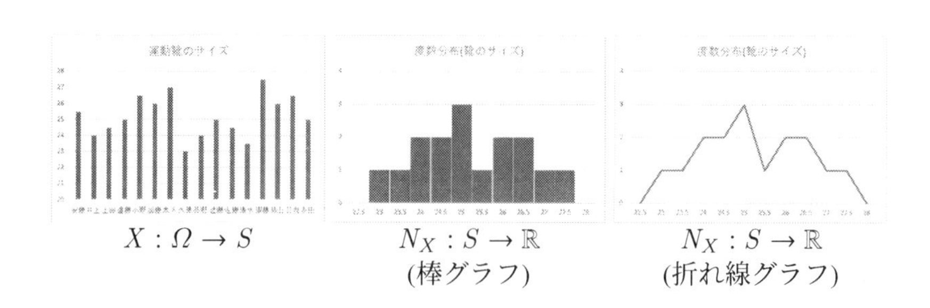

$X : \Omega \to S$　　$N_X : S \to \mathbb{R}$ (棒グラフ)　　$N_X : S \to \mathbb{R}$ (折れ線グラフ)

[36)]“時系列” データというのは, 必ずしも “時系列”—独立変数が時間—であることを意味しない.

6.2 確率分布 (○)

ここまでは Ω をたんなる有限集合としていたが, ここからは $\Omega = (\Omega; p)$ を有限確率空間とする. ただし, 集合 S は有限とは限らないとする. これは, 例えば身長のデータなどの場合は終域が $S = \mathbb{R}$ となって無限であるからだ.

定義 6.3. 集合 S 上の写像 $\varphi : S \to \mathbb{R}$ が**有限確率質量関数** *(finite probability mass function)* であるとは, 以下を満たすことである:

(1) 任意の $x \in S$ に対して, $\varphi(x) \geq 0$.

(2) 有限個の $x_1, \cdots, x_n \in S$ ($x_1, \cdots, x_n$ は相異なる) が存在して,

(a) $x_1, \cdots, x_n$ 以外の $x \in S$ に対して, $\varphi(x) = 0$.

(b) $x_1, \cdots, x_n \in S$ に対して, $\varphi(x_i) > 0$.

(c) $\displaystyle\sum_{i=1}^{n} \varphi(x_i) = 1$.

ここで, $\operatorname{supp} \varphi := \{x_1, \cdots, x_n\}$ とおき, これを φ **の台** *(support)* と呼ぶ. しばしば, φ を**有限確率分布** *(finite probability distribution)* と呼ぶこともある.

次の命題は簡単に証明できる:

命題 6.2. $(\Omega; p)$ を有限確率空間とし, S を終域とする確率変数 $X : \Omega \to S$ を考える. このとき, $p_X : S \to \mathbb{R}$ を

$$p_X(x) := P(X^{-1}(x)) = P(\{\omega \in \Omega \mid X(\omega) = x\}), \quad (x \in S)$$

で定める. このとき, p_X は S 上の有限確率質量関数であり, $\operatorname{supp} p_X \subseteq X(\Omega)$ である. ここで, $X(\Omega)$ は Ω の X による像である.

定義 6.4. $(\Omega; p)$ を有限確率空間とするとき, S を実現空間とする確率変数 $X : \Omega \to S$ に対して, 上の命題で定まる p_X を **X が従う有限確率質量関数**, **X が従う有限確率分布**と呼ぶ. p_X が定める確率測度は P_X であらわす. $p_X = \varphi$ のとき, $X \sim \varphi$ とあらわす.

統計学では $(\Omega; p)$ が一様確率空間の場合が基本となる. この場合, 確率

分布はほとんど度数分布と同じものになる:

$$p_X(x) = \frac{N_X(x)}{\#\Omega}, \quad (x \in S).$$

これは一様確率空間の特殊性からの帰結である. $(\Omega; p)$ が一様確率空間でない場合は当然だが上記のような記述はできない.

確率質量関数のグラフは, 棒グラフや折れ線グラフであらわせる.

例 6.4. 例 2.6 の有限確率空間 $(\Omega; p)$ において, 例 5.3 のデータ X を考えると, 次を得る:

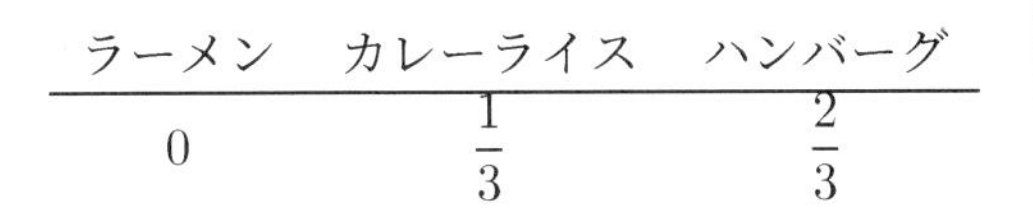

ラーメン	カレーライス	ハンバーグ
0	$\frac{1}{3}$	$\frac{2}{3}$

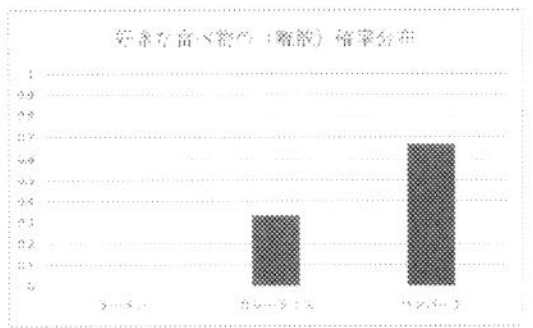

例 6.5. 例 2.6 の有限確率空間 $(\Omega; p)$ において, 例 5.5 のデータ X を考えると, 次を得る:

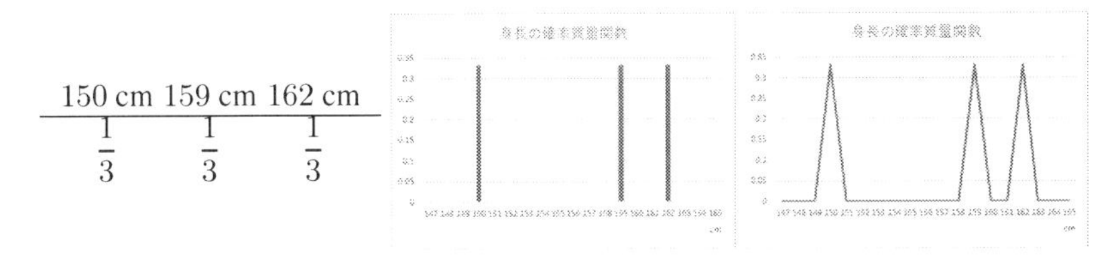

150 cm	159 cm	162 cm
$\frac{1}{3}$	$\frac{1}{3}$	$\frac{1}{3}$

6.3 記号 (関数の演算)

集合 Ω 上の実数値関数には, いくつか基本的な演算が導入できる.

- Ω 上の実数値関数 f, g に対して, $(f+g)(\omega) := f(\omega) + g(\omega)$ で定まる関数 $f+g$ を **f と g の和**と呼ぶ.
- Ω 上の実数値関数 f, g に対して, $(fg)(\omega) := f(\omega)g(\omega)$ で定まる関数 fg を **f と g の積**と呼ぶ.
- Ω 上の実数値関数 f と実数 a に対して, $(af)(\omega) := af(\omega)$ で定まる関数 af を **f の a 倍**と呼ぶ.
- $E \subseteq \Omega$ に対して, $\chi_E(\omega) := \begin{cases} 1 & \omega \in E \\ 0 & \omega \notin E \end{cases}$ で定まる関数 χ_E を **E の定義関数**と呼ぶ.

これらは今後頻繁に用いることになる.

6.4 有限確率質量関数のあらわし方 (◯)

1 点集合の定義関数は明らかに有限確率質量関数である. 一般の有限確率質量関数は, 1 点集合の定義関数の重ね合わせ (凸結合という[37]) によって記述できる.

命題 6.3. $\varphi : S \to \mathbb{R}$ を有限確率質量関数とすると,

$$\varphi = \sum_{a \in \operatorname{supp} \varphi} \varphi(a) \chi_{\{a\}}.$$

Proof. 任意に $x \in S$ をとる. このとき,

$$\left(\sum_{a \in \operatorname{supp} \varphi} \varphi(a) \chi_{\{a\}} \right)(x) = \sum_{a \in \operatorname{supp} \varphi} \varphi(a) \chi_{\{a\}}(x) = \sum_{\substack{a \in \operatorname{supp} \varphi \\ a = x}} \varphi(a) \chi_{\{a\}}(x) = \varphi(x).$$

したがって, 主張が成り立つ. □

例 6.6. 例 6.4 の有限確率質量関数を φ とすると, $\varphi : \begin{cases} \text{ラーメン} \mapsto 0 \\ \text{カレーライス} \mapsto \dfrac{1}{3} \\ \text{ハンバーグ} \mapsto \dfrac{2}{3} \end{cases}$

なので,

$$\begin{aligned} \varphi &= \varphi(\text{ラーメン})\chi_{\{\text{ラーメン}\}} + \varphi(\text{カレーライス})\chi_{\{\text{カレーライス}\}} + \varphi(\text{ハンバーグ})\chi_{\{\text{ハンバーグ}\}} \\ &= 0\chi_{\{\text{ ラーメン }\}} + \frac{1}{3}\chi_{\{\text{ カレーライス }\}} + \frac{2}{3}\chi_{\{\text{ ハンバーグ }\}} \\ &= \frac{1}{3}\chi_{\{\text{ カレーライス }\}} + \frac{2}{3}\chi_{\{\text{ ハンバーグ }\}} \end{aligned}$$

とあらわされる.

例 6.7. 例 6.5 の有限確率質量関数を φ とすると,

$$\begin{aligned} \varphi &= \varphi(150)\chi_{\{150\}} + \varphi(159)\chi_{\{159\}} + \varphi(162)\chi_{\{162\}} \\ &= \frac{1}{3}\chi_{\{150\}} + \frac{1}{3}\chi_{\{159\}} + \frac{1}{3}\chi_{\{162\}} \end{aligned}$$

とあらわされる.

---

[37] 一般に, $v_1, \cdots, v_n$ をベクトルとするとき, 線型結合 $a_1 v_1 + \cdots + a_n v_n$ が**凸結合**であるとは, $a_1, \cdots, a_n \geq 0$ かつ $a_1 + \cdots + a_n = 1$ を満たすことである.

6.4.1 代表的な有限確率質量関数の例 (○)

$\mathbb{R}$ 上の有限確率質量関数として,

- Bernoulli 分布の確率質量関数,
- 二項分布の確率質量関数

を紹介する.

Bernoulli 分布の確率質量関数　$\theta \in [0,1]$ として,

$$\varphi = (1-\theta)\chi_{\{0\}} + \theta\chi_{\{1\}}.$$

最も基本的な確率質量関数である.

例 6.8. $(\Omega; \mathcal{E}, P)$ を確率空間として, 事象 $E \in \mathcal{E}$ が確率 p で生起するとする ($P(E) = \theta$). このとき, 確率変数 $X : \Omega \to \mathbb{R}$ を $X = \chi_E$ で定めると, X の確率質量関数は Bernoulli 分布の確率質量関数である ($p_X = \varphi$).

二項分布の確率質量関数　$N \in \mathbb{N}\ (N > 0), \theta \in [0,1]$ として,

$$\varphi = \sum_{n=0}^{N} \binom{N}{n} \theta^n (1-\theta)^{N-n} \chi_{\{n\}}.$$

N 回試行を繰り返すとき, 確率 θ で起こる事象が (N 回中に) 起こる回数のばらつき具合をあらわす.

$N = 1$ とすると, Bernoulli 分布の確率質量関数になることに注意せよ.

例 6.9. $(\Omega; \mathcal{E}, P)$ を確率空間として, 事象 $E \in \mathcal{E}$ が確率 θ で生起するとする ($P(E) = \theta$). このとき, N 乗確率空間 $(\Omega^N; \mathcal{E}^N, P^N)$ 上の確率変数 $X : \Omega^N \to \mathbb{R}$ を

$$X((\omega_1, \omega_2, \cdots, \omega_N)) = (\omega_i \in E \text{ となる } i \text{ の個数})$$

で定めると, X の確率質量関数は二項分布の確率質量関数である ($p_X = \varphi$).

6.5 確率分布 (☆)

定義 6.5. 可測空間 $(S;\mathcal{S})$ 上の確率測度を $(S;\mathcal{S})$ **上の確率分布**と呼ぶ.

命題 6.4. X を確率空間 $(\Omega;\mathcal{E},P)$ から可測空間 $(S;\mathcal{S})$ への確率変数とする. このとき, $P_X:\mathcal{S}\to\mathbb{R}$ を

$$P_X(B) := P(X^{-1}(B)) = P\left(\left\{\omega\in\Omega \;\middle|\; X(\omega)\in B\right\}\right) \quad (B\in\mathcal{S})$$

とおくと, P_X は $(S;\mathcal{S})$ 上の確率分布である.

証明は定義 2.11 の条件を確認するだけである.

しばしば, $P_X(B)=P(X^{-1}(B))$ を $P(X\in B)$ とも略記する. こちらの書き方の方が雰囲気が出るかもしれない. なお,

$$\begin{aligned} P(a\le X) &= P(X\in[a,+\infty)), \\ P(X<b) &= P(X\in(-\infty,b)), \\ P(a\le X<b) &= P(X\in[a,b)), \end{aligned}$$

等となることにも注意しておこう.

定義 6.6. X を確率空間 $(\Omega;\mathcal{E},P)$ から可測空間 $(S;\mathcal{S})$ への確率変数とする. このとき, 確率分布 P_X を X **の確率分布**と呼ぶ. また, $(S;\mathcal{S})$ 上の確率分布 μ が与えられていて, $P_X=\mu$ が成り立つとき, これを記号的に $X\sim\mu$ と表記し, X **は** μ **に従う**と言う.

これにより可測空間 $(S;\mathcal{S})$ が確率空間 $(S;\mathcal{S},P_X)$ になる.

確率変数 X は可測空間 $(S;\mathcal{S})$ を確率空間 $(S;\mathcal{S},P_X)$ にする.

確率測度は離散確率測度と連続確率測度に分類できた. $(S;\mathcal{S})$ 上の確率分布は確率測度なので, それぞれ**離散確率分布**と**連続確率分布**に分類される. 以下, 代表的な確率分布を紹介しよう.

6.5.1 有限な台を持つ離散確率分布の代表的な例 (☆)

有限な台を持つ離散確率分布の例として,

- Bernoulli (ベルヌーイ) 分布,
- 二項分布

を紹介する.

Bernoulli 分布　記号 $\mathrm{Ber}(\theta)$ であらわす ($\theta \in [0, 1]$).

$$\varphi(x) := \begin{cases} \theta & x = 1 \\ 1 - \theta & x = 0 \\ 0 & x \neq 0, 1, \end{cases} \qquad \mu(B) := \sum_{x \in B \cap \{0,1\}} \varphi(x).$$

(確率質量関数)　　(確率分布)

例 6.10. $(\Omega; \mathcal{E}, P)$ を確率空間として, 事象 $E \in \mathcal{E}$ が確率 θ で生起するとする ($P(E) = \theta$). このとき, 確率変数 $X : \Omega \to \mathbb{R}$ を $X = \chi_E$ で定めると, X の確率分布は Bernoulli 分布である ($X \sim \mathrm{Ber}(\theta)$).

例 6.11. 例 2.16 における表の出る確率が θ の歪んだコインの確率空間 $(\{0, 1\}; \mathcal{E}, P)$ 上の確率変数 $X : \{0, 1\} \to \mathbb{R}$ を $X(\omega) = \omega$ で定めると, X の確率分布は Bernoulli 分布である ($X \sim \mathrm{Ber}(\theta)$).

二項分布　記号 $\mathrm{Bin}(N, \theta)$ であらわす ($N \in \mathbb{N}$ $(N > 0)$, $\theta \in [0, 1]$).

$$\varphi(x) := \begin{cases} \binom{N}{x}(1 - \theta)^{N-x}\theta^x & (x \in \{0, 1, \cdots, N\}) \\ 0 & (x \notin \{0, 1, \cdots, N\}), \end{cases} \qquad \mu(B) := \sum_{x \in B \cap \{0,1,\cdots,N\}} \varphi(x).$$

(確率質量関数)　　(確率分布)

$N = 1$ とすると, 二項分布になることに注意せよ.

例 6.12. $(\Omega; \mathcal{E}, P)$ を確率空間として, 事象 $E \in \mathcal{E}$ が確率 θ で生起するとする ($P(E) = \theta$). このとき, N 乗確率空間 $(\Omega^N; \mathcal{E}^N, P^N)$ 上の確率変数 $S_N : \Omega^N \to \mathbb{R}$ を

$$S_N((\omega_1, \omega_2, \cdots, \omega_N)) = (\omega_i \in E \text{ となる } i \text{ の個数})$$

で定めると, S_N の確率分布は二項分布である ($S_N \sim \mathrm{Bin}(N, \theta)$).

例 6.13. 例 2.16 における表の出る確率が θ の歪んだコインの確率空間 $(\{0, 1\}; \mathcal{E}, P)$ の N 乗確率空間 $(\{0, 1\}^N; \mathcal{E}^N, P^N)$ 上の確率変数 $S_N : \{0, 1\}^N \to \mathbb{R}$ を

$$S_N((\omega_1, \omega_2, \cdots, \omega_N)) = \omega_1 + \omega_2 + \cdots + \omega_N$$

で定めると, S_N の確率分布は二項分布である ($S_N \sim \mathrm{Bin}(N, \theta)$).

6.5.2 無限な台を持つ離散確率分布の代表的な例 (☆)

無限な台を持つ離散確率分布の例として,

- 幾何分布,
- Poisson (ポアソン) 分布

を紹介する.

幾何分布 記号 Geo(θ) であらわす ($\theta \in [0,1]$).

$$\varphi(x) := \begin{cases} (1-\theta)^x\theta & (x \in \mathbb{N}) \\ 0 & (x \notin \mathbb{N}), \end{cases} \qquad \mu(B) := \sum_{x \in B \cap \mathbb{N}} \varphi(x),$$

(確率質量関数) (確率分布)

確率 θ で起こる事象を無限に繰り返すとき, はじめて事象が起こるまでに事象が起こらなかった回数の分布.

例 6.14. 例 2.16 における表の出る確率が θ の歪んだコインの確率空間 $(\{0,1\};\mathcal{E},P)$ の無限直積確率空間 $(\{0,1\}^\infty;\mathcal{E}^\infty,P^\infty)$ から $(\mathbb{R};\mathcal{B})$ への確率変数 S を

$$S((\omega_1,\omega_2,\omega_3,\cdots)) = (\omega_1+\cdots+\omega_i = 0 \text{ となる最大の } i)$$

で定める. $S(\omega)$ は, 初めて表が出るまで間に出た裏の回数と解釈できる. このとき, $S \sim \mathrm{Geo}(\theta)$.

実際, x が自然数のとき, $P^\infty(S=x)$ は $(\omega_1,\cdots,\omega_x,\omega_{x+1}) = (0,\cdots,0,1)$ となる事象の確率だから, $P^\infty(S=x) = (1-\theta)^x\theta$ となる. x が自然数でないときは $P^\infty(S=x) = 0$ である.

Poisson 分布 記号 Po(λ) であらわす ($\lambda \in (0,\infty)$).

$$\varphi(x) := \begin{cases} \frac{e^{-\lambda}\lambda^x}{x!} & (x \in \mathbb{N}) \\ 0 & (x \notin \mathbb{N}), \end{cases} \qquad \mu(B) := \sum_{x \in B \cap \mathbb{N}} \varphi(x),$$

(確率質量関数) (確率分布)

単位時間内に平均で λ 回発生する事象が単位時間内に発生する回数の分布.

例 6.15. 例 2.18 における到着率 λ の来客時刻の確率空間 $([0,\infty);\mathcal{E},P)$ の無限直積確率空間 $([0,\infty)^\infty;\mathcal{E}^\infty,P^\infty)$ から $(\mathbb{R};\mathcal{B})$ への確率変数 S を

$$S((\omega_1,\omega_2,\omega_3,\cdots)) = (\omega_1+\cdots+\omega_i < 1 \text{ となる最大の } i)$$

で定める. $S(\omega)$ は, 単位時間内に来客した人数と解釈できる. このとき, $S \sim \mathrm{Po}(\lambda)$ となる.

$S \sim \mathrm{Po}(\lambda)$ を証明しよう.

Proof. 自然数 x について, $I_x := P^\infty(S \leq x)$ とおく. このとき,

$$
\begin{aligned}
&P^\infty(S \leq x) \\
&= P^\infty\left(\left\{(\omega_1, \omega_2, \cdots) \in [0,\infty)^\infty \;\middle|\; (\omega_1 + \cdots + \omega_i < 1 \text{ となる最大の } i) \leq x\right\}\right) \\
&= P^\infty\left(\left\{(\omega_1, \omega_2, \cdots) \in [0,\infty)^\infty \;\middle|\; \omega_1 + \cdots + \omega_{x+1} \geq 1\right\}\right) \\
&= P^{x+1}\left(\left\{(\omega_1, \cdots, \omega_x, \omega_{x+1}) \in [0,\infty)^{x+1} \;\middle|\; \omega_1 + \cdots + \omega_{x+1} \geq 1\right\}\right)
\end{aligned}
$$

に注意すれば, 以下, 積分変数はすべて $[0,\infty)$ 内を動くと約束して,

$$
\begin{aligned}
I_x &= P^{x+1}\left(\left\{(\omega_1, \cdots, \omega_x, \omega_{x+1}) \in [0,\infty)^{x+1} \;\middle|\; \omega_1 + \cdots + \omega_{x+1} \geq 1\right\}\right) \\
&= \int \cdots \iint_{\omega_1 + \cdots + \omega_x + \omega_{x+1} \geq 1} \lambda e^{-\lambda\omega_1} \cdots \lambda e^{-\lambda\omega_x} \lambda e^{-\lambda\omega_{x+1}} \, \mathrm{d}\omega_1 \cdots \mathrm{d}\omega_x \, \mathrm{d}\omega_{x+1} \\
&= 1 - \int \cdots \iint_{\omega_1 + \cdots + \omega_x + \omega_{x+1} < 1} \lambda^{x+1} e^{-\lambda(\omega_1 + \cdots + \omega_x + \omega_{x+1})} \, \mathrm{d}\omega_1 \cdots \mathrm{d}\omega_x \, \mathrm{d}\omega_{x+1}
\end{aligned}
$$

となる. まず, $x = 0$ として,

$$
I_0 = 1 - \int_{\omega_1 < 1} \lambda e^{-\lambda\omega_1} \, \mathrm{d}\omega_1 = 1 - \int_0^1 \lambda e^{-\lambda\omega_1} \, \mathrm{d}\omega_1 = e^{-\lambda}.
$$

次に, $x \geq 1$ として,

$$
\begin{aligned}
&I_x \\
&= 1 - \int \cdots \int_{\omega_1 + \cdots + \omega_x < 1} \left(\int_0^{1-(\omega_1 + \cdots + \omega_x)} \lambda^{x+1} e^{-\lambda(\omega_1 + \cdots + \omega_x + \omega_{x+1})} \, \mathrm{d}\omega_{x+1}\right) \mathrm{d}\omega_1 \cdots \mathrm{d}\omega_x \\
&= 1 - \int \cdots \int_{\omega_1 + \cdots + \omega_x < 1} \left(\lambda^x e^{-\lambda(\omega_1 + \cdots + \omega_x)} - \lambda^x e^{-\lambda}\right) \mathrm{d}\omega_1 \cdots \mathrm{d}\omega_x \\
&= 1 - \int \cdots \int_{\omega_1 + \cdots + \omega_x < 1} \lambda^x e^{-\lambda(\omega_1 + \cdots + \omega_x)} \, \mathrm{d}\omega_1 \cdots \mathrm{d}\omega_x + \lambda^x e^{-\lambda} \int \cdots \int_{\omega_1 + \cdots + \omega_x < 1} \mathrm{d}\omega_1 \cdots \mathrm{d}\omega_x \\
&= I_{x-1} + \frac{\lambda^x}{x!} e^{-\lambda}. \qquad \left(\because \int \cdots \int_{\omega_1 + \cdots + \omega_x < 1} \mathrm{d}\omega_1 \cdots \mathrm{d}\omega_x = \frac{1}{x!} \quad (\text{角錐の体積})\right)
\end{aligned}
$$

S の像は $\mathbb{N}$ に一致するから,

$$
\begin{aligned}
P(S = x) &= P(S \leq x \text{ and } S \not\leq x - 1) = P(S \leq x) - P(S \leq x - 1) \\
&= I_x - I_{x-1} = \frac{\lambda^x}{x!} e^{-\lambda}.
\end{aligned}
$$

したがって, $S \sim \mathrm{Po}(\lambda)$ である. □

6.5.3 連続確率分布の代表的な例 (☆)

連続確率分布の例として,

- 指数分布,
- Erlang (アーラン) 分布,
- 正規分布

を紹介する.

指数分布 記号 $\mathrm{Exp}(\lambda)$ であらわす ($\lambda \in (0, \infty)$).

$$\varphi(x) := \begin{cases} \lambda e^{-\lambda x} & x \geq 0 \\ 0 & x < 0, \end{cases} \qquad \mu(B) := \int_B \varphi(x)\,\mathrm{d}x.$$

(確率密度関数) (確率分布)

例 6.16. $([0, \infty); \mathcal{B}_{[0,\infty)}, P)$ を到着率 λ の来客時刻の確率空間とする. このとき, 確率変数 $X : [0, \infty) \to \mathbb{R}$ を

$$X(\omega) = \omega$$

で定めると, X の確率分布は指数分布である ($X \sim \mathrm{Exp}(p)$).

Erlang 分布 記号 $\mathrm{Erl}(N, \lambda)$ であらわす ($N \in \mathbb{N}$ ($N > 0$), $\lambda \in (0, \infty)$).

$$\varphi(x) := \begin{cases} \frac{(\lambda x)^{N-1}}{(N-1)!} \lambda e^{-\lambda x} & x \geq 0 \\ 0 & x < 0, \end{cases} \qquad \mu(B) := \int_B \varphi(x)\,\mathrm{d}x.$$

(確率密度関数) (確率分布)

$N = 1$ とすると, 指数分布になることに注意せよ.

例 6.17. $([0, \infty); \mathcal{B}_{[0,\infty)}, P)$ を到着率 λ の来客時刻の確率空間とする. このとき, N 乗確率空間 $([0, \infty)^N; {\mathcal{B}_{[0,\infty)}}^N, P^N)$ 上の確率変数 $S_N : [0, \infty)^N \to \mathbb{R}$ を

$$S_N((\omega_1, \omega_2, \cdots, \omega_N)) = \omega_1 + \omega_2 + \cdots + \omega_N$$

で定めると, S_N の確率分布は Erlang 分布である ($S_N \sim \mathrm{Erl}(N, \lambda)$).

正規分布 記号 $\mathrm{N}(m, v)$ であらわす ($m \in \mathbb{R}, v \in (0, \infty)$).

$$\varphi(x) := \frac{1}{\sqrt{2\pi v}} \exp\left(-\frac{(x-m)^2}{2v}\right), \qquad \mu(B) := \int_B \varphi(x)\,\mathrm{d}x.$$

(確率密度関数) (確率分布)

特に, $(m, v) = (0, 1)$ のとき, **標準正規分布**と呼ぶ.

指数分布や Erlang 分布の場合, B が区間や区間塊であれば, $\mu(B)$ を計算することは初等的な微積分学である. しかし, 正規分布の場合, B が区間や区間塊であっても, $\mu(B)$ を厳密に計算することは (ほとんどの場合) できない. これは確率密度関数 φ の不定積分が初等関数の範囲で記述できないことに由来する. このため, 次善の策として, 厳密解をあきらめて小数表示を採用する. 下にあるような正規分布表を用いることで $\mu(B)$ を近似的に計算できる.

6.5.4 標準正規分布表

$\int_0^z \frac{1}{\sqrt{2\pi}} \exp\left(-\frac{1}{2}x^2\right) \mathrm{d}x$ の表

(10^{-5} の位を四捨五入した物)
数値の末尾が 5, 50 になるものについては, 末尾に 強 か 弱 を付与.

末尾に 強: 10^{-5} の位を切り捨てて 5, 50 になっている.

末尾に 弱: 10^{-5} の位を切り上げて 5, 50 になっている.

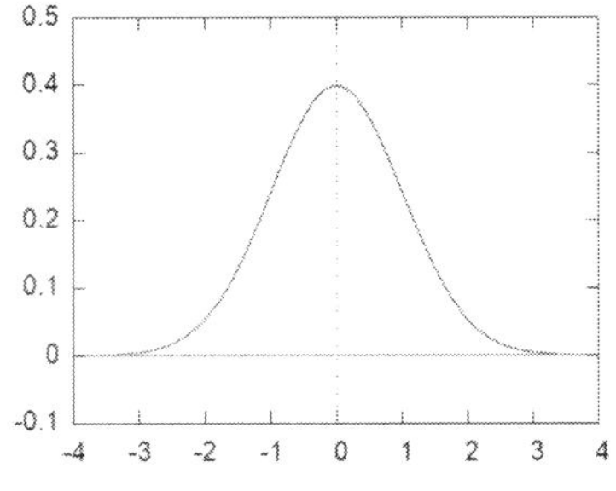

z	+0.00	+0.01	+0.02	+0.03	+0.04	+0.05	+0.06	+0.07	+0.08	+0.09
0.00	0.0000	0.0040	0.0080	0.0120	0.0160	0.0199	0.0239	0.0279	0.0319	0.0359
0.10	0.0398	0.0438	0.0478	0.0517	0.0557	0.0596	0.0636	0.0675弱	0.0714	0.0753
0.20	0.0793	0.0832	0.0871	0.0910	0.0948	0.0987	0.1026	0.1064	0.1103	0.1141
0.30	0.1179	0.1217	0.1255強	0.1293	0.1331	0.1368	0.1406	0.1443	0.1480	0.1517
0.40	0.1554	0.1591	0.1628	0.1664	0.1700	0.1736	0.1772	0.1808	0.1844	0.1879
0.50	0.1915弱	0.1950弱	0.1985弱	0.2019	0.2054	0.2088	0.2123	0.2157	0.2190	0.2224
0.60	0.2257	0.2291	0.2324	0.2357	0.2389	0.2422	0.2454	0.2486	0.2517	0.2549
0.70	0.2580	0.2611	0.2642	0.2673	0.2704	0.2734	0.2764	0.2794	0.2823	0.2852
0.80	0.2881	0.2910	0.2939	0.2967	0.2995強	0.3023	0.3051	0.3078	0.3106	0.3133
0.90	0.3159	0.3186	0.3212	0.3238	0.3264	0.3289	0.3315弱	0.3340	0.3365弱	0.3389
1.00	0.3413	0.3438	0.3461	0.3485弱	0.3508	0.3531	0.3554	0.3577	0.3599	0.3621
1.10	0.3643	0.3665強	0.3686	0.3708	0.3729	0.3749	0.3770	0.3790	0.3810	0.3830
1.20	0.3849	0.3869	0.3888	0.3907	0.3925強	0.3944	0.3962	0.3980	0.3997	0.4015弱
1.30	0.4032	0.4049	0.4066	0.4082	0.4099	0.4115弱	0.4131	0.4147	0.4162	0.4177
1.40	0.4192	0.4207	0.4222	0.4236	0.4251	0.4265弱	0.4279	0.4292	0.4306	0.4319
1.50	0.4332	0.4345弱	0.4357	0.4370	0.4382	0.4394	0.4406	0.4418	0.4429	0.4441
1.60	0.4452	0.4463	0.4474	0.4484	0.4495弱	0.4505弱	0.4515強	0.4525強	0.4535強	0.4545弱
1.70	0.4554	0.4564	0.4573	0.4582	0.4591	0.4599	0.4608	0.4616	0.4625弱	0.4633
1.80	0.4641	0.4649	0.4656	0.4664	0.4671	0.4678	0.4686	0.4693	0.4699	0.4706
1.90	0.4713	0.4719	0.4726	0.4732	0.4738	0.4744	0.4750強	0.4756	0.4761	0.4767
2.00	0.4772	0.4778	0.4783	0.4788	0.4793	0.4798	0.4803	0.4808	0.4812	0.4817
2.10	0.4821	0.4826	0.4830	0.4834	0.4838	0.4842	0.4846	0.4850弱	0.4854	0.4857
2.20	0.4861	0.4864	0.4868	0.4871	0.4875弱	0.4878	0.4881	0.4884	0.4887	0.4890
2.30	0.4893	0.4896	0.4898	0.4901	0.4904	0.4906	0.4909	0.4911	0.4913	0.4916
2.40	0.4918	0.4920	0.4922	0.4925弱	0.4927	0.4929	0.4931	0.4932	0.4934	0.4936
2.50	0.4938	0.4940	0.4941	0.4943	0.4945弱	0.4946	0.4948	0.4949	0.4951	0.4952
2.60	0.4953	0.4955弱	0.4956	0.4957	0.4959	0.4960	0.4961	0.4962	0.4963	0.4964
2.70	0.4965強	0.4966	0.4967	0.4968	0.4969	0.4970	0.4971	0.4972	0.4973	0.4974
2.80	0.4974	0.4975強	0.4976	0.4977	0.4977	0.4978	0.4979	0.4979	0.4980	0.4981
2.90	0.4981	0.4982	0.4982	0.4983	0.4984	0.4984	0.4985弱	0.4985強	0.4986	0.4986
3.00	0.4987	0.4987	0.4987	0.4988	0.4988	0.4989	0.4989	0.4989	0.4990	0.4990
3.10	0.4990	0.4991	0.4991	0.4991	0.4992	0.4992	0.4992	0.4992	0.4993	0.4993
3.20	0.4993	0.4993	0.4994	0.4994	0.4994	0.4994	0.4994	0.4995弱	0.4995弱	0.4995弱
3.30	0.4995強	0.4995	0.4995強	0.4996	0.4996	0.4996	0.4996	0.4996	0.4996	0.4997
3.40	0.4997	0.4997	0.4997	0.4997	0.4997	0.4997	0.4997	0.4997	0.4997	0.4998
3.50	0.4998	0.4998	0.4998	0.4998	0.4998	0.4998	0.4998	0.4998	0.4998	0.4998
3.60	0.4998	0.4998	0.4999	0.4999	0.4999	0.4999	0.4999	0.4999	0.4999	0.4999
3.70	0.4999	0.4999	0.4999	0.4999	0.4999	0.4999	0.4999	0.4999	0.4999	0.4999
3.80	0.4999	0.4999	0.4999	0.4999	0.4999	0.4999	0.4999	0.4999	0.4999	0.4999
3.90	0.5000	0.5000	0.5000	0.5000	0.5000	0.5000	0.5000	0.5000	0.5000	0.5000

7 Lebesgue (ルベーグ) 積分 (☆)

後で確率空間 $(\Omega; \mathcal{E}, P)$ 上の期待値・平均を導入する際に '積分' が必要になる. これはLebesgue 積分と呼ばれ[38] 微積分学で学習する Riemann 積分や広義 Riemann 積分とは異なる[39]. Lebesgue 積分は 3 段階の手順で定義される.

(単関数の積分) → (非負可測関数の積分) → (可測関数の積分)

以下, $(\Omega; \mathcal{E}, P)$ を確率空間とする.

7.1 単関数の積分

定義 7.1. 有限個の可測集合 $E_1, \cdots, E_n$ への分割 $\Omega = E_1 \amalg \cdots \amalg E_n$ と $a_1, \cdots, a_n \in \mathbb{R}$ が与えられたときに, $f = a_1\chi_{E_1} + \cdots + a_n\chi_{E_n}$ という形の関数を**単関数**と呼ぶ.

明らかに, 単関数 $f : \Omega \to \mathbb{R}$ は可測関数である.

定義 7.2 (単関数の積分)**.** $f = a_1\chi_{E_1} + \cdots + a_n\chi_{E_n}$ を単関数とするとき,

$$\int_\Omega f \, \mathrm{d}P := \sum_{k=1}^{n} a_k P(E_k)$$

とおく.

補足 33. この段階で, 有限確率空間 $(\Omega; p)$ 上の Lebesgue 積分が定義される. この場合, Ω 自体が有限集合なので, $\Omega = \coprod_{\omega\in\Omega} \{\omega\}$ が自明な分割になる. このことに注目すれば, f を Ω 上の任意の実数値関数とすれば, $f = \sum_{\omega\in\Omega} f(\omega)\chi_{\{\omega\}}$ から, f が単関数であるとわかる. したがって,

$$\int_\Omega f \, \mathrm{d}P = \sum_{\omega\in\Omega} f(\omega)P(\{\omega\}) = \sum_{\omega\in\Omega} f(\omega)p(\omega)$$

となる. 和 $\sum_{\omega\in\Omega} f(\omega)p(\omega)$ は, 重み付き平均と思えるが, 一般の確率空間上の積分は, 重み付き平均の一般化と思える.

---

[38] Henri Lebesgue, 1875—1941. フランス.

[39] Georg Friedrich Bernhard Riemann, 1826—1866. ドイツ. Riemann 積分, Riemann のゼータ関数や Riemann 予想, Riemann 幾何学や Riemann 多様体などにその名を残す.

単関数の積分の性質

補題 7.1. f, g を単関数とする. このとき, 以下が成り立つ:

(1) $E \in \mathcal{E}$ とすると, χ_E は Lebesgue 可積分で, $\displaystyle\int_\Omega \chi_E \, \mathrm{d}P = P(E)$.

(2) $f \geq 0$ ならば, $\displaystyle\int_\Omega f \, \mathrm{d}P \geq 0$.

(3) $f \geq 0$ で, $\displaystyle\int_\Omega f \, \mathrm{d}P = 0$ ならば, $f(\omega) = 0$ (a.s.).

(4) $\displaystyle\int_\Omega (f+g) \, \mathrm{d}P = \int_\Omega f \, \mathrm{d}P + \int_\Omega g \, \mathrm{d}P$.

(5) $\displaystyle\int_\Omega (cf) \, \mathrm{d}P = c \int_\Omega f \, \mathrm{d}P \quad (c \in \mathbb{R})$.

Proof. (1) (2) (3) これは明らか.

(4) 分割を用いて, f, g を $f = \sum_{i=1}^{m} a_i \chi_{F_i}$, $g = \sum_{j=1}^{n} b_j \chi_{G_j}$ とあらわせば, $f + g = \sum_{i=1}^{m} \sum_{j=1}^{n} (a_i + b_j) \chi_{F_i \cap G_j}$ なので, $f + g$ も単関数である. したがって,

$$\begin{aligned}
\int_\Omega (f+g) \, \mathrm{d}P &= \sum_{i=1}^{m} \sum_{j=1}^{n} (a_i + b_j) P(F_i \cap G_j) \\
&= \sum_{i=1}^{m} a_i \sum_{j=1}^{n} P(F_i \cap G_j) + \sum_{j=1}^{n} b_j \sum_{i=1}^{m} P(F_i \cap G_j) \\
&= \sum_{i=1}^{m} a_i P(F_i) + \sum_{j=1}^{n} b_j P(G_j) = \int_\Omega f \, \mathrm{d}P + \int_\Omega g \, \mathrm{d}P.
\end{aligned}$$

(5) $f = \sum_{i=1}^{n} a_i \chi_{E_i}$ とあらわせば, $cf = c \sum_{i=1}^{n} a_i \chi_{E_i} = \sum_{i=1}^{n} c a_i \chi_{E_i}$ なので, cf も単関数である. したがって,

$$\int_\Omega (cf) \, \mathrm{d}P = \sum_{i=1}^{n} (c a_i) P(E_i) = c \sum_{i=1}^{n} a_i P(E_i) = c \int_\Omega f \, \mathrm{d}P.$$

□

7.2 非負可測関数の積分

補題 7.2. f を非負可測関数とする. このとき, 非負単関数の単調増加列 (f_n) で f に各点収束するものが存在する.

Proof. $n \in \mathbb{N}$ に対して,

$$f_n(\omega) := \begin{cases} \frac{k}{2^n} & \left(\frac{k}{2^n} \le f(\omega) < \frac{k+1}{2^n}, (k = 0, 1, 2, \cdots, n2^n - 1)\right) \\ n & (n \le f(\omega)) \end{cases} \tag{7.1}$$

とおく. このとき, 定め方から f_n は非負単関数であり, $f_n \le f$ である. また, $f(\omega)$ の値の分割の仕方が 2 等分法によっているので, $n+1$ のときは n のときの細分になっている. よって, 各点 $\omega \in \Omega$ で $f_n(\omega)$ は単調増加である.

いま, 任意に $\omega \in \Omega$ をとり, $m := \lfloor f(\omega) \rfloor$ とおけば, $n > m$ に対して, $f(\omega) - f_n(\omega) < \frac{1}{2^n}$ となるので, $f_n(\omega)$ は $f(\omega)$ に収束する. □

補題 7.3. (f_n) を非負単関数の単調増加列で各点収束するものとする. また, g を非負単関数とし, $\lim_{n\to\infty} f_n \ge g$ とする. このとき,

$$\lim_{n\to\infty} \int_\Omega f_n \, \mathrm{d}P \ge \int_\Omega g \, \mathrm{d}P \tag{7.2}$$

が成り立つ. ここで, 極限関数は単関数とは限らないが実数値とする. また, (7.2) の左辺の極限は発散している場合を許す.

Proof. $g = a_1\chi_{E_1} + \cdots + a_m\chi_{E_m}$ とあらわそう. いま, $\beta := \max\{a_1, \cdots, a_m\}$ とおくと, $0 \le g(\omega) \le \beta < \infty$. 任意に $\varepsilon > 0$ をとると, $g - \varepsilon$ は単関数.

$$F_n := \left\{ \omega \in \Omega \;\middle|\; f_n(\omega) > g(\omega) - \varepsilon \right\}$$

とおくと, f_n が単調増加で $\lim_{n\to\infty} f_n \ge g$ だから, F_n は単調増加で, $\bigcup_n F_n = \Omega$. したがって, $\lim_{n\to\infty} P(F_n) = P(\Omega) = 1$. いま, $\lim_{n\to\infty} P(F_n^c) = 0$ だから, はじめの ε に対して, n_0 が存在して, $n \ge n_0$ ならば $P(F_n^c) < \varepsilon$. ゆえに,

$$\begin{aligned}\int_\Omega f_n \,\mathrm{d}P &\geq \int_\Omega \chi_{F_n} f_n \,\mathrm{d}P \geq \int_\Omega \chi_{F_n}(g-\varepsilon)\,\mathrm{d}P \\ &= \int_\Omega \chi_{F_n} g \,\mathrm{d}P - \varepsilon \int_\Omega \chi_{F_n} \,\mathrm{d}P = \int_\Omega g \,\mathrm{d}P - \int_\Omega \chi_{F_n^c} g \,\mathrm{d}P - \varepsilon P(F_n) \\ &\geq \int_\Omega g \,\mathrm{d}P - \beta P(F_n^c) - \varepsilon P(\Omega) \geq \int_\Omega g \,\mathrm{d}P - \varepsilon(\beta+1).\end{aligned}$$

最右辺は n に無関係だから, $\lim_{n\to\infty} \int_\Omega f_n \,\mathrm{d}P \geq \int_\Omega g \,\mathrm{d}P - \varepsilon(\beta+1)$. $\beta+1$ は有限で, $\varepsilon > 0$ は任意だから, (7.2) が成り立つ. □

補題 7.4. (f_n), (g_n) を非負単関数の単調増加列とし, $\lim_{n\to\infty} f_n = \lim_{n\to\infty} g_n$ を満たすものとする (lim は各点収束). このとき,

$$\lim_{n\to\infty} \int_\Omega f_n \,\mathrm{d}P = \lim_{n\to\infty} \int_\Omega g_n \,\mathrm{d}P$$

が成り立つ. ここで, 等号は $\infty = \infty$ を許す.

Proof. 任意に m を固定するとき, 仮定から $\lim_{n\to\infty} f_n \geq g_m$. 補題 7.3 より, $\lim_{n\to\infty} \int_\Omega f_n \,\mathrm{d}P \geq \int_\Omega g_m \,\mathrm{d}P$. 左辺は m に無関係だから, $m \to \infty$ として, $\lim_{n\to\infty} \int_\Omega f_n \,\mathrm{d}P \geq \lim_{m\to\infty} \int_\Omega g_m \,\mathrm{d}P$. また, 任意に n を固定するとき, 仮定から $\lim_{m\to\infty} g_m \geq f_n$. 上と同様にして, $\lim_{m\to\infty} \int_\Omega g_m \,\mathrm{d}P \geq \lim_{n\to\infty} \int_\Omega f_n \,\mathrm{d}P$. □

定義 7.3 (非負可測関数の積分)**.** $\mathcal{E}$-可測関数 $f : X \to \mathbb{R}_{\geq 0}$ と $E \in \mathcal{E}$ に対して, $f = \lim_{n\to\infty} f_n$ となる非負単関数の単調増加列をとり,

$$\int_\Omega f \,\mathrm{d}P := \lim_{n\to\infty} \int_\Omega f_n \,\mathrm{d}P$$

とおく. 積分値は $[0,\infty]$ に属す. 積分値 $\int_\Omega f \,\mathrm{d}P$ が有限である (∞ でない) とき, f **は** *Lebesgue* **可積分であるという**.

非負可測関数の積分の性質

補題 7.5. 非負可測関数について, 以下が成り立つ:

(1) $E \in \mathcal{E}$ とすると, χ_E は Lebesgue 可積分で, $\displaystyle\int_\Omega \chi_E \, \mathrm{d}P = P(E)$.

(2) $f \geq 0$ が Lebesgue 可積分であれば $\displaystyle\int_\Omega f \, \mathrm{d}P \geq 0$.

(3) $f \geq 0$ が Lebesgue 可積分で, $\displaystyle\int_\Omega f \, \mathrm{d}P = 0$ であれば, f はほとんど確実に 0 関数 ($f(\omega) = 0 \quad$ (a.s)).

(4) $f \geq 0, g \geq 0$ が Lebesgue 可積分であれば $f + g$ も Lebesgue 可積分であり, $\displaystyle\int_\Omega (f + g) \, \mathrm{d}P = \int_\Omega f \, \mathrm{d}P + \int_\Omega g \, \mathrm{d}P$.

(5) $f \geq 0$ が Lebesgue 可積分であれば $c \in \mathbb{R}, c \geq 0$ とするとき, cf も Lebesgue 可積分であり, $\displaystyle\int_\Omega (cf) \, \mathrm{d}P = c \int_\Omega f \, \mathrm{d}P$.

Proof. (1) (2)　補題 7.1 (1) (2) より明らか.

(3)　$F := \left\{\omega \in \Omega \,\middle|\, f(\omega) > 0\right\}$ とおき, $P(F) > 0$ と仮定する. このとき, $F_n := \left\{\omega \in \Omega \,\middle|\, f(\omega) > \frac{1}{2^n}\right\}$ とおけば, F_n は単調増加な可測集合の列で, $F = \displaystyle\bigcup_{n=0}^{\infty} F_n$ となる. したがって, $\displaystyle\lim_{n \to \infty} P(F_n) = P(F)$. ゆえに, ある番号 $m \in \mathbb{N}$ で $0 < P(F_m) \leq P(F)$ となる. いま, $f \geq \frac{1}{2^m}\chi_{F_m}$ なので,

$$\int_\Omega f \, \mathrm{d}P \geq \int_\Omega \frac{1}{2^m}\chi_{F_m} \, \mathrm{d}P = \frac{1}{2^m}P(F_m) > 0.$$

これは矛盾.

(4)　f_n を単関数の単調増加列で f に各点収束するもの, g_n を単関数の単調増加列で g に各点収束するものとする. このとき, $f_n + g_n$ は単関数の単調増加列で $f + g$ に各点収束する. いま, 補題 7.1 (4) より,

$$\int_\Omega (f_n + g_n) \, \mathrm{d}P = \int_\Omega f_n \, \mathrm{d}P + \int_\Omega g_n \, \mathrm{d}P$$

だから, $n \to \infty$ とすれば主張を得る.

(5) f_n を単関数の単調増加列で f に各点収束するものとする．このとき, cf_n は単関数の単調増加列で cf に各点収束する．補題 7.1 (5) より,

$$\int_\Omega (cf_n)\,\mathrm{d}P = c\int_\Omega f_n\,\mathrm{d}P$$

だから, $n \to \infty$ とすれば主張を得る． □

7.3 実数値可測関数の積分

補題 7.6. f を可測関数とすると, 非負可測関数 f_+, f_- で $f = f_+ - f_-$ となる分解が存在する．

Proof. 関数 f^+, f^- を $f^+(\omega) := \max\{f(\omega), 0\}$, $f^-(\omega) := \max\{-f(\omega), 0\}$ で定める．このとき, f^+, f^- は非負だが, 定理 5.1 より, f^+, f^- は可測関数で, $f(\omega) = f^+(\omega) - f^-(\omega)$ が成り立つ． □

補足 34. 下付きの $\pm$ は一般の非負可測関数への分解に用いる．これに対して, 上付きの $\pm$ は補題 7.6 の証明内で定義したものに用いる．

補題 7.5(3) より, 次は明らかである:

補題 7.7. f_+, f_-, g_+, g_- を非負 Lebesgue 可積分関数とし, $f_+ - f_- = g_+ - g_-$ を満たすとする．このとき, 次の等式が成り立つ:

$$\int_\Omega f_+\,\mathrm{d}P - \int_\Omega f_-\,\mathrm{d}P = \int_\Omega g_+\,\mathrm{d}P - \int_\Omega g_-\,\mathrm{d}P.$$

定義 7.4 (実可測関数の積分)**.** f を実可測関数とし, f の非負可測関数への分解 $f = f_+ - f_-$ で, 積分値 $\int_\Omega f_+\,\mathrm{d}P$ と $\int_\Omega f_-\,\mathrm{d}P$ がともに有限になるものが存在するとき, f **は** ***Lebesgue*** **可積分**であるといい,

$$\int_\Omega f\,\mathrm{d}P := \int_\Omega f_+\,\mathrm{d}P - \int_\Omega f_-\,\mathrm{d}P$$

を ***Lebesgue*** **積分**と呼ぶ． ダミー変数を用いて, $\int_\Omega f\,\mathrm{d}P$ を $\int_\Omega f(\omega)\,\mathrm{d}P(\omega)$ と表記することもある (ω がダミー変数).

f が Lebesgue 可積分でない場合, つまり, $\int_\Omega f_+ \, \mathrm{d}P$ と $\int_\Omega f_- \, \mathrm{d}P$ がともに有限となる非負可測関数への分解 $f = f_+ - f_-$ が存在しない場合, これをさらに細かく分類する:

- $\int_\Omega f_- \, \mathrm{d}P < \infty$ となるものがとれる場合: $\int_\Omega f \, \mathrm{d}P$ は**正の無限大に発散する**といい, $\int_\Omega f \, \mathrm{d}P := +\infty$ とおく.
- $\int_\Omega f_+ \, \mathrm{d}P < \infty$ となるものがとれる場合: $\int_\Omega f \, \mathrm{d}P$ は**負の無限大に発散する**といい, $\int_\Omega f \, \mathrm{d}P := -\infty$ とおく.
- $\int_\Omega f_+ \, \mathrm{d}P < \infty$ となるものも $\int_\Omega f_- \, \mathrm{d}P < \infty$ となるものも取れない場合: $\int_\Omega f \, \mathrm{d}P$ は定義されない.

補足 35. つまり, 次のようになる:

$$\text{実数値可測関数} \cdots \begin{cases} \text{Lebesgue 可積分} \\ \text{Lebesgue 可積分でない} \cdots \begin{cases} \text{正の無限大に発散する} \\ \text{定義されない} \\ \text{負の無限大に発散する} \end{cases} \end{cases}$$

実可測関数の積分の性質

命題 7.8. 可積分関数について, 以下が成り立つ:

(1) $E \in \mathcal{E}$ とすると, χ_E は Lebesgue 可積分で, $\int_\Omega \chi_E \, \mathrm{d}P = P(E)$.

(2) $f \geq 0$ が Lebesgue 可積分であれば $\int_\Omega f \, \mathrm{d}P \geq 0$.

(3) $f \geq 0$ が Lebesgue 可積分で, $\int_\Omega f \, \mathrm{d}P = 0$ であれば, f はほとんど確実に 0 関数 ($f(\omega) = 0 \quad$ (a.s)).

(4) f, g が Lebesgue 可積分であれば $f + g$ も Lebesgue 可積分であり, $\int_\Omega (f + g) \, \mathrm{d}P = \int_\Omega f \, \mathrm{d}P + \int_\Omega g \, \mathrm{d}P$.

(5) f が Lebesgue 可積分で, $c \in \mathbb{R}$ ならば, cf も Lebesgue 可積分で, $\int_\Omega cf \, \mathrm{d}P = c \int_\Omega f \, \mathrm{d}P$.

Proof. (1)(2)(3) 補題 7.5 (1)(2)(3) より従う.

(4) $f = f_+ - f_-$, $g = g_+ - g_-$ を非負 Lebesgue 可積分関数への分解とする. このとき, $f + g = (f_+ + g_+) - (f_- + g_-)$ も非負 Lebesgue 可積分関数への分解なので,

$$\begin{aligned}\int_\Omega (f+g)\,\mathrm{d}P &= \int_\Omega (f_+ + g_+)\,\mathrm{d}P - \int_\Omega (f_- + g_-)\,\mathrm{d}P \\ &= \left(\int_\Omega f_+\,\mathrm{d}P + \int_\Omega g_+\,\mathrm{d}P\right) - \left(\int_\Omega f_-\,\mathrm{d}P + \int_\Omega g_-\,\mathrm{d}P\right) \\ &= \left(\int_\Omega f_+\,\mathrm{d}P - \int_\Omega f_-\,\mathrm{d}P\right) + \left(\int_\Omega g_+\,\mathrm{d}P - \int_\Omega g_-\,\mathrm{d}P\right) \\ &= \int_\Omega f\,\mathrm{d}P + \int_\Omega g\,\mathrm{d}P.\end{aligned}$$

(5) $f = f_+ - f_-$ を非負 Lebesgue 可積分関数への分解とする.

$c \geq 0$ のとき, $cf = cf_+ - cf_-$ は非負 Lebesgue 可積分関数への分解なので,

$$\begin{aligned}\int_\Omega (cf)\,\mathrm{d}P &= \int_\Omega (cf_+)\,\mathrm{d}P - \int_\Omega (cf_-)\,\mathrm{d}P = c\int_\Omega f_+\,\mathrm{d}P - c\int_\Omega f_-\,\mathrm{d}P \\ &= c\left(\int_\Omega f_+\,\mathrm{d}P - \int_\Omega f_-\,\mathrm{d}P\right) = c\int_\Omega f\,\mathrm{d}P.\end{aligned}$$

$c < 0$ のとき, $cf = (-c)f_- - (-c)f_+$ は非負 Lebesgue 可積分関数への分解なので,

$$\begin{aligned}\int_\Omega (cf)\,\mathrm{d}P &= \int_\Omega (-c)f_-\,\mathrm{d}P - \int_\Omega (-c)f_+\,\mathrm{d}P = (-c)\int_\Omega f_-\,\mathrm{d}P - (-c)\int_\Omega f_+\,\mathrm{d}P \\ &= c\left(\int_\Omega f_+\,\mathrm{d}P - \int_\Omega f_-\,\mathrm{d}P\right) = c\int_\Omega f\,\mathrm{d}P.\end{aligned}$$

□

以上で, Lebesgue 積分の代数的な性質は分かった. 次に極限との関係を述べよう.

7.4 Lebesgue の収束定理

Lebesgue の収束定理は積分と極限の順序交換に関する定理である. この定理は, 微積分学で学んだ Riemann 積分や広義 Riemann 積分における順序交換の定理よりも簡単に判定できる点で価値がある. 本書では証明を省略するので, 興味のある読者は例えば, [6][7][13][14] などを見よ.

Lebesgue の収束定理

定理 7.9. 各 n について f_n は Lebesgue 可積分とし, 関数列 f_n は f に各点収束するとする. このとき, 非負 Lebesgue 可積分関数 g で, $|f| \leq g$ となるものが存在すれば, f は Lebesgue 可積分で,

$$\int_{\Omega} \lim_{n\to\infty} f_n \, \mathrm{d}P = \lim_{n\to\infty} \int_{\Omega} f_n \, \mathrm{d}P.$$

命題 7.10. f を確率空間 $(\Omega; \mathcal{E}, P)$ の実数値可測関数とする. このとき, 以下は同値:

(1) f は Lebesgue 可積分.

(2) $|f|$ は Lebesgue 可積分.

Proof. (1) $\Rightarrow$ (2): f を Lebesgue 可積分関数とする. このとき, 定義から f^+ と f^- はともに Lebesgue 可積分である. いま $|f(\omega)| = f^+(\omega) + f^-(\omega)$ であるから, 命題 7.8 (4) より, $|f|$ も Lebesgue 可積分であり,

$$\int_{\Omega} |f(\omega)| \, \mathrm{d}P(\omega) = \int_{\Omega} f^+(\omega) \, \mathrm{d}P(\omega) + \int_{\Omega} f^+(\omega) \, \mathrm{d}P(\omega).$$

(2) $\Rightarrow$ (1): $|f|$ が Lebesgue 可積分であるとする. いま, $0 \leq f^+, f^- \leq |f|$ であるから, f^+, f^- は Lebesgue 可積分である. したがって, 定義から f は Lebesgue 可積分である. □

以上で, Lebesgue 積分の基本的な準備が整ったので, 最後に, 離散確率空間における Lebesgue 積分がどういうものかを見ておこう.

命題 7.11. $(\Omega;\mathcal{E},P)$ を離散確率空間とし, 確率質量関数を p とする. このとき, 可測関数 $f:\Omega\to\mathbb{R}$ が Lebesgue 可積分であることと和 $\displaystyle\sum_{\omega\in\operatorname{supp}p} f(\omega)p(\omega)$ が絶対収束することは同値であり,

$$\int_\Omega f(\omega)\,\mathrm{d}P(\omega)=\sum_{\omega\in\operatorname{supp}p} f(\omega)p(\omega).$$

Proof. 台 $\operatorname{supp}p$ が有限集合の場合は f そのものが単関数なので, これは定義から明らかである.

以下, $\operatorname{supp}p$ を無限集合とする. これは可算無限集合なので, $\operatorname{supp}p$ の元を一列に並べて $\omega_0,\omega_1,\omega_2,\cdots$ とする. このとき, $f_n:=\displaystyle\sum_{i=0}^{n-1} f(\omega_i)\chi_{\{\omega_i\}}$ とおけば, f_n は単関数で, f_n は f に, $|f_n|$ は $|f|$ に各点収束する. いま,

$$\int_\Omega |f_n(\omega)|\,\mathrm{d}P(\omega)=\sum_{i=0}^{n-1}|f(\omega_i)|p(\omega_i)$$

なので, f の Lebesgue 可積分性と右辺の絶対収束は同値である. また, Lebesgue の収束定理より,

$$\begin{aligned}\int_\Omega f(\omega)\,\mathrm{d}P(\omega)&=\int_\Omega \lim_{n\to\infty} f_n(\omega)\,\mathrm{d}P(\omega)=\lim_{n\to\infty}\int_\Omega f_n(\omega)\,\mathrm{d}P(\omega)\\&=\lim_{n\to\infty}\sum_{i=0}^{n-1} f(\omega_i)p(\omega_i)=\sum_{\omega\in\operatorname{supp}p} f(\omega)p(\omega)\end{aligned}$$

となる. □

上の結果により, Lebesgue 積分などと仰々しいことを言ったところで, 離散確率空間における Lebesgue 積分は和に過ぎないことが分かった.

むしろ, Lebesgue 積分が真価を発揮するのは, 連続確率空間の場合であると言ってよい. この場合, 確率論では, 細かい議論で積分の極限の順序交換が必要になることが多い. この点で, (広義) Riemann 積分では順序交換ができるための十分条件が厳しく, 使い勝手が悪いのである. ところが Lebesgue 積分であれば Lebesgue の収束定理により, とても弱い条件で順序交換ができ, 重宝する. (広義) Riemann 積分の不自由さを解消するために Lebesgue 積分を考えているのだと考えて差し支えないだろう.

8 確率変数と母数

8.1 導入

有限集合 Ω と集合 S に対して, 写像 $X : \Omega \to S$ を (統計学では) データとか (確率論や統計学では) 確率変数と呼ぶのだった. データ X が持つ情報を抜粋する方法のひとつに**母数** *(parameter)* という考え方がある. 抜粋される情報には様々なものがあるが, データを代表する値・データの散らばり具合を意味する値・データの歪み具合を意味する値などがある.

まず, 確率変数の終域 S が実数の全体 $\mathbb{R}$ の場合を考えよう ($S = \mathbb{R}$). これは典型的な量的データの場合である. この場合, 終域 $\mathbb{R}$ が代数構造や順序構造を持つことを利用して, 量的データ X から情報を取り出すことができる. 量的データ固有の母数には大きく分けて次の二種類がある:

- 代数的な母数 (algebraic parameter) : $\mathbb{R}$ の代数構造に基づいた母数のこと.
  e.g. 期待値・分散・標準偏差・歪度など.
- 順序母数 (order parameter) : $\mathbb{R}$ の順序構造に基づいた母数のこと.
  e.g. 最大値・上側四分位値・中央値・下側四分位値・最小値・範囲・四分位範囲・四分位歪度など.

一方で, データ X が質的データの場合, 終域 S は特別な構造を持たない唯の集合なので, ここで導入できる母数は簡単なものに限る:

- 確率分布自体に基づいた母数.
  e.g. 最頻値・半値幅など.

最頻値は量的データに対しても定義できる.

以上の母数は, 確率変数から直接計算されるものと, むしろその確率分布から計算されるものがある. これらの観点でこれらの母数を分類すると次のようになる:

	確率変数から直接計算される母数	確率分布から計算される母数
代数的な母数	平均値・分散・標準偏差・歪度	平均値・分散・標準偏差・歪度
順序的な母数	最大値・最小値・範囲	最大値・最小値・範囲・中央値・四分位値・四分位範囲・四分位歪度
その他の母数		最頻値・半値幅

8.2 代数的な母数

代数構造, つまり加減乗除に基づいて定義される母数で基本的なものを定義しよう. 代数的母数には期待値・分散・歪度などがあるが, 最も基本的な代数的母数は期待値である.

8.2.1 期待値 (分布を代表する母数)

期待値の定義 (○)

定義 8.1. $(\Omega; p)$ を有限確率空間とし, 確率変数 $X : \Omega \to \mathbb{R}$ を考える. このとき, X に対して,

$$\mathbb{E}[X] := \sum_{\omega \in \Omega} X(\omega) p(\omega),$$

とおき, $\mathbb{E}[X]$ を X **の期待値**と呼ぶ.

期待値のことを平均, 平均値とも呼ぶ. これは, 確率変数 (量的データ) を代表する値の一つである.

例 8.1. 例 2.6 の有限確率空間 $(\Omega; p)$ において, 例 5.5 の量的データ X を考えると,

$$\begin{aligned}\mathbb{E}[X] &= X(\text{太郎})p(\text{太郎}) + X(\text{一郎})p(\text{一郎}) + X(\text{花子})p(\text{花子}) \\ &= 162\frac{1}{3} + 159\frac{1}{3} + 150\frac{1}{3} = 157.\end{aligned}$$

単位を付ける場合は, $\mathbb{E}[X] = 157$[cm] である.

期待値の定義 (☆)

これに対して, 一般の場合, 期待値は Lebesgue 積分を用いて定義される:

定義 8.2. $(\Omega; \mathcal{E}, P)$ を確率空間とし, 確率変数 $X : \Omega \to \mathbb{R}$ を考える. 確率変数 X が Ω 上 Lebesgue 可積分のとき,

$$\mathbb{E}[X] := \int_{\Omega} X(\omega) \, \mathrm{d}P(\omega)$$

とおき, $\mathbb{E}[X]$ を X **の期待値**と呼ぶ. 確率変数 X が Lebesgue 可積分でないとき, **期待値を持たない**という.

8.2.2 期待値の性質

命題 8.1. $X, Y : \Omega \to \mathbb{R}$ を確率変数とすると, 以下が成り立つ:

(1) $\mathbb{E}\left[\chi_E\right] = P(E)$ $(E \in \mathcal{E})$.

(2) $X \geq 0$ ならば, $\mathbb{E}[X] \geq 0$.

(3) $X \geq 0$ ならば $\mathbb{E}[X] = 0 \Leftrightarrow X(\omega) = 0$ (a.s.).

(4) $\mathbb{E}[X + Y] = \mathbb{E}[X] + \mathbb{E}[Y]$.

(5) $\mathbb{E}[aX] = a\,\mathbb{E}[X]$ $(a \in \mathbb{R})$.

Proof. 以下, $(\Omega; \mathcal{E}; P)$ が有限確率空間の場合の証明を述べる:

(1)

$$\mathbb{E}\left[\chi_E\right] = \sum_{\omega \in \Omega} \chi_E(\omega) p(\omega) = \sum_{\omega \in E} p(\omega) = P(E).$$

(2) これは明らか.

(3) $\Leftarrow$ は明らかなので $\Rightarrow$ を示そう. いま, $\mathbb{E}[X] = 0$ とすると, 定義から $\sum_{\omega \in \Omega} X(\omega)p(\omega) = 0$. このとき, $X(\omega) \geq 0$ と $p(\omega) \geq 0$ より, 任意の $\omega \in \Omega$ に対して $X(\omega) = 0$ or $p(\omega) = 0$.

(4)

$$\begin{aligned}\mathbb{E}[X + Y] &= \sum_{\omega \in \Omega}(X + Y)(\omega)p(\omega) = \sum_{\omega \in \Omega}(X(\omega) + Y(\omega))p(\omega) \\ &= \sum_{\omega \in \Omega} X(\omega)p(\omega) + \sum_{\omega \in \Omega} Y(\omega)p(\omega) = \mathbb{E}[X] + \mathbb{E}[Y].\end{aligned}$$

(5)

$$\mathbb{E}[aX] = \sum_{\omega \in \Omega}(aX)(\omega)p(\omega) = \sum_{\omega \in \Omega} aX(\omega)p(\omega) = a \sum_{\omega \in \Omega} X(\omega)p(\omega) = a\,\mathbb{E}[X].$$

□

補足 36. $(\Omega; \mathcal{E}; P)$ が一般の確率空間の場合は, 命題 7.8 から従う.

補足 37. (3) では, $\forall \omega \in \Omega; X(\omega) = 0$ とは言えないことに注意せよ. $p(\omega) = 0$ となる $\omega \in \Omega$ については $X(\omega)$ の値が特定されない.

8.2.3　期待値の計算例

有限確率空間上の確率変数の期待値 (◯)

例 8.2. 有限確率空間 $(\Omega; p)$ と確率変数 X を例 5.1 のものとすると, X の期待値は $\frac{3}{2}$ である:

$$\begin{aligned}
\mathbb{E}[X] &= \sum_{\omega\in\Omega} X(\omega)p(\omega) \\
&= X(1)p(1)+X(2)p(2)+X(3)p(3)+X(4)p(4)+X(5)p(5)+X(6)p(6) \\
&= 1\cdot\frac{1}{6}+0\cdot\frac{1}{6}+3\cdot\frac{1}{6}+0\cdot\frac{1}{6}+5\cdot\frac{1}{6}+0\cdot\frac{1}{6} \\
&= \frac{3}{2}.
\end{aligned}$$

例 8.3. $(\{0,1\}^N; \mathcal{E}, P)$ を例 5.13(例 4.8) の確率空間として, 例 5.13 の確率変数 $S_N : \{0,1\}^N \to \mathbb{R}$ を考えると, S_N の期待値は $N\theta$ である:

$$\begin{aligned}
\mathbb{E}[S_N] &= \sum_{(\omega_1,\cdots,\omega_N)\in\{0,1\}^N} S_N((\omega_1,\cdots,\omega_N))p^N((\omega_1,\cdots,\omega_N)) \\
&= \sum_{(\omega_1,\cdots,\omega_N)\in\{0,1\}^N} (\omega_1+\cdots+\omega_N)p(\omega_1)\cdots p(\omega_N) \\
&= \sum_{i=1}^{N}\sum_{(\omega_1,\cdots,\omega_N)\in\{0,1\}^N} \omega_i p(\omega_1)\cdots p(\omega_N) \\
&= \sum_{i=1}^{N}\sum_{\omega_i=0}^{1}\sum_{(\omega_1,\cdots,\overset{i}{\smile},\cdots,\omega_N)\in\{0,1\}^{N-1}} \omega_i p(\omega_i)\cdot p(\omega_1)\cdots\overset{i}{\smile}\cdots p(\omega_N) \\
&= \sum_{i=1}^{N}\sum_{\omega_i=0}^{1} \omega_i p(\omega_i)\cdot\sum_{(\omega_1,\cdots,\overset{i}{\smile},\cdots,\omega_N)\in\{0,1\}^{N-1}} p(\omega_1)\cdots\overset{i}{\smile}\cdots p(\omega_N) \\
&= \sum_{i=1}^{N}\sum_{\omega_i=0}^{1} \omega_i p(\omega_i) = \sum_{i=1}^{N}\theta = N\theta.
\end{aligned}$$

ここで, 記号 $\overset{i}{\smile}$ は i 番目の部分を読み飛ばすことを意味する.

離散確率空間上の確率変数の期待値 (☆)

$(\Omega; p)$ を例 2.17 の離散確率空間として, 様々な確率変数を考えてみよう.

例 8.4. 確率変数 $X : \Omega \to \mathbb{R}$ を

$$X(\omega) = \left(\frac{1}{2}\right)^{\omega}, \quad (\omega \in \Omega)$$

で定めると, X は期待値 $\frac{2}{3}$ を持つ: $\mathbb{E}[X] = \sum_{\omega=0}^{\infty} \left(\frac{1}{2}\right)^{\omega} \frac{1}{2} \frac{1}{2^{\omega}} = \frac{2}{3}$.

例 8.5. 確率変数 $X : \Omega \to \mathbb{R}$ を

$$X(\omega) = 1, \quad (\omega \in \Omega)$$

で定めると, X は期待値 1 を持つ: $\mathbb{E}[X] = \sum_{\omega=0}^{\infty} 1 \frac{1}{2} \frac{1}{2^{\omega}} = 1$.

例 8.6. 確率変数 $X : \Omega \to \mathbb{R}$ を

$$X(\omega) = 2^{\omega}, \quad (\omega \in \Omega)$$

で定めると, X は期待値を持たない: $\mathbb{E}[X] = +\infty$.

このように, 無限確率空間上には, 期待値を持たない確率変数が存在しうる.

最後の例は**サンクトペテルブルグのパラドクス**呼ばれる[40].

サンクトペテルブルグのパラドクス

> 公平なコインがある. これを投げ続けるとき, n 回目に初めて表が出た場合に 2^n 円もらえるゲームをするとき, もらえる金額の期待値は $+\infty$ である.

したがって, このようなギャンブルをするとき, 掛け金がいくらでも賭けたほうが良いことになる. 例えば, 私が掛け金 10 万円でこのギャンブルをしよう, と誘ったら, 読者はこの賭けに乗る (10 万円賭ける) だろうか[41].

---

[40] これも疑似パラドクスの一種である.

[41] 実際には, 私は誘いません.

連続確率空間上の確率変数の期待値 (☆)

例 8.7. $([0,\infty)^N;\mathcal{E},P)$ を例 5.14(例 4.9) の確率空間として, 例 5.14 の確率変数 $S_N:[0,\infty)^N\to\mathbb{R}$ を考えると, S_N の期待値は $\dfrac{N}{\lambda}$ である:

$$\begin{aligned}
\mathbb{E}[S_N] &= \int_{[0,\infty)^N} S_N((\omega_1,\cdots,\omega_N))\varphi(\omega_1)\cdots\varphi(\omega_N)\,\mathrm{d}\omega_1\cdots\mathrm{d}\omega_N \\
&= \int_{[0,\infty)^N} (\omega_1+\cdots+\omega_N)\varphi(\omega_1)\cdots\varphi(\omega_N)\,\mathrm{d}\omega_1\cdots\mathrm{d}\omega_N \\
&= \sum_{i=1}^N \int_{[0,\infty)^N} \omega_i\varphi(\omega_1)\cdots\varphi(\omega_N)\,\mathrm{d}\omega_1\cdots\mathrm{d}\omega_N \\
&= \sum_{i=1}^N \int_{\omega_i\in[0,\infty)} \omega_i\varphi(\omega_i)\,\mathrm{d}\omega_i \\
&\quad\times \int_{(\omega_1,\cdots,\overset{i}{\smile},\cdots,\omega_N)\in[0,\infty)^{N-1}} \varphi(\omega_1)\cdots\overset{i}{\smile}\cdots\varphi(\omega_N)\,\mathrm{d}\omega_1\cdots\overset{i}{\smile}\cdots\mathrm{d}\omega_N \\
&= \sum_{i=1}^N \int_{\omega_i\in[0,\infty)} \omega_i\varphi(\omega_i)\,\mathrm{d}\omega_i = \sum_{i=1}^N \frac{1}{\lambda} = \frac{N}{\lambda}.
\end{aligned}$$

例 8.8. $(\mathbb{R};\mathcal{B},P)$ を精密度 $s=2$ の偶然誤差の確率空間として, 確率変数 X を

$$X(\varepsilon)=\begin{cases} 1 & -2\le\varepsilon\le 3 \\ 0 & \varepsilon<-2,\ 3<\varepsilon \end{cases}$$

で定めると X の期待値 (の近似値) は 0.7745 である. 実際,

$$\begin{aligned}
\mathbb{E}[X] &= \int_{\mathbb{R}} X(\varepsilon)\frac{1}{\sqrt{2\pi s^2}}\exp\left(-\frac{\varepsilon^2}{2s^2}\right)\mathrm{d}\varepsilon \\
&= \int_{-2}^{3} \frac{1}{\sqrt{2\pi s^2}}\exp\left(-\frac{\varepsilon^2}{2s^2}\right)\mathrm{d}\varepsilon = \int_{-1}^{\frac{3}{2}} \frac{1}{\sqrt{2\pi}}\exp\left(-\frac{\varepsilon^2}{2}\right)\mathrm{d}\varepsilon
\end{aligned}$$

となるので, 標準正規分布表から,

$$\begin{aligned}
\int_{-1}^{\frac{3}{2}} \frac{1}{\sqrt{2\pi}}\exp\left(-\frac{\varepsilon^2}{2}\right)\mathrm{d}\varepsilon &= \int_0^1 \frac{1}{\sqrt{2\pi}}\exp\left(-\frac{\varepsilon^2}{2}\right)\mathrm{d}\varepsilon + \int_0^{\frac{3}{2}} \frac{1}{\sqrt{2\pi}}\exp\left(-\frac{\varepsilon^2}{2}\right)\mathrm{d}\varepsilon \\
&\sim 0.3413+0.4332=0.7745
\end{aligned}$$

を得る.

8.2.4 分散・標準偏差・平均偏差 (散らばりをあらわす母数)

定義 8.3. $(\Omega; \mathcal{E}, P)$ を確率空間とし, $X : \Omega \to \mathbb{R}$ を期待値 $\mathbb{E}[X] = m$ を持つ確率変数とする. このとき, X に対して,

$$\mathbb{V}[X] := \mathbb{E}\left[(X-m)^2\right], \qquad \sigma[X] := \sqrt{\mathbb{V}[X]},$$
$$\mathrm{AD}[X] := \mathbb{E}[|X-m|]$$

とおき, $\mathbb{V}[X]$ を X **の分散**, $\sigma[X]$ を X **の標準偏差**, $\mathrm{AD}[X]$ を X **の平均偏差**と呼ぶ.

平均偏差や分散や標準偏差は確率変数 (量的データ) の散らばりをあらわす値である.

例 8.9. 例 5.3 のデータ X の場合, これは量的データではないので ($S \neq \mathbb{R}$ なので), 分散や標準偏差や平均偏差は定義されない.

例 8.10. 例 2.6 の有限確率空間 $(\Omega; p)$ において, 例 5.5 の量的データ X を考えると, $\mathbb{E}[X] = 157$[cm] に注意して,

$$\begin{aligned}\mathbb{V}[X] &= (X(\text{太郎}) - \mathbb{E}[X])^2 p(\text{太郎}) + (X(\text{一郎}) - \mathbb{E}[X])^2 p(\text{一郎}) \\ &\quad + (X(\text{花子}) - \mathbb{E}[X])^2 p(\text{花子}) \\ &= (162-157)^2\frac{1}{3} + (159-157)^2\frac{1}{3} + (150-157)^2\frac{1}{3} = 26. \\ \sigma[X] &= \sqrt{26}. \\ \mathrm{AD}[X] &= \left|X(\text{太郎}) - \mathbb{E}[X]\right| p(\text{太郎}) + \left|X(\text{一郎}) - \mathbb{E}[X]\right| p(\text{一郎}) \\ &\quad + \left|X(\text{花子}) - \mathbb{E}[X]\right| p(\text{花子}) \\ &= |162-157|\frac{1}{3} + |159-157|\frac{1}{3} + |150-157|\frac{1}{3} = \frac{14}{3}.\end{aligned}$$

単位を付ける場合は, $\mathbb{V}[X] = 26$[cm^2], $\sigma[X] = \sqrt{26}$[cm], $\mathrm{AD}[X] = \frac{14}{3}$[cm] である. 標準偏差や平均偏差の単位は期待値の単位と一致する.

定義 8.4. 確率変数 X が期待値 $\mathbb{E}[X] = m$ を持つとき, 確率変数 $X - m$ を X **の中心化**と呼ぶ.

確率変数の中心化は期待値 0 を持つ. 分散は, 確率変数の期待値の影響 (分布の中心の影響) を除いた上で分布の散らばり具合を記述する.

命題 8.2. $X : \Omega \to \mathbb{R}$ を期待値 $\mathbb{E}[X] = m$ を持つ確率変数とすると, 分散について以下が成り立つ:

(1) $\mathbb{V}[X] = \mathbb{E}\left[X^2\right] - \mathbb{E}[X]^2$.

(2) $\mathbb{V}\left[\chi_E\right] = P(E) - P(E)^2 \ (E \in \mathcal{E})$.

(3) $\mathbb{V}[X + a] = \mathbb{V}[X] \ (a \in \mathbb{R})$.

(4) $\mathbb{V}[aX] = a^2 \mathbb{V}[X] \ (a \in \mathbb{R})$.

(5) $\mathbb{V}[X] \geq 0$.

(6) $\mathbb{V}[X] = 0 \Leftrightarrow X(\omega) = \mathbb{E}[X]$ (a.s.).

Proof. (1)

$$\begin{aligned}\mathbb{V}[X] &= \mathbb{E}\left[(X - m)^2\right] = \mathbb{E}\left[X^2 - 2mX + m^2\right] \\ &= \mathbb{E}\left[X^2\right] - 2m\,\mathbb{E}[X] + m^2\,\mathbb{E}[1] = \mathbb{E}\left[X^2\right] - \mathbb{E}[X]^2.\end{aligned}$$

(2)　関数 χ_E は値を 0 と 1 しかとらないので, ${\chi_E}^2 = \chi_E$. ゆえに, (1) から従う.

(3)

$$\mathbb{V}[X + a] = \mathbb{E}\left[(X + a - (m + a))^2\right] = \mathbb{E}\left[(X - m)^2\right] = \mathbb{V}[X].$$

(4)

$$\mathbb{V}[aX] = \mathbb{E}\left[(aX - am)^2\right] = \mathbb{E}\left[a^2(X - m)^2\right] = a^2\,\mathbb{E}\left[(X - m)^2\right] = a^2\,\mathbb{V}[X].$$

(5)　$(X - m)^2 \geq 0$ なので, 命題 8.1 (2) より従う.

(6)　(5) より, $\mathbb{V}[X] \geq 0$ だから, 命題 8.1 (3) より従う.　□

補足 38. この命題では, 期待値 $\mathbb{E}[X]$ が有限の値を持つことが前提となっている. 確率空間 $(\Omega; \mathcal{E}, P)$ が有限確率空間のとき分散 $\mathbb{V}[X]$ は有限の値をもつが, 確率空間 $(\Omega; \mathcal{E}, P)$ が一般の確率空間のときは分散 $\mathbb{V}[X] = \infty$ を含めて命題の主張は正しい.

8.2.5 歪度 (歪みをあらわす母数)

定義 8.5. $(\Omega; \mathcal{E}, P)$ を確率空間とし, $X : \Omega \to \mathbb{R}$ を期待値 $\mathbb{E}[X] = m$ と正の標準偏差 $\sigma[X] = s > 0$ を持つ確率変数とする. このとき, X に対して,

$$\mathbb{S}[X] := \mathbb{E}\left[\left(\frac{X-m}{s}\right)^3\right], \qquad \kappa_3[X] := \mathbb{E}\left[\left|\frac{X-m}{s}\right|^3\right]$$

とおき, $\mathbb{S}[X]$ を X **の歪度**, $\kappa_3[X]$ を X **の 3 次の標準化絶対モーメント**と呼ぶ.

歪度は確率変数 (量的データ) の歪みをあらわす値である.

補足 39. 例 5.3 のデータ X の場合, これは量的データではないので ($S \neq \mathbb{R}$ なので), 歪度は定義されない.

補足 40. 歪度は, 分散が定義されない ($\mathbb{V}[X] = \infty$) のときは定義されない. また, $\mathbb{V}[X] = 0$ のときも定義されない.

例 8.11. 例 2.6 の有限確率空間 $(\Omega; p)$ において, 例 5.5 の量的データ X を考えると, $\mathbb{E}[X] = 157[\mathrm{cm}], \sigma[X] = \sqrt{26}[\mathrm{cm}]$ に注意して,

$$\begin{aligned}\mathbb{S}[X] &= \left(\frac{X(\text{太郎}) - \mathbb{E}[X]}{\sigma[X]}\right)^3 p(\text{太郎}) + \left(\frac{X(\text{一郎}) - \mathbb{E}[X]}{\sigma[X]}\right)^3 p(\text{一郎}) \\ &\qquad + \left(\frac{X(\text{花子}) - \mathbb{E}[X]}{\sigma[X]}\right)^3 p(\text{花子}) \\ &= \left(\frac{162-157}{\sqrt{26}}\right)^3 \frac{1}{3} + \left(\frac{159-157}{\sqrt{26}}\right)^3 \frac{1}{3} + \left(\frac{150-157}{\sqrt{26}}\right)^3 \frac{1}{3} = -\frac{35}{13\sqrt{26}}.\end{aligned}$$

歪度は無次元量になる.

定義 8.6. 確率変数 X が期待値 $\mathbb{E}[X] = m$ と標準偏差 $\sigma[X] = s > 0$ を持つとき, 確率変数 $\dfrac{X-m}{s}$ を X **の標準化**と呼ぶ.

確率変数の標準化は期待値 0, 標準偏差 1 を持つ. 歪度は, 確率変数の期待値や標準偏差の影響 (分布の中心やスケールの影響) を除いた上で分布の歪み具合を記述する.

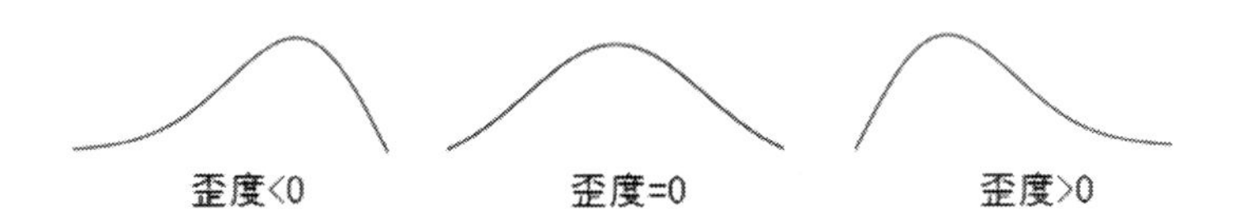

補足 41. 確率変数 $10 \times \dfrac{X - m}{s} + 50$ の実現値を**偏差値**と呼ぶ. 学校教育で用いられる偏差値はこのことである.

例 8.12. 表の出る確率が θ のコインで, 表が出たら 1 点, 裏が出たら 0 点というゲームの場合,

$$X(1) = 1, X(0) = 0,$$

と定式化されるので, 母数は次のようになる:

$$\mathbb{E}[X] = X(0)(1-\theta) + X(1)\theta = \theta.$$
$$\mathbb{V}[X] = (X(0)-\theta)^2(1-\theta) + (X(1)-\theta)^2\theta = \theta(1-\theta).$$
$$\mathbb{S}[X] = \left(\frac{X(0)-\theta}{\sqrt{\theta(1-\theta)}}\right)^3(1-\theta) + \left(\frac{X(1)-\theta}{\sqrt{\theta(1-\theta)}}\right)^3\theta = \frac{1-2\theta}{\sqrt{\theta(1-\theta)}}.$$

この例が示す通り, θ を調整することで, 歪度 $\mathbb{S}[X]$ は任意の実数にすることができる.

一方, 3 次の標準化絶対モーメントは,

$$|\mathbb{S}[X]| = \left|\mathbb{E}\left[\left(\frac{X - \mathbb{E}[X]}{\sigma[X]}\right)^3\right]\right| \leq \mathbb{E}\left[\left|\frac{X - \mathbb{E}[X]}{\sigma[X]}\right|^3\right] = \kappa_3[X]$$

なので,

$$-\kappa_3[X] \leq \mathbb{S}[X] \leq \kappa_3[X]$$

という関係がある. つまり, 3 次の標準化絶対モーメントは歪みを大きさを上から評価している. しかし, $\kappa_3[X]$ は解釈が難しい母数である. 本書では後で中心極限定理を証明する際に基本的な役割を演ずる.

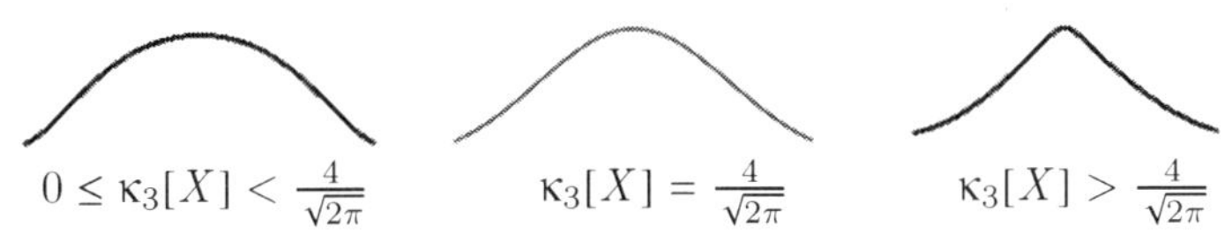

上の例の場合, 3 次の標準化絶対モーメントは次のようになる:

$$\kappa_3[X] = \left|\frac{X(0)-\theta}{\sqrt{\theta(1-\theta)}}\right|^3(1-\theta) + \left|\frac{X(1)-\theta}{\sqrt{\theta(1-\theta)}}\right|^3\theta = \frac{1-2\theta(1-\theta)}{\sqrt{\theta(1-\theta)}}.$$

8.3 順序的な母数 (◯)

順序構造, つまり大小関係に基づいて定義される母数で基本的なものを定義しよう. これは一般の確率空間上に導入することができるが, 本書では有限確率空間に限って導入する.

定義 8.7. $(\Omega; p)$ を有限確率空間とするとき, 実数値確率変数 $X : \Omega \to \mathbb{R}$ に対して,

$$\max[X] := \max\left\{ X(\omega) \in \mathbb{R} \;\middle|\; \omega \in \Omega, p(\omega) > 0 \right\},$$
$$\min[X] := \min\left\{ X(\omega) \in \mathbb{R} \;\middle|\; \omega \in \Omega, p(\omega) > 0 \right\}$$

とおき, $\max[X]$ を X **の最大値**, $\min[X]$ を X **の最小値**と呼ぶ.

例 8.13. 例 2.6 の有限確率空間 $(\Omega; p)$ において, 例 5.3 のデータ X を考える場合, これは量的データではないので, 最大値や最小値は定義されない.

例 8.14. 例 2.6 の有限確率空間 $(\Omega; p)$ において, 例 5.5 の量的データ X を考えると,

$$\max[X] = \max\{X(\text{太郎}), X(\text{一郎}), X(\text{花子})\} = \max\{162, 159, 150\} = 162.$$
$$\min[X] = \min\{X(\text{太郎}), X(\text{一郎}), X(\text{花子})\} = \min\{162, 159, 150\} = 150.$$

単位を付ける場合は, $\max[X] = 162[\text{cm}]$, $\min[X] = 150[\text{cm}]$ である.

例 8.15. 例 2.4 の有限確率空間 $(\Omega; p)$ において, 量的データ $X : \Omega \to \mathbb{R}$ を

$$X(H) := 10, \qquad X(T) := -5, \qquad X(S) := 1000,$$

で定めよう. このとき,

$$\max[X] = \max\{X(H), X(T)\} = \max\{10, -5\} = 10,$$
$$\min[X] = \min\{X(H), X(T)\} = \min\{10, -5\} = -5$$

となる. ここで, $X(S) = 1000$ が無視されていることに注意しよう.

補足 42. 生起確率 0 の根元事象も含めたものを最大値・最小値と呼ぶ場合は, 定義 8.7 のものを**本質的最大値・本質的最小値**と呼んで区別する.

例 8.16. $\Omega = \{1, 2, 3, 4\}$ として一様確率空間 $(\Omega; p)$ を考えて, 集合

$$S := \left\{ \begin{array}{l} \text{大変不満足, 不満足, やや不満足, どちらでもない,} \\ \text{やや満足, 満足, 大変満足} \end{array} \right\}$$

で商品 A,B について満足度調査をしたとしよう. S には

$$\text{大変不満足} < \text{不満足} < \text{やや不満足} < \text{どちらでもない} < \text{やや満足} < \text{満足} < \text{大変満足}$$

として順序構造が入る. さて, 商品 A の満足度調査結果を確率変数 X で

$$X(1) = \text{やや満足}, X(2) = \text{やや満足}, X(3) = \text{やや満足}, X(4) = \text{大変満足}$$

としよう. また, 商品 B の満足度調査結果を確率変数 Y で

$$Y(1) = \text{どちらでもない}, Y(2) = \text{満足}, Y(3) = \text{満足}, Y(4) = \text{満足}$$

としよう. このとき, 次のようになる:

$$\max[X] = \text{大変満足}, \min[X] = \text{やや満足}, \max[Y] = \text{満足}, \min[Y] = \text{どちらでもない}.$$

定義 8.8. 実数値確率変数 $X : \Omega \to \mathbb{R}$ に対して,

$$\mathrm{Range}[X] := \max[X] - \min[X],$$

とおき, $\mathrm{Range}[X]$ を X **の範囲** *(range)* と呼ぶ.

範囲は代数構造 (差) を利用して定義されるので, 純粋な順序母数とは言えない. 本書では, 厳密に順序構造のみに基づいて定義される母数のことを順序母数と呼ぶ. したがって, 範囲は代数構造 (差)'も' 利用しているので純粋な順序母数とは言えない. このような区別は実践的に統計学を利用する際には重要になる. いま, 範囲が順序母数でないことを示すために, 実現値を括弧内にあるように実数値で次のように対応付けよう.

[設定 1] 大変不満足 (1)・不満足 (2)・やや不満足 (3)・どちらでもない (5)・やや満足 (7)・満足 (8)・大変満足 (9)

このとき, $\max[X] = 9, \min[X] = 7, \max[Y] = 8, \min[Y] = 5$ となるので, $\mathrm{Range}[X] = 2$, $\mathrm{Range}[Y] = 3$ となる.

一方, 実現値を括弧内にあるように実数値で次のように対応付けよう.

[設定 2] 大変不満足 (0)・不満足 (2)・やや不満足 (4)・どちらでもない (5)・やや満足 (6)・満足 (8)・大変満足 (10)

このとき, $\max[X] = 10, \min[X] = 6, \max[Y] = 8, \min[Y] = 5$ となるので, $\mathrm{Range}[X] = 4$, $\mathrm{Range}[Y] = 3$ となる.

この例では, [設定 1] と [設定 2] で範囲の大きさが逆転する. これは S 自体が代数構造を持たないために自然な [設定] がなかったからである.

また期待値についても, [設定 1] では $\mathbb{E}[X] = 7.5$, $\mathbb{E}[Y] = 7.25$ であるが, [設定 2] では $\mathbb{E}[X] = 7$, $\mathbb{E}[Y] = 7.25$ となって逆転する.

満足, やや満足といった呼称を数値に置き替えて統計処理をする機会は多いだろうから, 上述のような現象には気をとめておいた方が良い.

9 確率分布と母数

本節では, 9.3 節を除いて, 確率変数の終域は $\mathbb{R}$ とする. 確率変数の母数は, 直接的に計算するだけでなく, その確率分布から計算することもできる. 本節では, 確率分布から母数を計算する方法について解説する.

確率分布の母数には, 分布を代表する**代表値**, 分布の散らばり具合をあらわす**散らばり (散布度)**, 分布の歪み具合をあらわす**歪み**などがある. また, 代数的な母数, 順序的な母数, その他の母数がある. この観点で確率分布の母数を分類すると,

母数	分布を代表する値 (代表値)	散らばり (散布度)	歪み
代数的	平均値 (期待値)	分散・平均偏差・標準偏差	歪度
順序的	中央値	範囲・四分位範囲	四分位歪度
その他	最頻値	半値幅	

となる.

9.1 代数的な母数 (◯)

定義 9.1. 有限確率質量関数 $\varphi : \mathbb{R} \to \mathbb{R}$ に対して,

$$\mathbb{E}(\varphi) := \sum_{x \in \operatorname{supp} \varphi} x\varphi(x),$$

$$\mathbb{V}(\varphi) := \sum_{x \in \operatorname{supp} \varphi} (x - \mathbb{E}(\varphi))^2 \varphi(x),$$

$$\mathbb{S}(\varphi) := \sum_{x \in \operatorname{supp} \varphi} \left(\frac{x - \mathbb{E}(p_X)}{\sigma(p_X)} \right)^3 \varphi(x)$$

とおき, $\mathbb{E}(\varphi)$ を φ **の期待値**, **平均値**, $\mathbb{V}(\varphi)$ を φ **の分散**, $\mathbb{S}(\varphi)$ を φ **の歪度**と呼ぶ.

補足 43. 確率変数の期待値と確率分布の期待値は, 異なる概念だから違う記号であらわすべきなので, 本書では大括弧 $\mathbb{E}[\ ]$ と丸括弧 $\mathbb{E}(\ )$ で区別する. 分散や歪度についても同様.

定理 9.1. $(\Omega; p)$ を有限確率空間とし, $X : \Omega \to \mathbb{R}$ を確率変数とする. f を $\mathbb{R}$ 上の実数値関数とすると, 次が成り立つ:

$$\sum_{\omega\in\Omega} f(X(\omega))p(\omega) = \sum_{x\in\operatorname{supp} p_X} f(x)p_X(x).$$

Proof.

$$\begin{aligned}\sum_{\omega\in\Omega} f(X(\omega))p(\omega) &= \sum_{x\in\operatorname{supp} p_X} \sum_{\substack{\omega\in\Omega\\ X(\omega)=x}} f(X(\omega))p(\omega)\\ &= \sum_{x\in\operatorname{supp} p_X} f(x) \sum_{\substack{\omega\in\Omega\\ X(\omega)=x}} p(\omega) = \sum_{x\in\operatorname{supp} p_X} f(x)p_X(x).\end{aligned}$$

□

命題 9.2. 確率変数 $X : \Omega \to \mathbb{R}$ について, 以下が成り立つ:
(1) $\mathbb{E}[X] = \mathbb{E}(p_X)$. (2) $\mathbb{V}[X] = \mathbb{V}(p_X)$. (3) $\mathbb{S}[X] = \mathbb{S}(p_X)$.

Proof. (1) 定理 9.1 において, $f(x) = x$ とすれば,

$$\begin{aligned}\mathbb{E}[X] &= \sum_{\omega\in\Omega} X(\omega)p(\omega) = \sum_{\omega\in\Omega} f(X(\omega))p(\omega)\\ &= \sum_{x\in\operatorname{supp} p_X} f(x)p_X(x) = \sum_{x\in\operatorname{supp} p_X} xp_X(x) = \mathbb{E}(p_X).\end{aligned}$$

(2) 定理 9.1 において, $f(x) = (x - \mathbb{E}[X])^2 = (x - \mathbb{E}(p_X))^2$ とすれば,

$$\begin{aligned}\mathbb{V}[X] &= \sum_{\omega\in\Omega} (X(\omega) - \mathbb{E}[X])^2 p(\omega) = \sum_{\omega\in\Omega} f(X(\omega))p(\omega)\\ &= \sum_{x\in\operatorname{supp} p_X} f(x)p_X(x) = \sum_{x\in\operatorname{supp} p_X} (x - \mathbb{E}(p_X))^2 p_X(x) = \mathbb{V}(p_X).\end{aligned}$$

(3) 定理 9.1 において, $f(x) = \left(\frac{x-\mathbb{E}[X]}{\sigma[X]}\right)^3 = \left(\frac{x-\mathbb{E}(p_X)}{\sigma(p_X)}\right)^3$ とすれば,

$$\begin{aligned}\mathbb{S}[X] &= \sum_{\omega\in\Omega} \left(\frac{X(\omega) - \mathbb{E}[X]}{\sigma[X]}\right)^3 p(\omega) = \sum_{\omega\in\Omega} f(X(\omega))p(\omega)\\ &= \sum_{x\in\operatorname{supp} p_X} f(x)p_X(x) = \sum_{x\in\operatorname{supp} p_X} \left(\frac{x - \mathbb{E}(p_X)}{\sigma(p_X)}\right)^3 p_X(x) = \mathbb{S}(p_X).\end{aligned}$$

□

9.2 順序的な母数 (◯)

9.2.1 q-分位値 (◯)

順序構造に立脚した母数として, 最大値・最小値以外の母数を導入したい.

定義 9.2. φ を $\mathbb{R}$ 上の有限確率質量関数とし, $\operatorname{supp}\varphi$ の元を小さい方から順に並べて $x_1 < x_2 < \cdots < x_n$ とする. $0 \leq q \leq 1$ に対して,

(1) $\displaystyle\sum_{i=1}^{k-1}\varphi(x_i) < q \leq \sum_{i=1}^{k}\varphi(x_i)$ となる x_k を $\mathrm{Q}_q^-(\varphi)$ とおく.
$q = 0$ のとき $\mathrm{Q}_q^-(\varphi)$ は定義されない.

(2) $\displaystyle\sum_{i=k+1}^{n}\varphi(x_i) < 1 - q \leq \sum_{i=k}^{n}\varphi(x_i)$ となる x_k を $\mathrm{Q}_q^+(\varphi)$ とおく.
$q = 1$ のとき $\mathrm{Q}_q^+(\varphi)$ は定義されない.

命題 9.3. φ を $\mathbb{R}$ 上の有限確率質量関数とするとき,

(1) $q = 0$ のとき, $\mathrm{Q}_q^+(\varphi) = \mathrm{Q}_0^+(\varphi) = x_1$.

(2) $0 < q < 1$ のとき, $\mathrm{Q}_q^-(\varphi) = x_k$ とすれば, $\mathrm{Q}_q^+(\varphi) = x_k, x_{k+1}$.

(3) $q = 1$ のとき, $\mathrm{Q}_q^-(\varphi) = \mathrm{Q}_1^-(\varphi) = x_n$.

Proof. (1)(3) 明らか.

(2) $\displaystyle\sum_{i=1}^{k-1}\varphi(x_i) < q \leq \sum_{i=1}^{k}\varphi(x_i)$ となる k をとれば, $\mathrm{Q}_q^-(\varphi) = x_k$ となる.

$\displaystyle q = \sum_{i=1}^{k}\varphi(x_i)$ となる場合: $\displaystyle\sum_{i=k+2}^{n}\varphi(x_i) < 1 - q \leq \sum_{i=k+1}^{n}\varphi(x_i)$ となるので, $\mathrm{Q}_q^+(\varphi) = x_{k+1}$.

$\displaystyle q < \sum_{i=1}^{k}\varphi(x_i)$ となる場合: $\displaystyle\sum_{i=k+1}^{n}\varphi(x_i) < 1 - q \leq \sum_{i=k}^{n}\varphi(x_i)$ となるので, $\mathrm{Q}_q^+(\varphi) = x_k$. □

9.2.2 最大値・最小値 (◯)

命題 9.4. 有限確率空間 $(\Omega; p)$ 上の実数値確率変数 X に対して,

(1) $\mathrm{Q}_1^-(p_X) = \max[X]$,

(2) $\mathrm{Q}_0^+(p_X) = \min[X]$.

Proof. 実数 $x \in \mathbb{R}$ について,

$$\begin{aligned} p_X(x) > 0 &\Leftrightarrow P(\left\{ \omega \in \Omega \;\middle|\; X(\omega) = x \right\}) > 0 \\ &\Leftrightarrow \exists \omega \in \Omega \text{ s.t. } X(\omega) = x, p(\omega) > 0 \end{aligned}$$

となることに注意する.

(1) いま,

$$\begin{aligned} \max[X] &= \max\left\{ X(\omega) \in \mathbb{R} \;\middle|\; \omega \in \Omega, p(\omega) > 0 \right\} \\ &= \max\left\{ x \in \mathbb{R} \;\middle|\; \exists \omega \in \Omega \text{ s.t. } X(\omega) = x, p(\omega) > 0 \right\} \\ &= \max\left\{ x \in \mathbb{R} \;\middle|\; p_X(x) > 0 \right\} = \max(p_X). \end{aligned}$$

したがって, 主張が成り立つ.

(2) いま,

$$\begin{aligned} \min[X] &= \min\left\{ X(\omega) \in \mathbb{R} \;\middle|\; \omega \in \Omega, p(\omega) > 0 \right\} \\ &= \min\left\{ x \in \mathbb{R} \;\middle|\; \exists \omega \in \Omega \text{ s.t. } X(\omega) = x, p(\omega) > 0 \right\} \\ &= \min\left\{ x \in \mathbb{R} \;\middle|\; p_X(x) > 0 \right\} = \min(p_X). \end{aligned}$$

したがって, 主張が成り立つ. □

9.2.3 中央値 (分布を代表する母数)(○)

定義 9.3. 命題 9.3 の設定において,

$$\mathrm{Q}_q(\varphi) := \frac{1}{2}\mathrm{Q}_q^-(\varphi) + \frac{1}{2}\mathrm{Q}_q^+(\varphi)$$

を φ **の** q **分位値** *(the q-quantile)* と呼ぶ. 特に, $\frac{1}{4}$ 分位値を**第 1 四分位値** *(the first quartile)*, $\frac{1}{2}$ 分位値を**中央値** *(the median)*, $\frac{3}{4}$ 分位値を**第 3 四分位値** *(the third quartile)* と呼ぶ. 本書では, 中央値を $\mathrm{med}(\varphi)$ ともあらわす.

補足 44. $\mathrm{Q}_q^-(\varphi) < \mathrm{Q}_q^+(\varphi)$ の場合, q 分位値 $\mathrm{Q}_q(\varphi)$ の定義に代数構造 (平均) を利用しているので, 純粋な順序母数とは言えない.

命題 9.5. 確率空間 $(\Omega;\mathcal{E},P)$ を一様確率空間とする. いま, $\#\Omega = n$ として, 実現値 $X(\omega)$ $(\omega \in \Omega)$ を小さい順に並べて, $x_{(1)} \leq x_{(2)} \leq \cdots \leq x_{(n)}$ としよう*). このとき,

$$\mathrm{Q}_q^-(\varphi) = x_{(\lceil qn \rceil)}, \quad \mathrm{Q}_q^+(\varphi) = x_{(1+\lfloor qn \rfloor)}, \quad \mathrm{Q}_q(\varphi) = \frac{1}{2}x_{(\lceil qn \rceil)} + \frac{1}{2}x_{(1+\lfloor qn \rfloor)}$$

となる. 特に,

$n = 4k$ のとき,

(1) $\mathrm{Q}_{\frac{1}{4}}(\varphi) = \frac{x_{(k)}+x_{(k+1)}}{2}$,

(2) $\mathrm{Q}_{\frac{1}{2}}(\varphi) = \frac{x_{(2k)}+x_{(2k+1)}}{2}$,

(3) $\mathrm{Q}_{\frac{3}{4}}(\varphi) = \frac{x_{(3k)}+x_{(3k+1)}}{2}$.

$n = 4k+1$ のとき,

(1) $\mathrm{Q}_{\frac{1}{4}}(\varphi) = x_{(k+1)}$,

(2) $\mathrm{Q}_{\frac{1}{2}}(\varphi) = x_{(2k+1)}$,

(3) $\mathrm{Q}_{\frac{3}{4}}(\varphi) = x_{(3k+1)}$.

$n = 4k+2$ のとき,

(1) $\mathrm{Q}_{\frac{1}{4}}(\varphi) = x_{(k+1)}$,

(2) $\mathrm{Q}_{\frac{1}{2}}(\varphi) = \frac{x_{(2k+1)}+x_{(2k+2)}}{2}$,

(3) $\mathrm{Q}_{\frac{3}{4}}(\varphi) = x_{(3k+1)}$.

$n = 4k+3$ のとき,

(1) $\mathrm{Q}_{\frac{1}{4}}(\varphi) = x_{(k+1)}$,

(2) $\mathrm{Q}_{\frac{1}{2}}(\varphi) = x_{(2k+2)}$,

(3) $\mathrm{Q}_{\frac{3}{4}}(\varphi) = x_{(3k+3)}$.

*) 定義 9.2 の並べ方と違うことに注意.

9.2.4 様々な四分位値 (◯)

以下では, 統計的設定にして, 一様確率空間からの確率変数の確率質量関数を考えよう.

さて, 中央値の定義には揺れがないが, 第 1 第 3 四分位値の定義には様々なものが知られており, 厄介なことに互いに同値でない. 本書で挙げた定義は実は確率分布に基づいた四分位値の定義なのだが, これは数ある四分位値の定義の一つに過ぎない. ここでは, 本稿で与えた定義と一般に同値でない四分位値の定義として, 文科省式四分位値 [12] と Tukey 式四分位値 [5] を紹介する. 最小値・第 1 四分位値・中央値・第 3 四分位値・最大値の 5 数を総称して, **五数要約** *(five number summery)* と呼ぶ. Tukey(テューキー)[42)]は五数要約の可視化として箱髭図を導入した人物である [5].

小さい順に並べられた実現値 $x_{(1)} \leq x_{(2)} \leq \cdots \leq x_{(n)}$ について, n が偶数のときは, 文科省式も Tukey 式も次のように定義する.

定義 9.4. $n = 2k$ とする. このとき,

(1) $x_{(1)}, \cdots, x_{(k)}$ の中央値を**第 1 四分位値**

(2) $x_{(k+1)}, \cdots, x_{(2k)}$ の中央値を**第 3 四分位値**

と呼ぶ.

この定義は本書の四分位値の定義と同値である. これに対して, n が奇数の場合は文科省式と Tukey 式で定義が異なる.

定義 9.5. $n = 2k + 1$ とする. このとき,

(1) $x_{(1)}, \cdots, x_{(k)}$ の中央値を**文科省式第 1 四分位値**,
$x_{(1)}, \cdots, x_{(k+1)}$ の中央値を ***Tukey* 式第 1 四分位値**

(2) $x_{(k+2)}, \cdots, x_{(2k+1)}$ の中央値を**文科省式第 3 四分位値**,
$x_{(k+1)}, \cdots, x_{(2k+1)}$ の中央値を ***Tukey* 式第 3 四分位値**

と呼ぶ.

この定義は, 本書の定義とも同値でない.

補足 45. Microsoft の Excel には四分位値の関数 (quartile, quartile.inc, quartile.exc) があるが, これらは上で挙げた 3 種のどれとも異なる.

[42)] John Wilder Tukey. 1915—2000. アメリカ.

ここまで出てきた 3 種の四分位値について, 整理しておこう.

	実現値							$Q_{1/4}$	$Q_{1/2}$	$Q_{3/4}$
本書の定義	10	20	30	40				15	25	35
(確率分布に基づいた定義)···	10	20	30	40	50			20	30	40
	10	20	30	40	50	60		20	35	50
	10	20	30	40	50	60	70	20	40	60

	実現値							$Q_{1/4}$	$Q_{1/2}$	$Q_{3/4}$
	10	20	30	40				15	25	35
文科省式···	10	20	30	40	50			15	30	45
	10	20	30	40	50	60		20	35	50
	10	20	30	40	50	60	70	20	40	60

	実現値							$Q_{1/4}$	$Q_{1/2}$	$Q_{3/4}$
	10	20	30	40				15	25	35
Tukey 式···	10	20	30	40	50			20	30	40
	10	20	30	40	50	60		20	35	50
	10	20	30	40	50	60	70	25	40	55

$n = 4k$ のとき:

	$Q_{1/4}$	$Q_{1/2}$	$Q_{3/4}$
本書	$\frac{x_{(k-1)}+x_{(k)}}{2}$	$\frac{x_{(2k-1)}+x_{(2k)}}{2}$	$\frac{x_{(3k-1)}+x_{(3k)}}{2}$
文科省	$\frac{x_{(k-1)}+x_{(k)}}{2}$	$\frac{x_{(2k-1)}+x_{(2k)}}{2}$	$\frac{x_{(3k-1)}+x_{(3k)}}{2}$
Tukey	$\frac{x_{(k-1)}+x_{(k)}}{2}$	$\frac{x_{(2k-1)}+x_{(2k)}}{2}$	$\frac{x_{(3k-1)}+x_{(3k)}}{2}$

$n = 4k + 2$ のとき:

	$Q_{1/4}$	$Q_{1/2}$	$Q_{3/4}$
本書	$x_{(k+1)}$	$\frac{x_{(2k+1)}+x_{(2k+2)}}{2}$	$x_{(3k+1)}$
文科省	$x_{(k+1)}$	$\frac{x_{(2k+1)}+x_{(2k+2)}}{2}$	$x_{(3k+2)}$
Tukey	$x_{(k+1)}$	$\frac{x_{(2k+1)}+x_{(2k+2)}}{2}$	$x_{(3k+2)}$

$n = 4k + 1$ のとき:

	$Q_{1/4}$	$Q_{1/2}$	$Q_{3/4}$
本書	$x_{(k+1)}$	$x_{(2k+1)}$	$x_{(3k+1)}$
文科省	$\frac{x_{(k)}+x_{(k+1)}}{2}$	$x_{(2k+1)}$	$\frac{x_{(3k+1)}+x_{(3k+2)}}{2}$
Tukey	$x_{(k+1)}$	$x_{(2k+1)}$	$x_{(3k+1)}$

$n = 4k + 3$ のとき:

	$Q_{1/4}$	$Q_{1/2}$	$Q_{3/4}$
本書	$x_{(k+1)}$	$x_{(2k+2)}$	$x_{(3k+3)}$
文科省	$x_{(k+1)}$	$x_{(2k+2)}$	$x_{(3k+3)}$
Tukey	$\frac{x_{(k+1)}+x_{(k+2)}}{2}$	$x_{(2k+2)}$	$\frac{x_{(3k+2)}+x_{(3k+3)}}{2}$

標本サイズが小さい奇数のとき 3 種の差はそこそこ大きいが, 標本サイズが大きくなるとこの差は小さくなるので, 実用上無視する. 箱髭図についても, どの四分位値を基にしているかによって差が生じるが, その差も実用上無視する.

9.2.5 範囲・四分位範囲 (散らばりをあらわす母数)(○)

定義 9.6. 命題 9.3 の設定において, $\mathbb{R}$ 上の有限確率質量関数 φ に対して,

$$\mathrm{Range}(\varphi) := \max(\varphi) - \min(\varphi),$$
$$\mathrm{IQR}\,(\varphi) := \mathrm{Q}_{\frac{3}{4}}(\varphi) - \mathrm{Q}_{\frac{1}{4}}(\varphi)$$

とおき, $\mathrm{Range}(\varphi)$ を φ **の範囲**, $\mathrm{IQR}\,(\varphi)$ を**四分位範囲** *(interquartile range)* と呼ぶ.

補足 46. 四分位範囲は代数構造 (差) を利用して定義するので, 純粋な順序母数とは言えない.

9.2.6 四分位歪度 (歪みをあらわす母数)(○)

定義 9.7. 命題 9.3 の設定において, $\mathbb{R}$ 上の有限確率質量関数 φ に対して,

$$\gamma(\varphi) := \frac{\mathrm{Q}_{\frac{3}{4}}(\varphi) - 2\mathrm{Q}_{\frac{1}{2}}(\varphi) + \mathrm{Q}_{\frac{1}{4}}(\varphi)}{\mathrm{Q}_{\frac{3}{4}}(\varphi) - \mathrm{Q}_{\frac{1}{4}}(\varphi)}$$

とおき, $\gamma(\varphi)$ を**四分位歪度** *(quantile skewness)* と呼ぶ.

9.3 その他の母数 (最頻値)(○)

定義 9.8. $\mathbb{R}$ 上の有限確率質量関数 φ に対して, $\varphi(x)$ が最大となる $x \in \mathbb{R}$ を φ の**最頻値**と呼ぶ.

補足 47. 最頻値は一般に一意に定まらないので, 本書では特別な記号を与えない.

確率変数の終域が $S \neq \mathbb{R}$ の場合, 平均値や中央値は定義されず, 最頻値が唯一の代表値である.

補足 48. 終域が $S = \mathbb{R}$ の場合に確率変数 X を棒グラフであらわす際には,

- 有限確率質量関数 p_X の最頻値
- 有限確率質量関数 p_X の最大値
- 確率変数 X の最大値

で混乱が生じやすいので注意.

補足 49. 終域が $S = \mathbb{R}$ の場合, 3 つの代表値 (平均値, 中央値, 最頻値) には一般に大小関係に関して制約がない. 最頻値が一意に定まるとすれば, 組合せは 13 通りある. 標本サイズ 7 の例で, すべての組み合わせが実現できる:

	実現値	平均値	中央値	最頻値
例 1	−3, −3, −3, −2, 1, 5, 5	0	−2	−3
例 2	−2, −2, −2, −2, 1, 3, 4	0	−2	−2
例 3	−5, −4, −3, −2, −1, −1, 16	0	−2	−1
例 4	−5, −4, −3, −2, 0, 0, 14	0	−2	0
例 5	−5, −4, −3, −2, 4, 5, 5	0	−2	5
例 6	−2, −2, −2, 0, 1, 2, 3	0	0	−2
例 7	−2, −1, 0, 0, 0, 1, 2	0	0	0
例 8	−3, −2, −1, 0, 2, 2, 2	0	0	2
例 9	−5, −5, −4, 2, 3, 4, 5	0	2	−5
例 10	−14, 0, 0, 2, 3, 4, 5	0	2	0
例 11	−16, 1, 1, 2, 3, 4, 5	0	2	1
例 12	−4, −3, −1, 2, 2, 2, 2	0	2	2
例 13	−5, −5, −1, 2, 3, 3, 3	0	2	3

問題 23. 標本サイズ 6 でも全 13 通りの大小関係が実現できる. 作ってみよ.

問題 24. 標本サイズ 5 では全 13 通りの大小関係を実現できない. どのパターンが実現できないのだろうか.

9.4 母数の計算例 (◯)

9.4.1 有限確率質量関数の母数 (◯)

$\mathbb{R}$ 上の代表的な有限確率質量関数の母数を証明抜きで与えておこう.

Bernoulli 分布の有限確率質量関数の母数

$\mathrm{Ber}(\theta)$. ここで, $\theta \in [0,1]$.

$$\varphi = (1-\theta)\chi_{\{0\}} + \theta\chi_{\{1\}}.$$

最も基本的な確率分布.

$$\mathbb{E}(\varphi) = \theta, \qquad \mathbb{V}(\varphi) = \theta(1-\theta), \qquad \mathbb{S}(\varphi) = \frac{1-2\theta}{\sqrt{\theta(1-\theta)}},$$

$$\min(\varphi) = 0, \quad \mathrm{med}(\varphi) = \begin{cases} 1 & \theta > \frac{1}{2} \\ \frac{1}{2} & \theta = \frac{1}{2} \\ 0 & \theta < \frac{1}{2}. \end{cases} \qquad \max(\varphi) = 1,$$

φ の最頻値は$\begin{cases} 1 & \theta > \frac{1}{2} \\ 0,1 & \theta = \frac{1}{2} \\ 0 & \theta < \frac{1}{2}. \end{cases}$

二項分布の有限確率質量関数の母数

$\mathrm{Bin}(N,\theta)$. ここで, $N \in \mathbb{N}(N > 0), \theta \in [0,1]$.

$$\varphi = \sum_{n=0}^{N} \binom{N}{n} \theta^n (1-\theta)^{N-n} \chi_{\{n\}}.$$

確率 θ で起こる事象を N 回繰り返すとき, 事象が起こる回数の分布.

$N = 1$ とすると, Bernoulli 分布になることに注意せよ.

$$\mathbb{E}(\varphi) = N\theta, \qquad \mathbb{V}(\varphi) = N\theta(1-\theta), \qquad \mathbb{S}(\varphi) = \frac{1-2\theta}{\sqrt{N\theta(1-\theta)}},$$

$$\min(\varphi) = 0, \qquad \mathrm{med}(\varphi) = (\text{ほぼ } N\theta), \quad \max(\varphi) = N,$$

φ の最頻値は$\begin{cases} (N+1)\theta - 1, (N+1)\theta & (N+1)\theta \in \mathbb{N} \\ \lfloor (N+1)\theta \rfloor & (N+1)\theta \notin \mathbb{N}. \end{cases}$

二項分布の中央値は簡単な記述が知られていない. $\lfloor N\theta \rfloor$ と $\lceil N\theta \rceil$ の間に入ることは知られているので, 「ほぼ $N\theta$ だ」と思っておけばよい. 最頻値についても, $(N+1)\theta - 1 \leq N\theta \leq (N+1)\theta$ なので, つまり, 二項分布において, 平均値・中央値・最頻値はほぼ等しい.

9.4.2 確率モデル(その3)

確率空間だけでなく確率変数も作る必要がある確率モデルについて考えたい. 例えば,

問題 25. スゴロクでサイコロを 2 個振るとき, コマが進む歩数は平均で何歩か.

この問題では, $\Omega = \{1,2,3,4,5,6\}$ としてサイコロを振る試行をあらわす一様確率空間 $(\Omega; p)$ を考える. サイコロを 2 個振るので, 独立性を仮定すれば, 直積確率空間 $(\Omega^2; p^2)$ を考えることになる. しかし, これだけではモデル化が足りない. コマの進む歩数が考えられていないからだ.

そこで, 確率変数 $X : \Omega^2 \to \mathbb{R}$ を

$$X((\omega_1, \omega_2)) := \omega_1 + \omega_2, \quad ((\omega_1, \omega_2) \in \Omega^2)$$

で定めよう. これは結果 $(\omega_1, \omega_2) \in \Omega^2$ が生起したときの進む歩数を意味する. このとき, コマが進む歩数の平均は確率変数 X の期待値 $\mathbb{E}[X]$ で表現される. あとは定義通り $\mathbb{E}[X]$ を求めればよい. このように, この問題では確率空間 Ω^2 だけでなく確率変数 X まで含めてモデル化するのである.

ところで, この確率変数の確率質量関数は,

$$\begin{aligned} p_X = &\frac{1}{36}\chi_{\{2\}} + \frac{2}{36}\chi_{\{3\}} + \frac{3}{36}\chi_{\{4\}} + \frac{4}{36}\chi_{\{5\}} + \frac{5}{36}\chi_{\{6\}} \\ &+ \frac{6}{36}\chi_{\{7\}} + \frac{5}{36}\chi_{\{8\}} + \frac{4}{36}\chi_{\{9\}} + \frac{3}{36}\chi_{\{10\}} + \frac{2}{36}\chi_{\{11\}} + \frac{1}{36}\chi_{\{12\}} \end{aligned}$$

となる. このとき, 命題 9.2 (1) から, $\mathbb{E}[X] = \mathbb{E}\left(p_X^2\right)$ なので, $\mathbb{E}[X]$ の代わりに $\mathbb{E}\left(p_X^2\right)$ を求めてもよいことになる. いま, 我々は確率空間と確率変数を設定したが, 問題文から直接的に確率質量関数が分かるのであれば, わざわざ確率空間や確率変数を設定する必要はないのである. 例えば, 上の問題をサイコロが 1 個の場合に変更して考えてみよう. この場合, 確率空間や確率変数を設定せずとも確率質量関数が

$$\varphi = \frac{1}{6}\chi_{\{2\}} + \frac{1}{6}\chi_{\{2\}} + \frac{1}{6}\chi_{\{3\}} + \frac{1}{6}\chi_{\{4\}} + \frac{1}{6}\chi_{\{5\}} + \frac{1}{6}\chi_{\{6\}}$$

となることは分かるだろう. したがって, 確率質量関数から直接的に期待値 $\mathbb{E}(\varphi)$ を求めればよいのである.

9.5 確率分布の代数的な母数 (☆)

ここからは一般の確率分布の代数的な母数について議論する.

定義 9.9. μ を可測空間 $(\mathbb{R};\mathcal{B})$ 上の確率分布とする. このとき,

$$\mathbb{E}(\mu) := \int_{\mathbb{R}} x \, \mathrm{d}\mu(x), \qquad \mathrm{AD}(\mu) := \int_{\mathbb{R}} |x - \mathbb{E}(\mu)| \, \mathrm{d}\mu(x),$$

$$\mathbb{V}(\mu) := \int_{\mathbb{R}} (x - \mathbb{E}(\mu))^2 \, \mathrm{d}\mu(x), \qquad \sigma(\mu) := \sqrt{\mathbb{V}(\mu)},$$

$$\mathbb{S}(\mu) := \int_{\mathbb{R}} \left(\frac{x - \mathbb{E}(\mu)}{\sigma(\mu)}\right)^3 \mathrm{d}\mu(x), \qquad \kappa_3(\mu) := \int_{\mathbb{R}} \left|\frac{x - \mathbb{E}(\mu)}{\sigma(\mu)}\right|^3 \mathrm{d}\mu(x)$$

が有限の値を持つとき, $\mathbb{E}(\mu)$ を μ **の期待値**, $\mathrm{AD}(\mu)$ を μ **の平均偏差**, $\mathbb{V}(\mu)$ を μ **の分散**, $\sigma(\mu)$ を μ **の標準偏差**, $\mathbb{S}(\mu)$ を μ **の歪度**, $\kappa_3(\mu)$ を μ **の 3 次の標準化絶対モーメント**と呼ぶ.

これらはいずれも Lebesgue 積分を用いて定義されているが, 離散確率分布の場合は和に, 連続確率分布の場合は広義 Riemann 積分に帰着できることがほとんど[43]なので, 具体的な場合は簡単に計算できる. 次の定理は確率変数 X の母数と X が従う確率分布の母数の関係を与える:

定理 9.6. $(\Omega;\mathcal{E}, P)$ を確率空間とし, $X : \Omega \to \mathbb{R}$ を確率変数とする. f を $\mathbb{R}$ 上の実数値可測とすると, 次が成り立つ:

$$\int_{\Omega} f(X(\omega)) \, \mathrm{d}P(\omega) = \int_{\mathbb{R}} f(x) \, \mathrm{d}P_X(x).$$

一方が Lebesgue 可積分でない場合は他方も Lebesgue 可積分でない.

Proof. f が単関数の場合. $f = a_1\chi_{B_1} + \cdots + a_n\chi_{B_n}$ とあらわすと,

$$\begin{aligned}
\int_{\Omega} f(X(\omega)) \, \mathrm{d}P(\omega) &= \sum_{i=1}^{n} a_i \int_{\Omega} \chi_{B_i}(X(\omega)) \, \mathrm{d}P(\omega) = \sum_{i=1}^{n} a_i \int_{\Omega} \chi_{X^{-1}(B_i)}(\omega) \, \mathrm{d}P(\omega) \\
&= \sum_{i=1}^{n} a_i P(X^{-1}(B_i)) = \sum_{i=1}^{n} a_i P_X(B_i) \\
&= \sum_{i=1}^{n} a_i \int_{\mathbb{R}} \chi_{B_i}(x) \, \mathrm{d}P_X(x) = \int_{\mathbb{R}} f(x) \, \mathrm{d}P_X(x).
\end{aligned}$$

[43] 実際には, 帰着できない場合もある.

f が非負可測関数の場合. f_n を非負単関数の単調増加列で, f に各点収束するものとすると,

$$\begin{aligned}\int_{\Omega} f(X(\omega))\,\mathrm{d}P(\omega) &= \int_{\Omega} \lim_{n\to\infty} f_n(X(\omega))\,\mathrm{d}P(\omega) = \lim_{n\to\infty}\int_{\Omega} f_n(X(\omega))\,\mathrm{d}P(\omega)\\ &= \lim_{n\to\infty}\int_{\mathbb{R}} f_n(x)\,\mathrm{d}P_X(\omega) = \int_{\mathbb{R}} \lim_{n\to\infty} f_n(x)\,\mathrm{d}P_X(\omega)\\ &= \int_{\mathbb{R}} f(x)\,\mathrm{d}P_X(x).\end{aligned}$$

f が実数値可測関数の場合. $f = f_+ - f_-$ とあらわすと,

$$\begin{aligned}\int_{\Omega} f(X(\omega))\,\mathrm{d}P(\omega) &= \int_{\Omega} (f_+(X(\omega)) - f_-(X(\omega)))\,\mathrm{d}P(\omega)\\ &= \int_{\Omega} f_+(X(\omega))\,\mathrm{d}P(\omega) - \int_{\Omega} f_-(X(\omega))\,\mathrm{d}P(\omega)\\ &= \int_{\mathbb{R}} f_+(x)\,\mathrm{d}P_X(\omega) - \int_{\mathbb{R}} f_-(x)\,\mathrm{d}P_X(\omega)\\ &= \int_{\mathbb{R}} (f_+(x) - f_-(x))\,\mathrm{d}P_X(\omega) = \int_{\mathbb{R}} f(x)\,\mathrm{d}P_X(x).\end{aligned}$$

以上より, 主張は示された. □

この定理は, 言わば (広義) Riemann 積分における置換積分法のようなものである[44]. $\omega \in \Omega$ に関する積分を $x = X(\omega)$ という置換により, $x \in \mathbb{R}$ に関する積分に書き換えているのだ. こうして, 確率変数 X の代数的母数と確率変数 X が従う確率分布 P_X の代数的母数が一致することが分かる. したがって, 代数的母数の計算は, 確率変数から直接計算してもよいし, 確率分布から計算してもよいことになる. 計算しやすい都合の良い方を計算すればよいのだ.

9.6 離散確率分布の場合 (☆)

離散確率分布とは可測空間 $(\mathbb{R}; \mathcal{B})$ 上の離散確率測度のことだったので, 次が成り立つことに注意しよう.

---

[44]実際, 詳細は [6] に譲るが, P_X が**絶対連続**と呼ばれる条件を満たす場合は $\int_{\Omega} f(X(\omega))\,\mathrm{d}P(\omega) = \int_{\mathbb{R}} f(x)\frac{\mathrm{d}P_X(x)}{\mathrm{d}x}\,\mathrm{d}x$ となる. ここで, $\frac{\mathrm{d}P_X(x)}{\mathrm{d}x}$ は *Radon-Nikodym* **微分**と呼ばれる Lebesgue 可積分関数で, まさしく, 置換積分法に見える. 実は, この関数 $\frac{\mathrm{d}P_X(x)}{\mathrm{d}x}$ こそ, 確率密度関数の正体だったりする.

命題 9.7. μ を可測空間 $(\mathbb{R};\mathcal{B})$ 上の離散確率分布とし, 確率質量関数を φ とする. このとき, 可測関数が Lebesgue 可積分であることと和 $\sum_{x\in\operatorname{supp}\varphi} f(x)\varphi(x)$ が絶対収束することは同値であり,

$$\int_{\mathbb{R}} f(x)\,\mathrm{d}\mu(x) = \sum_{x\in\operatorname{supp}\varphi} f(x)\varphi(x).$$

以下, 基本的な確率分布について, 証明抜きで母数を与えておこう.

9.6.1 有限な台を持つ離散確率分布の母数 (☆)

Bernoulli 分布　$\mathrm{Ber}(\theta)$. ここで, $\theta\in[0,1]$.

$$\varphi = (1-\theta)\chi_{\{0\}} + \theta\chi_{\{1\}}, \qquad \mu(B) = \sum_{x\in\operatorname{supp}\varphi\cap B}\varphi(x).$$

(確率質量関数)　　(確率分布)

最も基本的な確率分布.

$$\mathbb{E}(\varphi)=\theta, \qquad \mathbb{V}(\varphi)=\theta(1-\theta), \qquad \mathbb{S}(\varphi)=\frac{1-2\theta}{\sqrt{\theta(1-\theta)}},$$

$$\mathrm{AD}(\mu)=2\theta(1-\theta), \qquad \sigma(\mu)=\sqrt{\theta(1-\theta)}, \qquad \kappa_3(\mu)=\frac{1-2\theta(1-\theta)}{\sqrt{\theta(1-\theta)}}.$$

二項分布　$\mathrm{Bin}(N,\theta)$. ここで, $N\in\mathbb{N}(N>0), \theta\in[0,1]$.

$$\varphi = \sum_{n=0}^{N}\binom{N}{n}\theta^n(1-\theta)^{N-n}\chi_{\{n\}}, \qquad \mu(B) = \sum_{x\in\operatorname{supp}\varphi\cap B}\varphi(x).$$

(確率質量関数)　　(確率分布)

例 9.1. $(\{1,0\}^N;\mathcal{E}^N,P^N)$ を例 4.8 の確率空間とし, $X:\{1,0\}^N\to\mathbb{R}$ を例 5.13 の確率変数とする. このとき, $X\sim\mathrm{Bin}(N,\theta)$.

確率 θ で起こる事象を N 回繰り返すとき, 事象が起こる回数の分布.

$$\mathbb{E}(\varphi)=N\theta, \qquad \mathbb{V}(\varphi)=N\theta(1-\theta), \qquad \mathbb{S}(\varphi)=\frac{1-2\theta}{\sqrt{N\theta(1-\theta)}}.$$

二項分布は, $N=1$ とすると Bernoulli 分布になることに注意せよ.

9.6.2 無限な台を持つ離散確率分布の母数 (☆)

幾何分布 Geo(θ). ここで, $\theta \in [0,1]$.

$$\varphi = \sum_{n=0}^{\infty}(1-\theta)^n\theta\chi_{\{n\}}, \qquad \mu(B) = \sum_{x \in \operatorname{supp}\varphi \cap B} \varphi(x).$$

(確率質量関数) (確率分布)

確率 θ で起こる事象を無限に繰り返すとき, はじめて事象が起こるまでに事象が起こらなかった回数の分布.

$$\mathbb{E}(\mu) = \frac{1-\theta}{\theta}, \qquad \mathbb{V}(\mu) = \frac{1-\theta}{\theta^2}, \qquad \mathbb{S}(\mu) = \frac{2-\theta}{\sqrt{1-\theta}}.$$

Poisson 分布 Po(λ). ここで, $\lambda \in (0,\infty)$.

$$\varphi = \sum_{n=0}^{\infty}\frac{e^{-\lambda}\lambda^n}{n!}\chi_{\{n\}}, \qquad \mu(B) = \sum_{x \in \operatorname{supp}\varphi \cap B} \varphi(x).$$

(確率質量関数) (確率分布)

単位時間内に平均で λ 回発生する事象が単位時間内に発生する回数の分布.

$$\mathbb{E}(\mu) = \lambda, \qquad \mathbb{V}(\mu) = \lambda, \qquad \mathbb{S}(\mu) = \frac{1}{\sqrt{\lambda}}.$$

9.7 連続確率分布の場合 (☆)

9.7.1 連続確率分布の母数 (☆)

指数分布　$\mathrm{Exp}(\lambda)$. ここで, $\lambda \in (0, \infty)$.

$$\varphi(x) := \begin{cases} \lambda e^{-\lambda x} & x \geq 0 \\ 0 & x < 0 \end{cases}, \qquad \mu(B) := \int_B \varphi(x)\,\mathrm{d}x.$$

(確率密度関数)　　　　(確率分布)

$$\mathbb{E}(\mu) = \frac{1}{\lambda}, \qquad \mathbb{V}(\mu) = \frac{1}{\lambda^2}, \qquad \mathbb{S}(\mu) = 2,$$

$$\mathrm{AD}(\mu) = \frac{2}{\lambda e}, \qquad \sigma(\mu) = \frac{1}{\lambda}, \qquad \kappa_3(\mu) = \frac{12}{e} - 2.$$

Erlang 分布　$\mathrm{Erl}(N, \lambda)$. ここで, $N \in \mathbb{N}\ (N > 0), \lambda \in (0, \infty)$.

$$\varphi(x) := \begin{cases} \frac{(\lambda x)^{N-1}}{(N-1)!}\lambda e^{-\lambda x} & x \geq 0 \\ 0 & x < 0 \end{cases}, \qquad \mu(B) := \int_B \varphi(x)\,\mathrm{d}x.$$

(確率密度関数)　　　　(確率分布)

$N = 1$ とすると, 指数分布になることに注意せよ.

$$\mathbb{E}(\mu) = \frac{N}{\lambda}, \qquad \mathbb{V}(\mu) = \frac{N}{\lambda^2}, \qquad \mathbb{S}(\mu) = \frac{2}{\sqrt{N}}.$$

正規分布　$\mathrm{N}(m, v)$. ここで, $m \in \mathbb{R}, v \in (0, \infty)$.

$$\varphi(x) := \frac{1}{\sqrt{2\pi v}} \exp\left(-\frac{(x-m)^2}{2v}\right), \qquad \mu(B) := \int_B \varphi(x)\,\mathrm{d}x.$$

(確率密度関数)　　　　(確率分布)

$$\mathbb{E}(\mu) = m, \qquad \mathbb{V}(\mu) = v, \qquad \mathbb{S}(\mu) = 0,$$

$$\mathrm{AD}(\mu) = \sqrt{\frac{2v}{\pi}}, \qquad \sigma(\mu) = \sqrt{v}, \qquad \kappa_3(\mu) = \frac{4}{\sqrt{2\pi}}.$$

第III部 標本

10 2個の確率変数

ここからは複数の確率変数を同時に考える. 本節では, ふたつのデータ(例えば, 身長と体重など)が与えられたとき, 両者の関係性について論ずる.

10.1 同時確率変数

本節では, まずふたつの確率変数 $X:\Omega\to S_1$ と $Y:\Omega\to S_2$ を考える. このとき, 確率変数 $(X,Y):\ \begin{array}{ccc}\Omega & \to & S_1\times S_2\\ \Psi & & \Psi\\ \omega & \mapsto & (X(\omega),Y(\omega))\end{array}$ が定まる. つまり, (X,Y) は終域 $S_1\times S_2$ を持つ(ひとつの)確率変数である. 逆に, ひとつの確率変数 $Z:\Omega\to S_1\times S_2$ が与えられると, その左成分を X, 右成分を Y とすることで, ふたつの確率変数 $X:\Omega\to S_1$ と $Y:\Omega\to S_2$ が得られる. つまり, ふたつの確率変数 $X:\Omega\to S_1$ と $Y:\Omega\to S_2$ を与えることと, ひとつの確率変数 $Z:\Omega\to S_1\times S_2$ を与えることは同じことである. 確率変数 (X,Y) を **X と Y の同時確率変数** *(the joint random variable of X and Y)* と呼ぶ[45]. 逆に, 確率変数 X と Y を **(X,Y) の周辺確率変数** *(the marginal random variables of (X,Y))* と呼ぶ.

算数科第三学年では, 同時確率変数を扱う. 確率変数 X,Y は, 質的データの場合と量的データの場合がある.

例 10.1. 例 5.3 の確率変数を X, 例 5.4 の確率変数を Y とすると, 同時確率変数 (X,Y) が得られる. これは X,Y がともに質的データの場合である.

(表)

ω	太郎	一郎	花子
$X(\omega)$	ハンバーグ	カレーライス	ハンバーグ
$Y(\omega)$	国語	算数	理科
$(X,Y)(\omega)=(X(\omega),Y(\omega))$	(ハンバーグ, 国語)	(カレーライス, 算数)	(ハンバーグ, 理科)

例 10.2. 例 5.3 の確率変数を X, 例 5.6 の確率変数を Y とすると, 同時確率変数 (X,Y) が得られる. これは X が質的データ, Y が量的データの場合である.

(表)

ω	太郎	一郎	花子
$X(\omega)$	ハンバーグ	カレーライス	ハンバーグ
$Y(\omega)$	50	48	45
$(X,Y)(\omega)=(X(\omega),Y(\omega))$	(ハンバーグ,50)	(カレーライス,48)	(ハンバーグ,45)

[45] **結合確率変数**とも呼ぶ. $S_1=S_2=\mathbb{R}$ のときは**確率ベクトル** *(a random vector)* とも呼ぶ.

例 10.3. 例 5.5 の確率変数を X, 例 5.6 の確率変数を Y とすると, 同時確率変数 (X, Y) が得られる. これは X, Y がともに量的データの場合である.

(表)	ω	太郎	一郎	花子
	$X(\omega)$	162	159	150
	$Y(\omega)$	50	48	45
	$(X, Y)(\omega) = (X(\omega), Y(\omega))$	(162,50)	(159,48)	(150,45)

量的データを棒グラフであらわす手法を利用すれば, 例 10.2 や例 10.3 の同時確率変数をグラフであらわすこともできるが, 3 次元的なグラフになるので必ずしも分かりやすくないため, まず利用されない.

10.2 同時度数分布 (◯)

一様確率空間 $(\Omega; \mathcal{E}, P)$ の上にふたつの確率変数 $X : \Omega \to S_1$, $Y : \Omega \to S_2$ が与えられると, 同時確率変数 $(X, Y) : \Omega \to S_1 \times S_2$ が得られる. これは, 一つの始域 Ω から一つの終域 $S_1 \times S_2$ への一つの確率変数なので, 6 節で論じたことは全てそのまま適用される.

算数科第三学年では, 2 元分割表の学習がある. これは, 同時確率変数の度数分布のことである.

定義 10.1. ふたつの確率変数 $X : \Omega \to S_1$, $Y : \Omega \to S_2$ に対して, その同時確率変数 $(X, Y) : \Omega \to S_1 \times S_2$ の度数分布 $N_{(X,Y)} : S_1 \times S_2 \to \mathbb{R}$

$$\begin{aligned} N_{(X,Y)}((x, y)) &= \#\left\{\omega \in \Omega \;\middle|\; (X, Y)(\omega) = (x, y)\right\} \\ &= \#\left\{\omega \in \Omega \;\middle|\; X(\omega) = x,\ Y(\omega) = y\right\} \quad ((x, y) \in S_1 \times S_2) \end{aligned}$$

を X **と** Y **の同時度数分布** *(the joint frequency distribution)* と呼ぶ. また, N_X と N_Y を $N_{(X,Y)}$ **の周辺度数分布** *(the marginal frequency distribution)* と呼ぶ.

例 10.4. 例 10.1 の確率変数の同時度数分布は以下のように表示される:

X \ Y	国語	算数	理科	社会	
ラーメン					0
カレーライス		1			1
ハンバーグ	1		1		2
	1	1	1	0	3

例 10.5. 例 10.2 の確率変数の同時度数分布は以下のように表示される:

X \ Y	45	48	50	
ラーメン				0
カレーライス		1		1
ハンバーグ	1		1	2
	1	1	1	3

2 元分割表は, 同時度数分布と周辺度数分布を合わせて表示する方法である.

例 10.6. 例 10.3 の確率変数の同時度数分布は以下のように表示される:

X \ Y	45	48	50	
150	1			1
159		1		1
162			1	1
	1	1	1	3

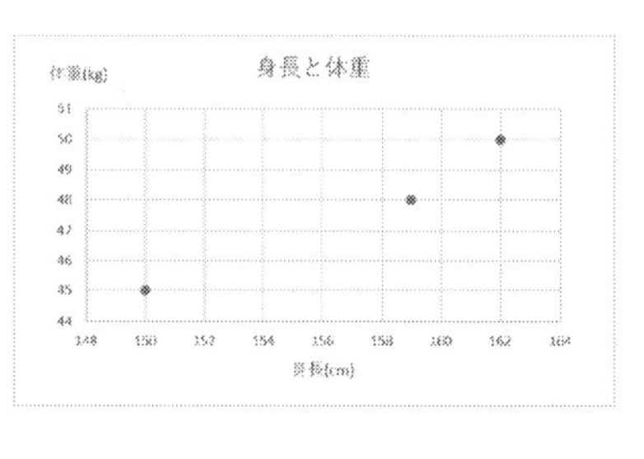

(散布図)

命題 10.1. 同時度数分布とふたつの周辺度数分布は次の関係にある:

$$N_X(x) = \sum_{y \in S_2} N_{(X,Y)}((x,y)), \quad (x \in S_1)$$

$$N_Y(y) = \sum_{x \in S_1} N_{(X,Y)}((x,y)), \quad (y \in S_2).$$

Proof.

$$\begin{aligned}\sum_{y \in S_2} N_{(X,Y)}((x,y)) &= \sum_{y \in S_2} \#\left\{\omega \in \Omega \;\middle|\; X(\omega) = x,\, Y(\omega) = y\right\} \\ &= \#\left\{\omega \in \Omega \;\middle|\; X(\omega) = x\right\} = N_X(x).\end{aligned}$$

$N_Y(y)$ についても同様. □

10.3　同時確率質量関数 (○)

一様確率空間とは限らない有限確率空間 $(\Omega; \mathcal{E}, P)$ の上にふたつの確率変数 $X : \Omega \to S_1$, $Y : \Omega \to S_2$ が与えられたとき, 同時確率変数 $(X, Y) : \Omega \to S_1 \times S_2$ が得られる. これは, 一つの始域 Ω から一つの終域 $S_1 \times S_2$ への一つの確率変数である. 同時確率変数の確率質量関数が同時確率質量関数である.

定義 10.2. ふたつの確率変数 $X : \Omega \to S_1, Y : \Omega \to S_2$ に対して, その同時確率変数 $(X, Y) : \Omega \to S_1 \times S_2$ の有限確率質量関数 $p_{(X,Y)} : S_1 \times S_2 \to \mathbb{R}$

$$\begin{aligned} p_{(X,Y)}((x, y)) &= P\left(\left\{\omega \in \Omega \,\middle|\, (X, Y)(\omega) = (x, y)\right\}\right) \\ &= P\left(\left\{\omega \in \Omega \,\middle|\, X(\omega) = x, Y(\omega) = y\right\}\right) \quad ((x, y) \in S_1 \times S_2) \end{aligned}$$

を X と Y の**同時確率質量関数** *(the joint probability mass function)* と呼ぶ. また, p_X と p_Y を $p_{(X,Y)}$ の**周辺確率質量関数** *(the marginal probability mass functions)* と呼ぶ.

度数分布の場合と同様に証明すれば次を得る:

命題 10.2. 同時確率質量関数とふたつの周辺確率質量関数は次の関係にある:

$$p_X(x) = \sum_{y \in S_2} p_{(X,Y)}((x, y)), \quad (x \in S_1)$$

$$p_Y(y) = \sum_{x \in S_1} p_{(X,Y)}((x, y)), \quad (y \in S_2).$$

10.4 同時確率分布 (☆)

確率空間 $(\Omega; \mathcal{E}, P)$ 上のふたつの確率変数 $X : \Omega \to S_1, Y : \Omega \to S_2$ の同時確率変数から作られる確率分布は $S_1 \times S_2$ 上の確率分布である. 特に, $S_1 = S_2 = \mathbb{R}$ の場合, このような確率分布は 2 次元確率分布と呼ばれる.

定義 10.3. 確率空間 $(\Omega; \mathcal{E}, P)$ 上のふたつの確率変数 $X : \Omega \to S_1$, $Y : \Omega \to S_2$ に対して, その同時確率変数 $(X, Y) : \Omega \to S_1 \times S_2$ の確率分布 $P_{(X,Y)} : \mathcal{S}_1 \times \mathcal{S}_2 \to \mathbb{R}$

$$P_{(X,Y)}(B) = P\left(\left\{\omega \in \Omega \,\middle|\, (X(\omega), Y(\omega)) \in B\right\}\right) \quad (B \in \mathcal{S}_1 \times \mathcal{S}_2)$$

を X と Y の**同時確率分布** *(the joint probability distribution)* と呼ぶ. また, P_X と P_Y を $P_{(X,Y)}$ の**周辺確率分布** *(the marginal distributions)* と呼ぶ.

10.5 2個の確率変数の独立性

10.5.1 有限確率空間の場合 (○)

命題 10.3. $(\Omega; p)$ を有限確率空間, $X : \Omega \to S_1$, $Y : \Omega \to S_2$ を確率変数とすると, 以下は同値:

(1) $\forall B_1 \subseteq S_1, \forall B_2 \subseteq S_2$; $X^{-1}(B_1)$ と $Y^{-1}(B_2)$ は独立である.

(2) $\forall x \in S_1, y \in S_2$; $X^{-1}(x)$ と $Y^{-1}(y)$ は独立である.

Proof. (1) ⇒ (2): $\{x\} \subseteq S_1, \{y\} \subseteq S_2$ から従う.

(2) ⇒ (1): S_1 の任意の事象 B_1 と S_2 の任意の事象 B_2 をとる. また, 像を $B_1' := X(\Omega), B_2' := Y(\Omega)$ とおく. Ω は有限集合だから B_1', B_2' も有限集合である. ゆえに, $B_1 \cap B_1' = \{x_1, \cdots, x_m\}$ ($x_1, \cdots, x_m$ は相異なる), $B_2 \cap B_2' = \{y_1, \cdots, y_n\}$ ($y_1, \cdots, y_n$ は相異なる) とあらわせる. いま,

- $X^{-1}(B_1) = X^{-1}(B_1 \cap B_1')$;
- $Y^{-1}(B_2) = Y^{-1}(B_2 \cap B_2')$;

に注意すれば,

$$P\left(X^{-1}(B_1) \cap Y^{-1}(B_2)\right) = P\left(X^{-1}(\{x_1, \cdots, x_m\}) \cap Y^{-1}(\{y_1, \cdots, y_n\})\right)$$
$$= P\left(\bigcup_{i=1}^{m} X^{-1}(x_i) \cap \bigcup_{j=1}^{n} Y^{-1}(y_j)\right) = P\left(\bigcup_{i=1}^{m}\bigcup_{j=1}^{n} X^{-1}(x_i) \cap Y^{-1}(y_j)\right).$$

ここで, $X^{-1}(x_i) \cap Y^{-1}(y_j)$ 達は互いに素だから,

$$P\left(\bigcup_{i=1}^{m}\bigcup_{j=1}^{n} X^{-1}(x_i) \cap Y^{-1}(y_j)\right) = \sum_{i=1}^{m}\sum_{j=1}^{n} P\left(X^{-1}(x_i) \cap Y^{-1}(y_j)\right)$$
$$= \sum_{i=1}^{m}\sum_{j=1}^{n} P\left(X^{-1}(x_i)\right) P\left(Y^{-1}(y_j)\right) = \sum_{i=1}^{m} P\left(X^{-1}(x_i)\right) \sum_{j=1}^{n} P\left(Y^{-1}(y_j)\right).$$

ここで, $X^{-1}(x_i)$ 達, および, $Y^{-1}(y_j)$ 達はそれぞれ互いに素だから,

$$\sum_{i=1}^{m} P\left(X^{-1}(x_i)\right) \sum_{j=1}^{n} P\left(Y^{-1}(y_j)\right) = P\left(\bigcup_{i=1}^{m} X^{-1}(x_i)\right) P\left(\bigcup_{j=1}^{n} Y^{-1}(y_j)\right)$$
$$= P\left(X^{-1}(\{x_1, \cdots, x_m\})\right) P\left(Y^{-1}(\{y_1, \cdots, y_n\})\right)$$
$$= P\left(X^{-1}(B_1 \cap B_1')\right) P\left(Y^{-1}(B_2 \cap B_2')\right).$$

したがって, $X^{-1}(B_1)$ と $Y^{-1}(B_2)$ は独立である. □

定義 10.4. 有限確率空間 $(\Omega; p)$ 上の確率変数 $X, Y : \Omega \to \mathbb{R}$ が,

- $\forall x, y \in \mathbb{R}$; $X^{-1}(x)$, $Y^{-1}(y)$ は独立である

を満たすとき, **独立である**という.

命題 10.4. $(\Omega; p)$ を有限確率空間とし, 確率変数 $X : \Omega \to S_1$ と確率変数 $Y : \Omega \to S_2$ を考える. このとき, X, Y が独立であれば, 任意の $(x, y) \in S_1 \times S_2$ に対して,

$$p_{(X,Y)}((x, y)) = p_X(x)p_Y(y).$$

Proof. まず,

$$\begin{aligned} p_{(X,Y)}((x, y)) &= P\left(\left\{\omega \in \Omega \;\middle|\; X(\omega) = x \text{ and } Y(\omega) = y\right\}\right) \\ &= P\left(\left\{\omega \in \Omega \;\middle|\; X(\omega) = x\right\} \cap \left\{\omega \in \Omega \;\middle|\; Y(\omega) = y\right\}\right) \\ &= P\left(X^{-1}(x) \cap Y^{-1}(y)\right) \end{aligned}$$

であるが, 確率変数 X と確率変数 Y は独立なので, 事象 $X^{-1}(x)$ と事象 $Y^{-1}(y)$ は独立である. したがって,

$$P\left(X^{-1}(x) \cap Y^{-1}(y)\right) = P\left(X^{-1}(x)\right)P\left(Y^{-1}(y)\right) = p_X(x)p_Y(y).$$

ゆえに, $p_{(X,Y)}((x, y)) = p_X(x)p_Y(y)$. □

10.5.2 一般の確率空間の場合 (☆)

命題 10.5. $(\Omega; p)$ を有限確率空間とし, $(S_1; \mathcal{S}_1)$ と $(S_2; \mathcal{S}_2)$ を可測空間とする. このとき, 確率変数 $X : \Omega \to S_1$ と $Y : \Omega \to S_2$ について, 以下は同値:

(1) $\forall B_1 \subseteq S_1, B_2 \subseteq S_2$; $X^{-1}(B_1)$, $Y^{-1}(B_2)$ は独立である.

(2) $\forall B_1 \in \mathcal{S}_1, B_2 \in \mathcal{S}_2$; $X^{-1}(B_1)$, $Y^{-1}(B_2)$ は独立である.

(3) $\forall x \in S_1, y \in S_2$; $X^{-1}(x)$, $Y^{-1}(y)$ は独立である.

Proof. (1) ⇒ (2): 明らか.
(2) ⇒ (3): $\{x\} \in \mathcal{S}_1, \{y\} \in \mathcal{S}_2$ から従う.
(3) ⇒ (1): 命題 10.3 より. □

定義 10.5. 確率空間 $(\Omega; \mathcal{E}, P)$ 上の確率変数 $X : \Omega \to S_1$, $Y : \Omega \to S_2$ が**独立**であるとは,

$$\forall B_1 \in \mathcal{S}_1, B_2 \in \mathcal{S}_2; X^{-1}(B_1) \text{ と } Y^{-1}(B_2) \text{ は独立である}$$

を満たすことである.

命題 10.6. $(\Omega; \mathcal{E}, P)$ を確率空間とし, 確率変数 $X : \Omega \to S_1$ と確率変数 $Y : \Omega \to S_2$ を考える. このとき, X, Y が独立であれば, 任意の $B_1 \in \mathcal{S}_1, B_2 \in \mathcal{S}_2$ に対して,

$$P_{(X,Y)}(B_1 \times B_2) = P_X(B_1) P_Y(B_2).$$

Proof. まず,

$$\begin{aligned} P_{(X,Y)}(B_1 \times B_2) &= P\left(\left\{\omega \in \Omega \mid X(\omega) \in B_1 \text{ and } Y(\omega) \in B_2\right\}\right) \\ &= P\left(\left\{\omega \in \Omega \mid X(\omega) \in B_1\right\} \cap \left\{\omega \in \Omega \mid Y(\omega) \in B_2\right\}\right) \\ &= P\left(X^{-1}(B_1) \cap Y^{-1}(B_2)\right) \end{aligned}$$

であるが, 確率変数 X と確率変数 Y は独立なので, 事象 $X^{-1}(B_1)$ と事象 $Y^{-1}(B_2)$ は独立である. したがって,

$$P\left(X^{-1}(B_1) \cap Y^{-1}(B_2)\right) = P\left(X^{-1}(B_1)\right) P\left(Y^{-1}(B_2)\right) = P_X(B_1)P_Y(B_2).$$

ゆえに, $P_{(X,Y)}(B_1 \times B_2) = P_X(B_1)P_Y(B_2)$. □

命題 10.7. 確率空間 $(\Omega; \mathcal{E}, P)$ と, 可測空間 $(S_1; \mathcal{S}_1), (S_2; \mathcal{S}_2), (T_1; \mathcal{T}_1), (T_2; \mathcal{T}_2)$ を考える. 確率変数 $X : \Omega \to S_1$ と $Y : \Omega \to S_2$ は独立であるとする. このとき, 確率変数 $f : S_1 \to T_1$ と $g : S_2 \to T_2$ をとると, 確率変数 $f(X) : \Omega \to T_1$ と $g(Y) : \Omega \to T_2$ は独立である.

Proof. $B_1 \in \mathcal{T}_1$ と $B_2 \in \mathcal{T}_2$ を任意にとる. このとき,

$$(f(X))^{-1}(B_1) = X^{-1}(f^{-1}(B_1)), \quad (g(Y))^{-1}(B_2) = Y^{-1}(g^{-1}(B_2))$$

であるが, f, g は可測だから, $f^{-1}(B_1), g^{-1}(B_2)$ は可測. X, Y は独立だから, $X^{-1}(f^{-1}(B_1)), Y^{-1}(g^{-1}(B_2))$ は独立. ゆえに, $f(X), g(Y)$ は独立. □

補足 50. 独立な情報から得られた情報は独立であるということ.

10.6　確率変数のコピー

独立な確率変数は, 典型的にはコピーによって得られる. 本節では, 確率空間 $(\Omega_1;\mathcal{E}_1,P_1)$, $(\Omega_2;\mathcal{E}_2,P_2)$ と終域 S を持つ確率変数 $X:\Omega_1\to S$, $Y:\Omega_2\to S$ を考える.

定義 10.6. 直積確率空間 $(\Omega_1\times\Omega_2;\mathcal{E}_1\times\mathcal{E}_2,P_1\times P_2)$ 上の確率変数 $X_{(1)}$, $Y_{(2)}$ を

$$
\begin{array}{ccccccccc}
X_{(1)}: & \Omega_1\times\Omega_2 & \to & S & , & Y_{(2)}: & \Omega_1\times\Omega_2 & \to & S \\
& \Uparrow & & \Uparrow & & & \Uparrow & & \Uparrow \\
& (\omega_1,\omega_2) & \mapsto & X(\omega_1) & & & (\omega_1,\omega_2) & \mapsto & Y(\omega_2)
\end{array}
$$

で定める. このとき, $X_{(1)}$ を X **のコピー**, $Y_{(2)}$ を Y **のコピー**と呼ぶ.

例えば Ω^2 は ‘1 枚のコインを 2 回投げる試行’ などをあらわす. 確率変数 $X:\Omega\to S$ を $X_{(1)},X_{(2)}$ にコピーすることで, $X_{(1)}$ は 1 回目に投げた結果を, $X_{(2)}$ は 2 回目に投げた結果をあらわすことになる.

10.6.1　有限確率空間の場合 (○)

命題 10.8. 有限確率空間 $(\Omega_1;p_1)$, $(\Omega_2;p_2)$ と確率変数 $X:\Omega_1\to S$, $Y:\Omega_2\to S$ を考える. このとき, コピー $X_{(1)},Y_{(2)}:\Omega_1\times\Omega_2\to S$ は独立である.

Proof. $x,y\in S$ を任意にとる. このとき,

$$
\begin{aligned}
&(P_1\times P_2)\Big(X_{(1)}^{-1}(x)\Big)(P_1\times P_2)\Big(Y_{(2)}^{-1}(y)\Big)\\
&=(P_1\times P_2)\Big(X^{-1}(x)\times\Omega\Big)(P_1\times P_2)\Big(\Omega\times Y^{-1}(y)\Big)\\
&=P_1\Big(X^{-1}(x)\Big)P_2\Big(Y^{-1}(y)\Big)=(P_1\times P_2)\Big(X^{-1}(x)\times Y^{-1}(y)\Big)\\
&=(P_1\times P_2)\Big(X_{(1)}^{-1}(x)\cap Y_{(2)}^{-1}(y)\Big).
\end{aligned}
$$

したがって, $X_{(1)}$, $Y_{(2)}$ は独立である. □

命題 10.9. $X_{(1)}$ は X と, $Y_{(2)}$ は Y と同じ確率質量関数を持つ.

Proof.

$$(p_1 \times p_2)_{X_{(1)}}(x) = (P_1 \times P_2)(X_{(1)}^{-1}(x)) = (P_1 \times P_2)(X^{-1}(x) \times \Omega)$$
$$= P_1(X^{-1}(x)) - (p_1)_X(x).$$
$$(p_1 \times p_2)_{X_{(2)}}(x) = (P_1 \times P_2)(X_{(2)}^{-1}(x)) = (P_1 \times P_2)(\Omega \times X^{-1}(x))$$
$$= P_2(X^{-1}(x)) = (p_2)_X(x).$$

ゆえに, $(p_1 \times p_2)_{X_{(1)}} = (p_1)_X, (p_1 \times p_2)_{Y_{(2)}} = (p_2)_Y$. □

10.6.2 一般の確率空間の場合 (☆)

終域は可測空間 $(S; \mathcal{S})$ であるとする.

命題 10.10. コピー $X_{(1)}, Y_{(2)} : \Omega_1 \times \Omega_2 \to S$ は独立である.

Proof. $B_1, B_2 \in \mathcal{S}$ を任意にとる. このとき,

$$(P_1 \times P_2)\left(X_{(1)}^{-1}(B_1)\right)(P_1 \times P_2)\left(Y_{(2)}^{-1}(B_2)\right)$$
$$= (P_1 \times P_2)\left(X^{-1}(B_1) \times \Omega\right)(P_1 \times P_2)\left(\Omega \times Y^{-1}(B_2)\right)$$
$$= P_1\left(X^{-1}(B_1)\right) P_2\left(Y^{-1}(B_2)\right)$$
$$= (P_1 \times P_2)\left(X^{-1}(B_1) \times X^{-1}(B_2)\right)$$
$$= (P_1 \times P_2)\left(\left(X^{-1}(B_1) \times \Omega\right) \cap \left(\Omega \times Y^{-1}(B_2)\right)\right)$$
$$= (P_1 \times P_2)\left(X_{(1)}^{-1}(B_1) \cap Y_{(2)}^{-1}(B_2)\right).$$

したがって, $X_{(1)}, Y_{(2)}$ は独立である. □

命題 10.11. $X_{(1)}$ は X と, $Y_{(2)}$ は Y と同じ確率分布を持つ.

Proof. 任意に $B \in \mathcal{S}$ をとると,

$$(P_1 \times P_2)_{X_{(1)}}(B) = (P_1 \times P_2)(X_{(1)}^{-1}(B)) = (P_1 \times P_2)(X^{-1}(B) \times \Omega)$$
$$= P_1(X^{-1}(B)) = (P_1)_X(B).$$
$$(P_1 \times P_2)_{Y_{(2)}}(B) = (P_1 \times P_2)(Y_{(2)}^{-1}(B)) = (P_1 \times P_2)(\Omega \times Y^{-1}(B))$$
$$= P_2(Y^{-1}(B)) = (P_2)_Y(B).$$

ゆえに, $(P_1 \times P_2)_{X_{(1)}} = (P_1)_X, (P_1 \times P_2)_{Y_{(2)}} = (P_2)_Y$. □

そもそもは別の確率空間上で定義された確率変数も, このようにコピーをとることで, 同一の確率空間 (直積確率空間) 上で考えることができるようになる.

補足 51. 進んだ確率論では, 確率変数の定義域の確率空間は, このようにコピーによって適宜変更される. それゆえ, 定義域を表立って用いないこともしばしばある. 重要なのは確率分布の方だからとも言えるかもしれない.

特に, $(\Omega_1;\mathcal{E}_1,P_1)=(\Omega_2;\mathcal{E}_2,P_2)$ で, $X=Y$ を考える. この場合, コピーの定義を改めて書くと,

定義 10.7 (再掲). 自乗確率空間 $(\Omega^2;\mathcal{E}^2,P^2)$ 上の確率変数 $X_{(1)},X_{(2)}$ を

$$X_{(1)}:\begin{array}{ccc}\Omega^2 & \to & S\\ \Psi & & \Psi\\ (\omega_1,\omega_2) & \mapsto & X(\omega_1)\end{array},\quad X_{(2)}:\begin{array}{ccc}\Omega^2 & \to & S\\ \Psi & & \Psi\\ (\omega_1,\omega_2) & \mapsto & X(\omega_2)\end{array}$$

で定める. このとき, $X_{(1)},X_{(2)}$ を X **のコピー**と呼ぶ.

また, すでに示した通り, 次の命題が成り立つ:

命題 10.12. X のコピー $X_{(1)},X_{(2)}:\Omega^2\to S$ は独立である.

命題 10.13. $X_{(1)},X_{(2)}$ は X と同じ分布を持つ.

Ω^2 は '1 枚のコインを 2 回投げる試行' などを例えばあらわす. 確率変数 $X:\Omega\to S$ を $X_{(1)}:\Omega^2\to S, X_{(2)}:\Omega^2\to S$ にコピーすることで, $X_{(1)}$ は 1 回目に投げた実現値を, $X_{(2)}$ は 2 回目に投げた実現値をあらわすことになる. 上の命題は, 1 回目に投げた実現値と 2 回目に投げた実現値は独立であると主張している.

補足 52. X と X は一般に独立でないが, $X_{(1)}$ と $X_{(2)}$ は独立になることに注意する.

10.7 同時確率変数の母数

X,Y が実数値確率変数のとき, X と Y の関係性 (の一端) をあらわす代数的母数に**共分散**と**相関係数**がある.

10.7.1 共分散

定義 10.8. 確率変数 $X, Y : \Omega \to \mathbb{R}$ がそれぞれ, 期待値 $\mathbb{E}[X] = m_X$, $\mathbb{E}[Y] = m_Y$ を持つとき,

$$\mathbb{C}\mathrm{ov}[X, Y] := \mathbb{E}[(X - m_X)(Y - m_Y)]$$

とおき, これを X **と** Y **の共分散**と呼ぶ.

命題 10.14. $X, Y : \Omega \to \mathbb{R}$ を分散を持つ確率変数とすると, 分散や共分散について, 以下が成り立つ:

(1) $\mathbb{C}\mathrm{ov}[X, Y] = \mathbb{E}[XY] - \mathbb{E}[X]\mathbb{E}[Y]$.

(2) $\mathbb{V}[X + Y] = \mathbb{V}[X] + 2\,\mathbb{C}\mathrm{ov}[X, Y] + \mathbb{V}[Y]$.

(3) $\mathbb{V}[X] = \mathbb{C}\mathrm{ov}[X, X]$.

(4) $\mathbb{C}\mathrm{ov}[X, Y + Z] = \mathbb{C}\mathrm{ov}[X, Y] + \mathbb{C}\mathrm{ov}[X, Z]$.

(5) $\mathbb{C}\mathrm{ov}[X, aY] = a\,\mathbb{C}\mathrm{ov}[X, Y]$.

(6) $\mathbb{C}\mathrm{ov}[X, Y] = \mathbb{C}\mathrm{ov}[Y, X]$.

(7) $\mathbb{C}\mathrm{ov}[X, Y]^2 \leq \mathbb{V}[X]\mathbb{V}[Y]$.

(8) (7) の等号成立条件は, ほとんど確実に点 $(X(\omega), Y(\omega))$ が一直線上にあることである. $\mathbb{C}\mathrm{ov}[X, Y] > 0$ のときは (X, Y) 平面上右肩上がりになり, $\mathbb{C}\mathrm{ov}[X, Y] < 0$ のときは (X, Y) 平面上右肩下がりになる.

Proof. (1)

$$\begin{aligned}
\mathbb{C}\mathrm{ov}[X, Y] &= \mathbb{E}[(X - m_X)(Y - m_Y)] \\
&= \mathbb{E}[XY - m_X Y - m_Y X + m_X m_Y] \\
&= \mathbb{E}[XY] - m_X\,\mathbb{E}[Y] - m_Y\,\mathbb{E}[X] + m_X m_Y\,\mathbb{E}[1] \\
&= \mathbb{E}[XY] - \mathbb{E}[X]\mathbb{E}[Y].
\end{aligned}$$

(2)(3)(4)(5)(6) は明らか.
(7) $f(t) := \mathbb{V}[tX + Y]$ とおけば,

$$f(t) = \mathbb{V}[X]t^2 + 2\,\mathbb{C}\mathrm{ov}[X, Y]t + \mathbb{V}[Y]$$

となる.

$\mathbb{V}[X]=0$ の場合: このとき, 命題 8.2 (6) より, $X(\omega)=\mathbb{E}[X]$ (a.s.). したがって, 共分散の定義に戻れば, $\mathbb{C}\mathrm{ov}[X,Y]=0$. ゆえに, 主張の不等式は自明である.

$\mathbb{V}[X]>0$ の場合: 平方完成して,

$$\begin{aligned} f(t) &= \mathbb{V}[X]t^2+2\,\mathbb{C}\mathrm{ov}[X,Y]t+\mathbb{V}[Y] \\ &= \mathbb{V}[X]\left(t+\frac{\mathbb{C}\mathrm{ov}[X,Y]}{\mathbb{V}[X]}\right)^2+\frac{\mathbb{V}[X]\mathbb{V}[Y]-\mathbb{C}\mathrm{ov}[X,Y]^2}{\mathbb{V}[X]}. \end{aligned}$$

特に, $t=-\dfrac{\mathbb{C}\mathrm{ov}[X,Y]}{\mathbb{V}[X]}$ とすれば,

$$0\le f\left(-\frac{\mathbb{C}\mathrm{ov}[X,Y]}{\mathbb{V}[X]}\right)=\frac{\mathbb{V}[X]\mathbb{V}[Y]-\mathbb{C}\mathrm{ov}[X,Y]^2}{\mathbb{V}[X]}.$$

ゆえに, $\mathbb{C}\mathrm{ov}[X,Y]^2\le\mathbb{V}[X]\mathbb{V}[Y]$.

(8) $\mathbb{C}\mathrm{ov}[X,Y]^2=\mathbb{V}[X]\mathbb{V}[Y]$ と仮定する.

$\mathbb{V}[X]=0$ の場合: このとき, 命題 8.2 (6) より, $X(\omega)=\mathbb{E}[X]$ (a.s.). したがって, ほとんど確実に点 $(X(\omega),Y(\omega))$ が (xy 平面上の) 直線 $x=\mathbb{E}[X]$ 上に乗る.

$\mathbb{V}[X]>0$ の場合: $0=f\left(-\dfrac{\mathbb{C}\mathrm{ov}[X,Y]}{\mathbb{V}[X]}\right)=\mathbb{V}\left[-\dfrac{\mathbb{C}\mathrm{ov}[X,Y]}{\mathbb{V}[X]}X+Y\right]$ となるから, 命題 8.2 (6) より,

$$\left(-\frac{\mathbb{C}\mathrm{ov}[X,Y]}{\mathbb{V}[X]}X+Y\right)(\omega)=\mathbb{E}\left[-\frac{\mathbb{C}\mathrm{ov}[X,Y]}{\mathbb{V}[X]}X+Y\right]\ \text{(a.s.)}.$$

ゆえに,

$$-\frac{\mathbb{C}\mathrm{ov}[X,Y]}{\mathbb{V}[X]}X(\omega)+Y(\omega)=-\frac{\mathbb{C}\mathrm{ov}[X,Y]}{\mathbb{V}[X]}\mathbb{E}[X]+\mathbb{E}[Y]\ \text{(a.s.)}.$$

ゆえに, $Y(\omega)-\mathbb{E}[Y]=\frac{\mathbb{C}\mathrm{ov}[X,Y]}{\mathbb{V}[X]}(X(\omega)-\mathbb{E}[X])$ (a.e.). したがって, ほとんど確実に点 $(X(\omega),Y(\omega))$ が (xy 平面上の) 直線

$$y-\mathbb{E}[Y]=\frac{\mathbb{C}\mathrm{ov}[X,Y]}{\mathbb{V}[X]}(x-\mathbb{E}[X])$$

上に乗る. □

10.7.2 相関係数

定義 10.9. X, Y をそれぞれ, $0 < \mathbb{V}[X] < \infty, 0 < \mathbb{V}[Y] < \infty$ となる確率変数とする. このとき, $\rho_{X,Y} := \dfrac{\mathbb{C}\mathrm{ov}[X, Y]}{\sqrt{\mathbb{V}[X]}\sqrt{\mathbb{V}[Y]}}$ とおき, これを**相関係数**と呼ぶ. ここで,

- $\rho_{X,Y} > 0$ のとき, X **と** Y **は正の相関を持つ**
- $\rho_{X,Y} = 0$ のとき, X **と** Y **は無相関である**
- $\rho_{X,Y} < 0$ のとき, X **と** Y **は負の相関を持つ**

という.

命題 10.14 (7) より次が従う:

命題 10.15. X, Y を正の分散を持つ実数値確率変数とする. このとき, 相関係数について $-1 \leq \rho_{X,Y} \leq 1$ が成り立つ.

例 10.7. 例えば, $\#\Omega = 20$ の一様確率空間 $(\Omega; p)$ 上の確率変数 X, Y, Z

$X(\omega)$	25	24	20	15	7	0	−7	−15	−20	−24	−25	−24	−20	−15	−7	0	7	15	20	24
$Y(\omega)$	0	7	15	20	24	25	24	20	15	7	0	−7	−15	−20	−24	−25	−24	−20	−15	−7
$Z(\omega)$	−15	−7	0	7	15	20	24	25	24	20	15	7	0	−7	−15	−20	−24	−25	−24	−20

を考えてみよう.

X, Y は無相関である: $\rho_{X,Y} = 0$.

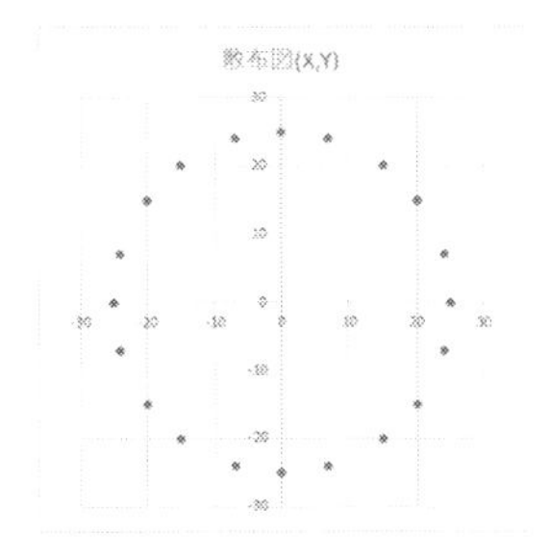

X, Z は負の相関を持つ: $\rho_{X,Z} \sim -0.58752 < 0$.

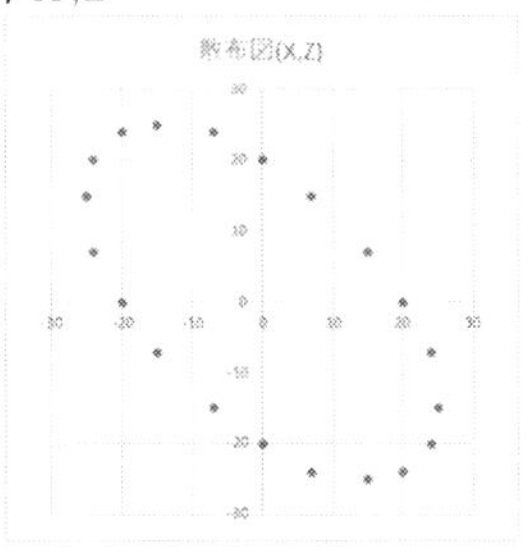

Y, Z は正の相関を持つ: $\rho_{Y,Z} \sim 0.80864 > 0$.

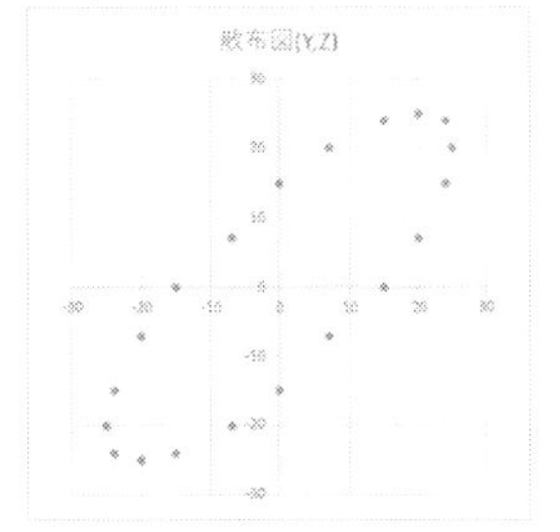

上の例で X と Y は無相関である ($\rho_{X,Y} = 0$). しかし, 無相関というのは, 無関係をまったく意味しない. 共分散は, 命題 10.14 にあるように, 直線的な関係性がどれくらい強いかを測る母数である. X と Y は明らかに円形の関係性が見え, 無関係でない.

10.8 独立性と無相関性

命題 10.16. $(\Omega; \mathcal{E}; P)$ を確率空間とし, $X, Y : \Omega \to \mathbb{R}$ を有限個の実数値をとる確率変数とする. このとき, X, Y が独立であれば, $\mathbb{E}[XY] = \mathbb{E}[X]\mathbb{E}[Y]$ である.

Proof. X, Y は有限個の値しかとらないので, それぞれ,

$$X = \sum_{k=1}^{m} a_k \chi_{E_k} \ (a_k \neq a_{k'}(k \neq k')), \quad Y = \sum_{l=1}^{n} b_l \chi_{F_l} \ (b_l \neq b_{l'}(l \neq l'))$$

とあらわせる. このとき,

$$X^{-1}(\{a_k\}) = E_k,\ Y^{-1}(\{b_l\}) = F_l$$

となる. したがって, E_k, F_l は独立である. ゆえに,

$$\begin{aligned}
\mathbb{E}[XY] &= \mathbb{E}\left[\sum_{k=1}^{m} a_k \chi_{E_k} \sum_{l=1}^{n} b_l \chi_{F_l}\right] = \sum_{k=1}^{m} a_k \sum_{l=1}^{n} b_l \,\mathbb{E}\left[\chi_{E_k}\chi_{F_l}\right] \\
&= \sum_{k=1}^{m} a_k \sum_{l=1}^{n} b_l \,\mathbb{E}\left[\chi_{E_k \cap F_l}\right] = \sum_{k=1}^{m} a_k \sum_{l=1}^{n} b_l P(E_k \cap F_l) \\
&= \sum_{k=1}^{m} a_k \sum_{l=1}^{n} b_l P(E_k)P(F_l) = \sum_{k=1}^{m} a_k \sum_{l=1}^{n} b_l \,\mathbb{E}\left[\chi_{E_k}\right]\mathbb{E}\left[\chi_{F_l}\right] \\
&= \sum_{k=1}^{m} a_k \,\mathbb{E}\left[\chi_{E_k}\right] \sum_{l=1}^{n} b_l \,\mathbb{E}\left[\chi_{F_l}\right] = \mathbb{E}[X]\mathbb{E}[Y].
\end{aligned}$$

□

10.8.1 有限確率空間の場合 (○)

命題 10.17. $(\Omega; p)$ を有限確率空間とし, $X, Y : \Omega \to \mathbb{R}$ を確率変数とする. このとき, X, Y が独立であれば, X, Y は無相関である.

Proof. Ω は有限集合なので, X, Y は有限個の値しかとらない. したがって, 命題 10.16 から従う. □

補足 53. 逆は成り立たない. 実際, 例 10.7 の確率変数 X, Y は, 無相関であるが独立でない. 独立性は無相関性より遥かに強い.

10.8.2 一般の確率空間の場合 (☆)

命題 10.18. $(\Omega; \mathcal{E}, P)$ を確率空間とし, $X, Y : \Omega \to \mathbb{R}$ をそれぞれ期待値 $\mathbb{E}[X] = m_X$, $\mathbb{E}[Y] = m_Y$ を持つ実数値確率変数とする. このとき, X, Y が独立であれば, 積 XY は期待値 $\mathbb{E}[XY] = m_X m_Y$ を持ち, X, Y は無相関 ($\mathbb{C}\mathrm{ov}[X, Y] = 0$) である.

Proof. (step 1) X, Y を独立な単関数とする. このとき, X, Y は有限個の値しかとらないので, 命題 10.16 より,

$$\mathbb{E}[XY] = \mathbb{E}[X]\mathbb{E}[Y].$$

(step 2) X, Y を独立な非負 Lebesgue 可積分関数とする. X_n, Y_n をそれぞれ (7.1) で構成した非負単関数の単調増加な列とする. このとき, X_n, Y_n はそれぞれ X, Y に各点収束するものとする. また, 命題 10.7 から X_n と Y_n は独立である. したがって,

$$\begin{aligned}
\mathbb{E}[XY] &= \mathbb{E}\left[\lim_{n\to\infty} X_n Y_n\right] \\
&= \lim_{n\to\infty} \mathbb{E}[X_n Y_n] && \text{(Lebesgue の収束定理より)} \\
&= \lim_{n\to\infty} \mathbb{E}[X_n]\mathbb{E}[Y_n] && \text{((step 1) より)} \\
&= \mathbb{E}\left[\lim_{n\to\infty} X_n\right]\mathbb{E}\left[\lim_{n\to\infty} Y_n\right] && \text{(Lebesgue の収束定理より)} \\
&= \mathbb{E}[X]\mathbb{E}[Y].
\end{aligned}$$

(step 3) X, Y を独立な Lebesgue 可積分関数とする. X_+, X_-, Y_+, Y_- をそれぞれ補題 7.6 で構成した非負 Lebesgue 可積分関数とする. このとき, $X = X_+ - X_-$, $Y = Y_+ - Y_-$ となる. また, 補題 10.7 から, X_+, Y_+ と X_+, Y_- と X_-, Y_+ と X_-, Y_- は独立である. したがって,

$$\begin{aligned}
\mathbb{E}[XY] &= \mathbb{E}[X_+Y_+ + X_-Y_- - X_+Y_- - X_-Y_+] \\
&= \mathbb{E}[X_+Y_+] + \mathbb{E}[X_-Y_-] - \mathbb{E}[X_+Y_-] - \mathbb{E}[X_-Y_+] \\
&= \mathbb{E}[X_+]\mathbb{E}[Y_+] + \mathbb{E}[X_-]\mathbb{E}[Y_-] - \mathbb{E}[X_+]\mathbb{E}[Y_-] - \mathbb{E}[X_-]\mathbb{E}[Y_+] \\
&= (\mathbb{E}[X_+] - \mathbb{E}[X_-])(\mathbb{E}[Y_+] - \mathbb{E}[Y_-]) \\
&= \mathbb{E}[X]\mathbb{E}[Y].
\end{aligned}$$

□

補足 54. X, Y が独立でない場合, X, Y がともに期待値を持っているとしても, 積 XY が期待値を持つとは限らない.

11 有限個の確率変数

11.1 有限個の同時確率変数

ここからは, 確率変数の終域はすべて実数直線 $\mathbb{R}$ であることにしよう. 本節では, N 個の確率変数 $X_i : \Omega \to \mathbb{R}$ $(i = 1, \cdots, N)$ を考える. このとき, 確率変数

$$(X_1, \cdots, X_N) : \begin{array}{ccc} \Omega & \to & \mathbb{R}^N \\ \Psi & & \Psi \\ \omega & \mapsto & (X_1(\omega), \cdots, X_N(\omega)) \end{array}$$

が定まる. つまり, $(X_1, \cdots, X_N)$ は終域 $\mathbb{R}^N$ を持つ (ひとつの) 確率変数である. 逆に, ひとつの確率変数 $Z : \Omega \to \mathbb{R}^N$ が与えられると, その第 i 成分を X_i とすることで $(i = 1, 2, \cdots, N)$, つまり,

$$Z(\omega) = (X_1(\omega), \cdots, X_N(\omega))$$

によって, N 個の確率変数 $X_i : \Omega \to \mathbb{R}$ が得られる. つまり, N 個の確率変数 $X_i : \Omega \to \mathbb{R}$ $(i = 1, \cdots, N)$ を与えることと, ひとつの確率変数 $Z : \Omega \to \mathbb{R}^N$ を与えることは同じことである. 確率変数 $(X_1, \cdots, X_N)$ を $X_1, \cdots, X_N$ **の同時確率変数** *(the joint random variable of* $X_1, \cdots, X_N$*)* と呼ぶ. 逆に, 確率変数 $X_1, \cdots, X_N$ を $(X_1, \cdots, X_N)$ **の周辺確率変数** *(the marginal random variables of* $(X_1, \cdots, X_N)$*)* と呼ぶ.

例 11.1. 例 4.3 の確率空間と事象 A, B, C について,

$$X(\omega) := \begin{cases} 1 & \omega \in A \\ 0 & \omega \notin A, \end{cases} \quad Y(\omega) := \begin{cases} 1 & \omega \in B \\ 0 & \omega \notin B, \end{cases} \quad Z(\omega) := \begin{cases} 1 & \omega \in C \\ 0 & \omega \notin C \end{cases}$$

とおくと, 同時確率変数 $(X, Y, Z) : \Omega \to \mathbb{R}^3$ は次のようになる:

$$(X, Y, Z)(0) = (0, 0, 0),$$

$$(X, Y, Z)(3) = (1, 1, 0), \quad (X, Y, Z)(5) = (1, 0, 1), \quad (X, Y, Z)(6) = (0, 1, 1).$$

例 11.2. 例 4.4 の確率空間と事象 A, B, C について,

$$X(\omega) := \begin{cases} 1 & \omega \in A \\ 0 & \omega \notin A, \end{cases} \quad Y(\omega) := \begin{cases} 1 & \omega \in B \\ 0 & \omega \notin B, \end{cases} \quad Z(\omega) := \begin{cases} 1 & \omega \in C \\ 0 & \omega \notin C \end{cases}$$

とおくと, 同時確率変数 $(X, Y, Z) : \Omega \to \mathbb{R}^3$ は次のようになる:

$$(X, Y, Z)(0) = (0, 0, 0), \qquad (X, Y, Z)(7) = (1, 1, 1),$$

$$(X, Y, Z)(1) = (1, 0, 0), \quad (X, Y, Z)(2) = (0, 1, 0), \quad (X, Y, Z)(4) = (0, 0, 1).$$

11.2 有限個の同時確率質量関数 (◯)

同時確率変数から作られる確率質量関数は $\mathbb{R}^N$ 上の確率分布であり, このような確率分布は N 次元確率質量関数と呼ばれる.

定義 11.1. N 個の確率変数 $X_1, \cdots, X_N : \Omega \to \mathbb{R}$ に対して, その同時確率変数 $(X_1, \cdots, X_N) : \Omega \to \mathbb{R}^N$ の有限確率質量関数 $p_{(X_1, \cdots, X_N)} : \mathbb{R}^N \to \mathbb{R}$ を $X_1, \cdots, X_N$ **の同時確率質量関数** *(the joint probability mass function)* と呼ぶ:

$$p_{(X_1, \cdots, X_N)}((x_1, \cdots, x_N)) = P\left(\left\{\omega \in \Omega \;\middle|\; X_1(\omega) = x_1, \cdots, X_N(\omega) = x_N\right\}\right)$$
$$((x_1, \cdots, x_N) \in \mathbb{R}^N).$$

例 11.3. 例 11.1 の確率空間と確率変数 X, Y, Z について,

$$p_{(X,Y,Z)} = \frac{1}{4}\chi_{\{(0,0,0)\}} + \frac{1}{4}\chi_{\{(0,1,1)\}} + \frac{1}{4}\chi_{\{(1,0,1)\}} + \frac{1}{4}\chi_{\{(1,1,0)\}}.$$

例 11.4. 例 11.2 の確率空間と確率変数 X, Y, Z について,

$$p_{(X,Y,Z)} = \frac{1}{27}\chi_{\{(1,1,1)\}} + \frac{8}{27}\chi_{\{(1,0,0)\}} + \frac{8}{27}\chi_{\{(0,1,0)\}} + \frac{8}{27}\chi_{\{(0,0,1)\}} + \frac{2}{27}\chi_{\{(0,0,0)\}}.$$

11.3 有限個の同時確率分布 (☆)

同時確率変数から作られる確率分布は $(\mathbb{R}^N; \mathcal{B}^N)$ 上の確率分布であり, このような確率分布は N 次元確率分布と呼ばれる.

定義 11.2. N 個の確率変数 $X_1, \cdots, X_N : \Omega \to \mathbb{R}$ に対して, その同時確率変数 $(X_1, \cdots, X_N) : \Omega \to \mathbb{R}^N$ の確率分布 $P_{(X_1, \cdots, X_N)} : \mathcal{B}^N \to \mathbb{R}$ を $X_1, \cdots, X_N$ **の同時確率分布** *(the joint probability distribution)* と呼ぶ:

$$P_{(X_1, \cdots, X_N)}(B) = P\left(\left\{\omega \in \Omega \;\middle|\; (X_1(\omega), \cdots, X_N(\omega)) \in B\right\}\right) \quad (B \in \mathcal{B}^N).$$

11.4 有限個の確率変数の独立性

11.4.1 有限確率空間の場合 (○)

命題 11.1. $(\Omega; p)$ が有限確率空間のとき, N 個の確率変数 $X_1, \cdots, X_N : \Omega \to \mathbb{R}$ について, 以下は同値:

(1) $\forall B_1, \cdots, B_N \subseteq \mathbb{R}\,;\, X_1^{-1}(B_1), \cdots, X_N^{-1}(B_N)$ は独立である.

(2) $\forall x_1, \cdots, x_N \in \mathbb{R}\,;\, X_1^{-1}(x_1), \cdots, X_N^{-1}(x_N)$ は独立である.

Proof. (1) ⇒ (2): $\{x_1\}, \cdots, \{x_N\} \subseteq \mathbb{R}$ から従う.

(2) ⇒ (1): 任意に $B_1, \cdots, B_N \subseteq \mathbb{R}$ をとる. いま $X_1, \cdots, X_N$ の像を $A_1 := X_1(\Omega), \cdots, A_N := X_N(\Omega) \subseteq \mathbb{R}$ とおけば, $X_i^{-1}(B_i) = X_i^{-1}(B_i \cap A_i)$ である. Ω は有限集合だから, $A_1, \cdots, A_N$ は有限集合, したがって, $B_i \cap A_i$ は有限集合なので, $B_i \cap A_i = \{x_{i1}, \cdots, x_{in_i}\}$ $(\#B_i \cap A_i = n_i)$ とすれば,

$$
\begin{aligned}
P\left(X_{i_1}^{-1}(B_{i_1}) \cap \cdots \cap X_{i_k}^{-1}(B_{i_k})\right) &= P\left(\coprod_{j_1=1}^{n_{i_1}} X_{i_1}^{-1}(x_{i_1 j_1}) \cap \cdots \cap \coprod_{j_k=1}^{n_{i_k}} X_{i_k}^{-1}(x_{i_k j_k})\right) \\
&= P\left(\coprod_{j_1=1}^{n_{i_1}} \cdots \coprod_{j_k=1}^{n_{i_k}} X_{i_1}^{-1}(x_{i_1 j_1}) \cap \cdots \cap X_{i_k}^{-1}(x_{i_k j_k})\right) \\
&= \sum_{j_1=1}^{n_{i_1}} \cdots \sum_{j_k=1}^{n_{i_k}} P\left(X_{i_1}^{-1}(x_{i_1 j_1})\right) \cdots P\left(X_{i_k}^{-1}(x_{i_k j_k})\right) \\
&= P\left(\coprod_{j_1=1}^{n_{i_1}} X_{i_1}^{-1}(x_{i_1 j_1})\right) \cdots P\left(\coprod_{j_k=1}^{n_{i_k}} X_{i_k}^{-1}(x_{i_k j_k})\right) \\
&= P\left(X_{i_1}^{-1}(B_{i_1})\right) \cdots P\left(X_{i_k}^{-1}(B_{i_k})\right).
\end{aligned}
$$

したがって, (1) が成り立つ. □

定義 11.3. 有限確率空間 $(\Omega; p)$ 上の確率変数 $X_1, \cdots, X_N : \Omega \to \mathbb{R}$ が,

- $\forall x_1, \cdots, x_N \in \mathbb{R}\,;\, X_1^{-1}(x_1), \cdots, X_N^{-1}(x_N)$ は独立である

を満たすとき, **独立である**という.

例 11.5. 例 11.1 の確率空間と確率変数 X, Y, Z について,

$$Y, Z \text{ は独立}, \qquad Z, X \text{ は独立}, \qquad X, Y \text{ は独立},$$

であるが, X, Y, Z は独立でない.

11.4.2 一般の確率空間の場合 (☆)

一般の確率空間の場合には次のように定義する. この定義は命題 11.1 に注意すれば, 有限確率空間のときの定義と整合していることが分かる.

定義 11.4. 確率空間 $(\Omega; \mathcal{E}, P)$ 上の確率変数 $X_1, \cdots, X_N : \Omega \to \mathbb{R}$ が**独立**であるとは,

$$\forall B_1, \cdots, B_N \in \mathcal{B}; X_1^{-1}(B_1), \cdots, X_N^{-1}(B_N) \text{ は独立である}$$

を満たすことである.

補足 55. 確率変数の独立性は確率変数が実数値でなくても定義できる. また, X_i ごとに終域が異なっていても定義できる.

11.4.3 独立な確率変数の性質

命題 11.2. $X_1, \cdots, X_N$ を独立な確率変数とする. また, 各 X_i は分散を持つとする. このとき, $\mathbb{V}[X_1 + \cdots + X_N] = \mathbb{V}[X_1] + \cdots + \mathbb{V}[X_N]$.

Proof. まず,

$$\mathbb{V}[X_1 + \cdots + X_N] = \sum_{i=1}^{N} \mathbb{V}[X_i] + 2 \sum_{1 \le i < j \le N} \mathbb{C}\mathrm{ov}\left[X_i, X_j\right].$$

いま, X_i, X_j $(1 \le i < j \le N)$ は独立なので, 無相関である. したがって, $\mathbb{C}\mathrm{ov}\left[X_i, X_j\right] = 0$ なので, 主張が従う. □

補足 56. 命題 11.2 の仮定は過剰に強い. 例えば,

- $X_1, \cdots, X_N$ は対ごとに独立である

としてもよいし, さらに弱くして,

- $X_1, \cdots, X_N$ は対ごとに無相関である

としてもよい.

11.5 確率変数の有限個のコピー

独立な確率変数は, 典型的にはコピーによって得られる.

定義 11.5. 確率空間 $(\Omega;\mathcal{E},P)$ と確率変数 $X:\Omega\to\mathbb{R}$ を考える. このとき, N 乗確率空間 $(\Omega^N;\mathcal{E}^N,P^N)$ 上の確率変数 $X_{(1)},\cdots,X_{(N)}$ を

$$
\begin{array}{cccccc}
X_{(i)}: & \Omega^N & \to & \mathbb{R} & , & (i=1,2,\cdots,N)\\
 & \Psi & & \Psi & & \\
 & (\omega_1,\cdots,\omega_N) & \mapsto & X(\omega_i) & &
\end{array}
$$

で定める. このとき, $X_{(1)},\cdots,X_{(N)}$ を X **のコピー**と呼ぶ.

補足 57. Ω 上の実数値確率変数 $X:\Omega\to\mathbb{R}$ のコピーは, Ω^N 上の実数値確率変数である. コピーは Ω 上の確率変数ではないことに注意.

補足 58. 確率変数 X が実数値でなくても, 例えば, $X:\Omega\to S$ としてもコピーが同様に定義される. この場合は, コピーは Ω^N 上の確率変数 $X_{(i)}:\Omega^N\to S$ である.

11.5.1 Ω が有限確率空間の場合 (○)

命題 11.3. 有限確率空間 $(\Omega;p)$ と確率変数 $X:\Omega\to\mathbb{R}$ を考える. このとき, X のコピー $X_{(1)},\cdots,X_{(N)}:\Omega^N\to\mathbb{R}$ は独立である.

Proof. $(x_1,\cdots,x_N)\in\mathbb{R}^N$ を任意にとる. このとき,

$$
\begin{aligned}
&P^N\left(X_{(1)}^{-1}(x_1)\right)\cdots P^N\left(X_{(N)}^{-1}(x_N)\right)\\
&=P^N\left(X^{-1}(x_1)\times\Omega\times\cdots\times\Omega\right)\cdots P^N\left(\Omega\times\cdots\times\Omega\times X^{-1}(x_N)\right)\\
&=P\left(X^{-1}(x_1)\right)\cdots P\left(X^{-1}(x_N)\right)=P^N\left(X^{-1}(x_1)\times\cdots\times X^{-1}(x_N)\right)\\
&=P^N\left(X_{(1)}^{-1}(x_1)\cap\cdots\cap X_{(N)}^{-1}(x_N)\right).
\end{aligned}
$$

したがって, $X_{(1)},\cdots,X_{(N)}$ は独立である. □

命題 11.4. $X_{(1)},\cdots,X_{(N)}$ は X と同じ確率質量関数を持つ.

Proof. 任意の i 番目のコピーについて, 任意の $x \in \mathbb{R}$ に対して,

$$p_{X_{(i)}}(x) = P^N(X_{(i)}^{-1}(x)) = P^N(\Omega \times \cdots \times \overset{i\text{ 番目}}{X^{-1}(x)} \times \cdots \times \Omega) = P(X^{-1}(x))$$
$$= p_X(x).$$

□

11.5.2 Ω が一般の確率空間の場合 (☆)

命題 11.5. 確率空間 $(\Omega; \mathcal{E}, P)$ と確率変数 $X : \Omega \to \mathbb{R}$ を考える. このとき, X のコピー $X_{(1)}, \cdots, X_{(N)} : \Omega^N \to \mathbb{R}$ は独立である.

Proof. $B_1, \cdots, B_N \in \mathcal{B}$ を任意にとる. このとき,

$$\begin{aligned}
&P^N\left(X_{(1)}^{-1}(B_1)\right) \cdots P^N\left(X_{(N)}^{-1}(B_N)\right) \\
&= P^N\left(X^{-1}(B_1) \times \Omega \times \cdots \times \Omega\right) \cdots P^N\left(\Omega \times \cdots \times \Omega \times X^{-1}(B_N)\right) \\
&= P\left(X^{-1}(B_1)\right) \cdots P\left(X^{-1}(B_N)\right) = P^N\left(X^{-1}(B_1) \times \cdots \times X^{-1}(B_N)\right) \\
&= P^N\left(X_{(1)}^{-1}(B_1) \cap \cdots \cap X_{(N)}^{-1}(B_N)\right).
\end{aligned}$$

したがって, $X_{(1)}, \cdots, X_{(N)}$ は独立である. □

命題 11.6. $X_{(1)}, \cdots, X_{(N)}$ は X と同じ分布を持つ.

Proof. 任意の i 番目のコピーについて, 任意の $B \in \mathcal{B}$ に対して,

$$P_{X_{(i)}}(B) = P^N(X_{(i)}^{-1}(B)) = P^N(\Omega \times \cdots \times \overset{i\text{ 番目}}{X^{-1}(B)} \times \cdots \times \Omega) = P(X^{-1}(B))$$
$$= P_X(B).$$

□

11.6 確率変数のコピーの和

確率空間 $(\Omega;\mathcal{E},P)$ 上の確率変数 $X:\Omega\to\mathbb{R}$ について, その N 個のコピーの和を $S_N := X_{(1)}+\cdots+X_{(N)}$ を考える:

$$\begin{array}{cccc} S_N: & \Omega^N & \to & \mathbb{R} \\ & \Psi & & \Psi \\ & (\omega_1,\cdots,\omega_N) & \mapsto & X(\omega_1)+\cdots+X(\omega_N) \end{array}$$

命題 11.7. 和 S_N の母数について, 以下が成り立つ:

(1) $\mathbb{E}[S_N] = N\,\mathbb{E}[X]$.

(2) $\mathbb{V}[S_N] = N\,\mathbb{V}[X]$.

(3) $\mathbb{S}[S_N] = \dfrac{\mathbb{S}[X]}{\sqrt{N}}$.

Proof. (1)

$$\begin{aligned}\mathbb{E}[S_N] &= \mathbb{E}\left[X_{(1)}+\cdots+X_{(N)}\right] = \mathbb{E}\left[X_{(1)}\right]+\cdots+\mathbb{E}\left[X_{(N)}\right] \\ &= \overbrace{\mathbb{E}[X]+\cdots+\mathbb{E}[X]}^{N\text{ 個}} = N\,\mathbb{E}[X].\end{aligned}$$

(2) $X_{(1)},\cdots,X_{(N)}$ は独立だから,

$$\begin{aligned}\mathbb{V}[S_N] &= \mathbb{V}\left[X_{(1)}+\cdots+X_{(N)}\right] = \mathbb{V}\left[X_{(1)}\right]+\cdots+\mathbb{V}\left[X_{(N)}\right] \\ &= \overbrace{\mathbb{V}[X]+\cdots+\mathbb{V}[X]}^{N\text{ 個}} = N\,\mathbb{V}[X].\end{aligned}$$

(3) $i\neq j$ のとき, $X_{(i)}$ と $X_{(j)}$ は独立だから

$$\begin{aligned}&\mathbb{E}\left[(X_{(i)}-\mathbb{E}[X_{(i)}])(X_{(j)}-\mathbb{E}\left[X_{(j)}\right])^2\right] \\ &= \mathbb{E}\left[X_{(i)}-\mathbb{E}[X_{(i)}]\right]\cdot\mathbb{E}\left[(X_{(j)}-\mathbb{E}\left[X_{(j)}\right])^2\right] \\ &= (\mathbb{E}[X_{(i)}]-\mathbb{E}[X_{(i)}])\cdot\mathbb{V}\left[X_{(j)}\right] = 0\end{aligned}$$

となるので,

$$
\begin{aligned}
\mathbb{S}[S_N] &= \mathbb{S}[X_{(1)} + \cdots + X_{(N)}] \\
&= \mathbb{E}\left[\left(\frac{X_{(1)} + \cdots + X_{(N)} - \mathbb{E}[X_{(1)} + \cdots + X_{(N)}]}{\sqrt{\mathbb{V}[X_{(1)} + \cdots + X_{(N)}]}}\right)^3\right] \\
&= \frac{\mathbb{E}\left[((X_{(1)} - \mathbb{E}[X_{(1)}]) + \cdots + (X_{(N)} - \mathbb{E}[X_{(N)}]))^3\right]}{\sqrt{\mathbb{V}[X_{(1)}] + \cdots + \mathbb{V}[X_{(N)}]}^3} \\
&= \frac{\mathbb{E}\left[(X_{(1)} - \mathbb{E}[X_{(1)}])^3\right] + \cdots + \mathbb{E}\left[(X_{(N)} - \mathbb{E}[X_{(N)}])^3\right]}{(\sqrt{N\,\mathbb{V}[X]})^3} \\
&= \frac{N\,\mathbb{E}\left[(X - \mathbb{E}[X])^3\right]}{N^{\frac{3}{2}}\sqrt{\mathbb{V}[X]}^3} = \frac{1}{\sqrt{N}}\mathbb{E}\left[\left(\frac{X - \mathbb{E}[X]}{\sqrt{\mathbb{V}[X]}}\right)^3\right] = \frac{\mathbb{S}[X]}{\sqrt{N}}.
\end{aligned}
$$

□

例 11.6. X が Bernoulli 分布 $\mathrm{Ber}(\theta)$ に従う場合, すでに調べた通り,

$$
\mathbb{E}[X] = \theta,\ \mathbb{V}[X] = \theta(1-\theta),\ \mathbb{S}[X] = \frac{1-2\theta}{\sqrt{\theta(1-\theta)}}
$$

となる. したがって, このとき,

$$
\mathbb{E}[S_N] = N\theta,\ \mathbb{V}[S_N] = N\theta(1-\theta),\ \mathbb{S}[S_N] = \frac{1-2\theta}{\sqrt{N}\sqrt{\theta(1-\theta)}}
$$

となるが, 実際にはさらに, S_N は二項分布 $\mathrm{Bin}(N,\theta)$ に従うことが分かる.

例 11.7. X が指数分布 $\mathrm{Exp}(\lambda)$ に従う場合, すでに調べた通り,

$$
\mathbb{E}[X] = \frac{1}{\lambda},\ \mathbb{V}[X] = \frac{1}{\lambda^2},\ \mathbb{S}[X] = 2
$$

となる. したがって, このとき,

$$
\mathbb{E}[S_N] = \frac{N}{\lambda},\ \mathbb{V}[S_N] = \frac{N}{\lambda^2},\ \mathbb{S}[S_N] = \frac{2}{\sqrt{N}}
$$

となるが, 実際にはさらに, S_N は Erlang 分布 $\mathrm{Erl}(N,\lambda)$ に従うことが分かる.

第 IV 部 極限定理

12 標本平均

12.1 推測統計学の枠組み

大数の法則は統計的確率の理論的な裏付けを与える定理であるが, 少しだけ**推測統計学**を学習すると理解が容易になる.

有限確率空間 $(\Omega; p)$ と確率変数 $X : \Omega \to \mathbb{R}$ が与えられたとしよう. 推測統計学では, 有限確率空間 $(\Omega; p)$ を**母集団**, 確率変数 X を**母データ**, 母データ X の確率分布 P_X を**母分布**と呼ぶことがある[46]. 推測統計学の基本的な設定として, 母データ X や母分布 p_X は未知であるという前提がある. これを知るためには, すべての結果 $\omega \in \Omega$ について実現値 $X(\omega)$ を知らねばならず, Ω がとても大きな有限集合の場合, 現実的に不可能であろうという前提である.

例えば, 日本国民の体重について知りたいとき, 例えば平均体重を知りたいならば, 日本国民すべての体重を調べなければならない. Ω として日本国民全体をとり, $(\Omega; p)$ を一様確率空間として, $X(\omega)$ を日本国民 $\omega \in \Omega$ の体重としたとき, 日本国民の平均体重とは X の期待値

$$\mathbb{E}[X] = \sum_{\omega \in \Omega} X(\omega)p(\omega)$$

にほかならないからだ. この場合, すべての日本国民 ω についての実現値 $X(\omega)$ を知ることなしに X の期待値を知ることはできないので, これは現実的ではない.

推測統計学の前提

> 母データ X, 母分布 P_X の母数は未知 (観測不可能) である.

12.2 標本の採り方

そこで推測統計学では, 標本 (sample) をとり, その標本の情報から母分布の情報 (母数) を推測しようという考え方をする. ここで, 標本の採り方について以下の三通りが考えられる:

---

[46] これらは統計学での言葉づかいである. 確率論では前述のとおり確率変数, 確率分布と呼ぶ. 本稿では, これらをしばしば混用する.

(1) 標本とは Ω の N 個の元からなる列 $(\omega_1, \cdots, \omega_N) \in \Omega^N$ のこと, および, その実現値がなす列 $(X(\omega_1), \cdots, X(\omega_N))$ のことである.

(2) 標本とは Ω の相異なる N 個の元からなる列 $(\omega_1, \cdots, \omega_N) \in \Omega^{\langle N \rangle}$ のこと, および, その実現値がなす列 $(X(\omega_1), \cdots, X(\omega_N))$ のことである.

(3) 標本とは Ω の N 元部分集合 $\{\omega_1, \cdots, \omega_N\} \in \Omega^{(N)}$ のこと, および, その実現値がなす多重集合 $\{\!\{X(\omega_1), \cdots, X(\omega_N)\}\!\}$ のことである.

3.6.2 節 3.6.3 節で調べた通り, (2) や (3) は相異なる ω_i 達を計 N 個採ることになるので, これらは独立にならない ((2) は非復元無作為抽出, (3) は単純無作為抽出). 独立でないと理論的な計算に不自由が生じるので, 通常は (2) や (3) の立場をとらず, (1) の立場を採用する (復元無作為抽出). ただし, $\#\Omega$ が N に比べて十分大きいとき (1)(2)(3) の差異は小さくなるので, この場合あまり神経質になる必要がない. 本書では,

$$
\begin{aligned}
(X(\omega_1), \cdots, X(\omega_N)) &= \left(X_{(1)}((\omega_1, \cdots, \omega_N)), \cdots, X_{(N)}((\omega_1, \cdots, \omega_N))\right) \\
&= (X_{(1)}, \cdots, X_{(N)})((\omega_1, \cdots, \omega_N))
\end{aligned}
$$

なることに注目して, 次のように定義する:

定義 12.1. 確率変数 X の N 個のコピーの組 $(X_{(1)}, \cdots, X_{(N)})$ を**標本**と呼び*), N を標本の**サイズ**とか**大きさ**と呼ぶ†).

*) 標本とは組 $(X_{(1)}, \cdots, X_{(N)})$ のことであり, 個々のコピー $X_{(i)}$ のことではない.
†) しばしば, 標本数と呼んでいる文献があるが, これは誤用である.

X の母数を推定するために用いる, 標本 $(X_{(1)}, \cdots, X_{(N)})$ から定まる量を**推定量**と呼ぶ. 母数には, 期待値・分散・最大値・最小値などがあった. これらに応じて, 母平均[47]の推定量・母分散の推定量・母最大値の推定量・母最小値の推定量などをいかに構築するか, というのが統計学に課せられた課題であると言える. これらはそれぞれ別の話題であり, それぞれ別の理論が展開される. 大数の法則は, 母平均の推定という文脈で理解するのが良い.

補足 59. 統計学では, 通常, 確率空間 $(\Omega; \mathcal{E}, P)$ は一様確率空間であると仮定しているが, 本稿では確率論が主題なので, $(\Omega; \mathcal{E}, P)$ は一般の確率空間であるとする.

[47] X の期待値のこと. 母期待値と呼びたいところだが, 習慣的に母平均と呼ばれている.

12.3 標本平均—母平均の推定量—

母平均を推定する推定量として標本平均がある. 大数の法則は, 直観的には,「母平均は標本平均の実現値で近似できる」ということを主張している.

定義 12.2. 確率変数 $\dfrac{X_{(1)}+\cdots+X_{(N)}}{N} : \Omega^N \to \mathbb{R}$ を**標本平均**と呼ぶ.

結果 $(\omega_1,\cdots,\omega_N)\in\Omega^N$ が選ばれるごとに標本平均の実現値

$$\frac{X_{(1)}+\cdots+X_{(N)}}{N}((\omega_1,\cdots,\omega_N)) = \frac{X(\omega_1)+\cdots+X(\omega_N)}{N}$$

が実現する. 標本平均は結果 $(\omega_1,\cdots,\omega_N)$ に依存するので確率変数である.

例 12.1. 例 6.5 の確率空間 $(\Omega;p)$ と確率変数 X について, $N=2$ とすると, 標本平均 $\dfrac{X_{(1)}+X_{(2)}}{2}$ の対応は

$$\begin{array}{cccc}
\dfrac{X_{(1)}+X_{(2)}}{2} : \Omega^2 & \to & \mathbb{R} & \\
\Uparrow & & \Uparrow & \\
(\text{太郎},\text{太郎}) & \mapsto & 162 & \\
(\text{太郎},\text{一郎}) & \mapsto & \frac{321}{2} & (=160.5) \\
(\text{太郎},\text{花子}) & \mapsto & 156 & \\
(\text{一郎},\text{太郎}) & \mapsto & \frac{321}{2} & (=160.5) \\
(\text{一郎},\text{一郎}) & \mapsto & 159 & \\
(\text{一郎},\text{花子}) & \mapsto & \frac{309}{2} & (=154.5) \\
(\text{花子},\text{太郎}) & \mapsto & 156 & \\
(\text{花子},\text{一郎}) & \mapsto & \frac{309}{2} & (=154.5) \\
(\text{花子},\text{花子}) & \mapsto & 150 &
\end{array}$$

となる. また, 標本平均 $\dfrac{X_{(1)}+X_{(2)}}{2}$ の確率質量関数は,

$$p^2_{\frac{X_{(1)}+X_{(2)}}{2}} = \frac{1}{9}\chi_{\{150\}} + \frac{2}{9}\chi_{\{154.5\}} + \frac{2}{9}\chi_{\{156\}} + \frac{1}{9}\chi_{\{159\}} + \frac{2}{9}\chi_{\{160.5\}} + \frac{1}{9}\chi_{\{162\}}$$

となる.

さて, この標本平均の確率質量関数 (確率分布) を図示してみると, 次のようになる:

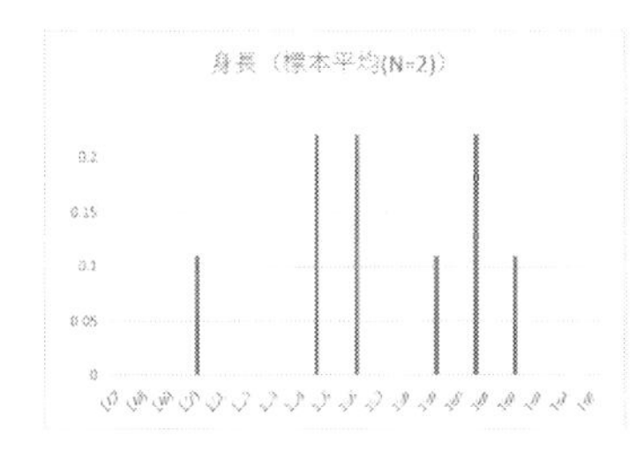

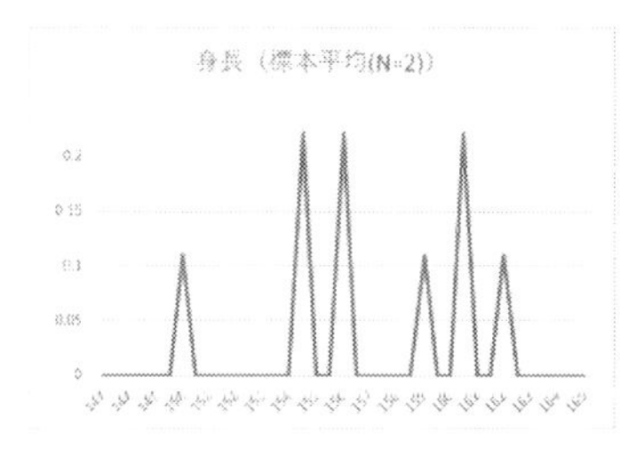

さらに, 標本サイズ $N = 10$ の標本平均の確率質量関数 (確率分布) は次のようになる.

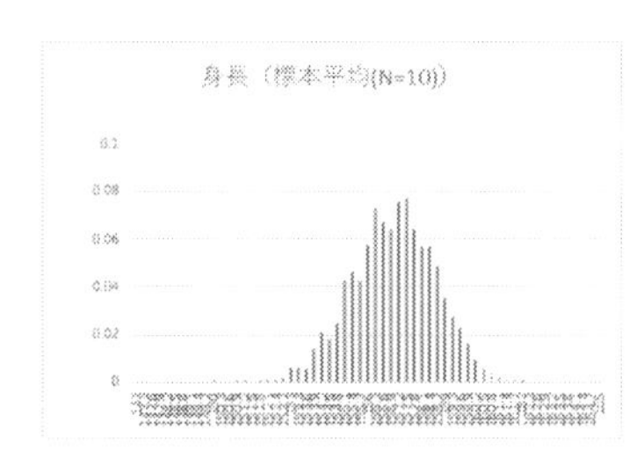

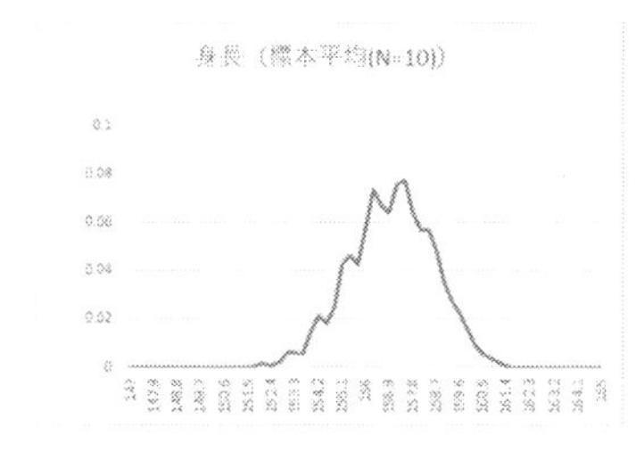

また, 標本サイズを $N = 100$ とすると, 次のようになる.

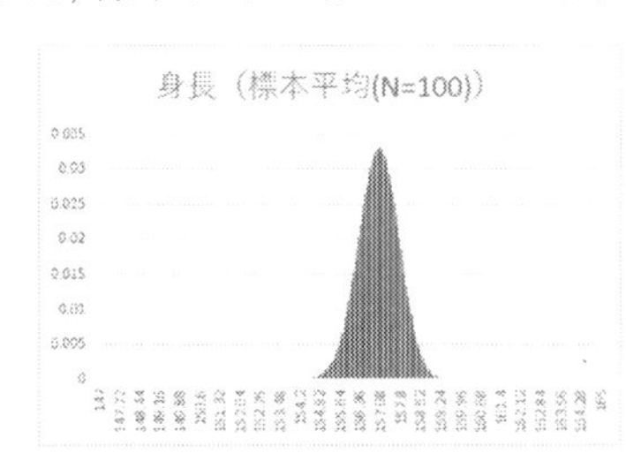

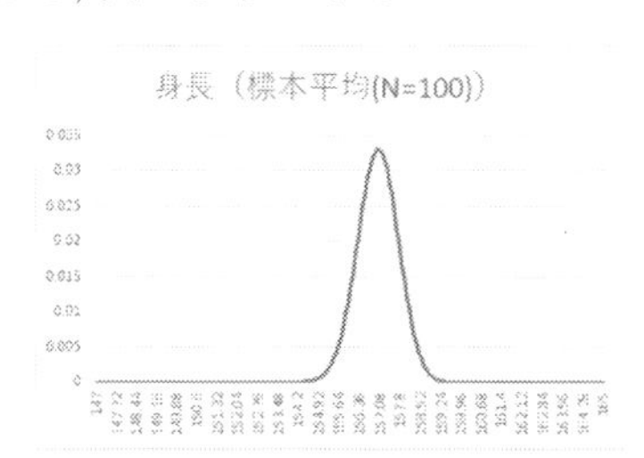

このように, N を大きくすると, 分布にまとまりが出てきて, 母平均周辺に集中してくることが観察できる.

補足 60. ここでは, 読者に計算ができるように小さい Ω ($\#\Omega = 3$) の場合を扱っているが, 統計学的な文脈ではこのような小さい Ω を考えることは実践的でない. これは, 統計学の前提として母集団の情報は観測不可能であるからだ. したがって, 統計学的な文脈では通常は巨大な Ω を想定する. 一方で, 確率論的な文脈では, 例えばコインを投げ続ける場合のように, 小さい Ω であっても十分実践的である.

12.4 標本平均の期待値と分散

統計学では, 母データ $X:\Omega \to \mathbb{R}$ の期待値を**母平均**と呼ぶ. また, 母データ X の分散を**母分散**と呼ぶ.

次の定理が示す通り, 標本平均の実現値は母平均の周りにばらつく. 標本平均は, 試行するたびに一般に異なる実現値を返すであろうが, その期待値は母平均に一致する.

定理 12.1. 確率変数 X が期待値を持つとき, 標本平均の期待値は母平均に一致する:

$$\mathbb{E}\left[\frac{X_{(1)}+\cdots+X_{(N)}}{N}\right]=\mathbb{E}[X].$$

また, 確率変数 X が分散を持つとき, 標本平均の分散は母分散により次の式で与えられる:

$$\mathbb{V}\left[\frac{X_{(1)}+\cdots+X_{(N)}}{N}\right]=\frac{\mathbb{V}[X]}{N}.$$

Proof.

$$\begin{aligned}\mathbb{E}\left[\frac{X_{(1)}+\cdots+X_{(N)}}{N}\right]&=\frac{1}{N}\mathbb{E}[X_{(1)}+\cdots+X_{(N)}]\\&=\frac{1}{N}(\mathbb{E}[X_{(1)}]+\cdots+\mathbb{E}[X_{(N)}])\\&=\frac{1}{N}\cdot N\,\mathbb{E}[X]=\mathbb{E}[X].\end{aligned}$$

$X_{(1)},\cdots,X_{(N)}$ が独立であることに注意すれば,

$$\begin{aligned}\mathbb{V}\left[\frac{X_{(1)}+\cdots+X_{(N)}}{N}\right]&=\frac{1}{N^2}\mathbb{V}[X_{(1)}+\cdots+X_{(N)}]\\&=\frac{1}{N^2}(\mathbb{V}[X_{(1)}]+\cdots+\mathbb{V}[X_{(N)}])\quad(\text{命題 11.2 より})\\&=\frac{1}{N^2}\cdot N\,\mathbb{V}[X]=\frac{\mathbb{V}[X]}{N}.\end{aligned}$$

□

確率空間 Ω から無作為に N 回結果をとり, それを $\omega_1, \cdots, \omega_N$ としよう[48]. このとき, 実現値

$$X_{(1)}((\omega_1, \cdots, \omega_N)) = X(\omega_1) =: x_1, \cdots, X_{(N)}((\omega_1, \cdots, \omega_N)) = X(\omega_N) =: x_N$$

は観測できる. 上の定理は, $\mathbb{E}[X]$ を近似的に知るためには $\dfrac{x_1 + \cdots + x_N}{N}$ (標本平均の実現値) を見ればよい, と主張している. この手法を統計学では**母平均の点推定**と呼ぶ.

例 12.2. 例 12.1 の場合, 直接計算すれば,

$$\begin{aligned}
\mathbb{E}\left[\frac{X_{(1)} + X_{(2)}}{2}\right] &= 162\frac{1}{9} + \frac{321}{2}\frac{1}{9} + 156\frac{1}{9} + \frac{321}{2}\frac{1}{9} \\
&\quad + 159\frac{1}{9} + \frac{309}{2}\frac{1}{9} + 156\frac{1}{9} + \frac{309}{2}\frac{1}{9} + 150\frac{1}{9} \\
&= 157, \\
\mathbb{V}\left[\frac{X_{(1)} + X_{(2)}}{2}\right] &= (162 - 157)^2\frac{1}{9} + (\frac{321}{2} - 157)^2\frac{1}{9} + (156 - 157)^2\frac{1}{9} \\
&\quad + (\frac{321}{2} - 157)^2\frac{1}{9} + (159 - 157)^2\frac{1}{9} + (\frac{309}{2} - 157)^2\frac{1}{9} \\
&\quad + (156 - 157)^2\frac{1}{9} + (\frac{309}{2} - 157)^2\frac{1}{9} + (150 - 157)^2\frac{1}{9} \\
&= 13,
\end{aligned}$$

となるが, すでに示した通り, 母平均・母分散は $\mathbb{E}[X] = 157$, $\mathbb{V}[X] = 26$ なので, (当然だが) 定理 12.1 から導く方が簡単である.

定理 12.1 は, 精神として, 大数の法則に通じるものがある. つまり, 標本サイズ N を大きくすれば, 標本平均の分散は小さくなる, 言い換えれば, より母平均に近づくこと意味するからである.

推測統計学の前提に戻れば, 母平均は観測不可能である. しかし, 標本平均の実現値は観測可能である. そして, 標本平均の実現値は標本サイズを大きくすれば母平均に近づくことが期待できる. つまり, 母平均を知りたいならば, ある程度大きな標本をとって標本平均の実現値を求めればよいことが分かる.

---

[48] これは N 乗確率空間から結果 $(\omega_1, \cdots, \omega_N) \in \Omega^N$ をとることに対応する. 重複が許されることに注意しよう.

13 大数の法則

13.1 Chebyshev (チェビシェフ) の不等式

確率変数 X の実現値はその期待値 $\mathbb{E}[X]$ の周辺にばらつくが, 次に述べる Chebyshev[49] の不等式はそのばらつき方を不等式で評価する.

Chebyshev の不等式

命題 13.1. 確率変数 $X : \Omega \to \mathbb{R}$ が分散を持つならば, 任意の $c > 0$ に対して,

$$P(|X - \mathbb{E}[X]| \geq c) \leq \frac{\mathbb{V}[X]}{c^2}.$$

Proof. $E := \left\{\omega \in \Omega \;\middle|\; |X(\omega) - \mathbb{E}[X]| \geq c\right\}$ とおくと,

$$\mathbb{V}[X] = \mathbb{E}\left[(X - \mathbb{E}[X])^2\right] = \mathbb{E}\left[\chi_E (X - \mathbb{E}[X])^2\right] + \mathbb{E}\left[\chi_{E^c} (X - \mathbb{E}[X])^2\right].$$

右辺第一項は

$$\mathbb{E}\left[\chi_E (X - \mathbb{E}[X])^2\right] \geq \mathbb{E}\left[\chi_E c^2\right] = c^2 P(E) = c^2 P(|X - \mathbb{E}[X]| \geq c).$$

右辺第二項は非負なのでこれを取り去れば,

$$\mathbb{V}[X] \geq c^2 P(|X - \mathbb{E}[X]| \geq c).$$

辺々 c^2 で割れば主張を得る. □

分散 $\mathbb{V}[X]$ を定数 c に組み込めば, $P\Big(|X - \mathbb{E}[X]| \geq c\sigma[X]\Big) \leq \dfrac{1}{c^2}$ となる. さらに, これを確率分布の方で述べれば

$$P_X\Big((-\infty, \mathbb{E}[X] - c\sigma[X]] \cup [\mathbb{E}[X] + c\sigma[X], +\infty)\Big) \leq \frac{1}{c^2}$$

となる. つまり, 期待値から標準偏差の c 倍以上外れる確率は $\frac{1}{c^2}$ 以下であると主張している.

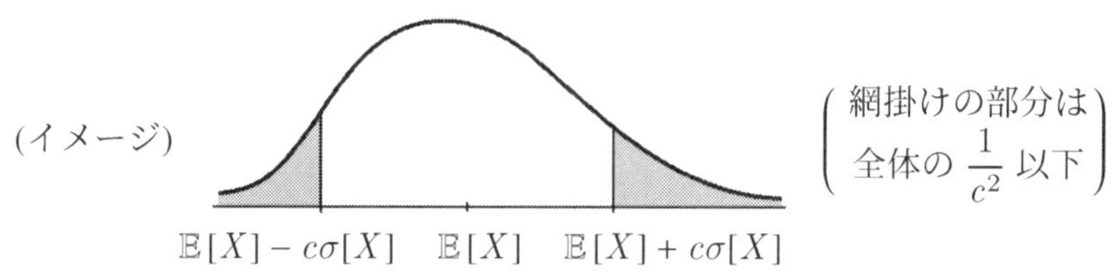

49) Pafnuty Lvovich Chebyshev, 1821—1894. ロシア.

不等式の証明というのは, 大抵は苦労に苦労を重ね一歩一歩評価していくことで, ようやく達成するものである. しかし, ここで紹介した Chebyshev の不等式の証明では, 右辺第二項を「非負だから」の一声で切り捨てるという, 贅沢をしている. Chebyshev の不等式は, 例えば, $c = 3$ とすれば, $P(|X - \mathbb{E}[X]| \geq 3\sigma[X]) \leq \frac{1}{9}$, つまり, 標準偏差の 3 倍以上外れる確率は $\frac{1}{9}$ 以下であると主張しているが, こんな贅沢をした不等式なのだからこの評価はとても甘い. もし X が正規分布に従っているなら, 実際に標準偏差の 3 倍以上外れる確率は 0.3% に満たないからだ. とは言え, どんな確率変数に対しても成立する, という意味では汎用性が高い. 実際, 大数の弱法則に極めて簡単な証明を与えることができる.

13.2 大数の弱法則

大数の弱法則

定理 13.2. 確率空間 $(\Omega; \mathcal{E}, P)$ 上の期待値を持つ確率変数 $X : \Omega \to \mathbb{R}$ について, 任意の $\varepsilon > 0$ に対して, 次が成り立つ:

$$\lim_{N\to\infty} P^N\left(\left|\frac{X_{(1)} + \cdots + X_{(N)}}{N} - \mathbb{E}[X]\right| \geq \varepsilon\right) = 0.$$

ここでは, $\mathbb{V}[X]$ の存在を仮定した証明を紹介する.

Proof. Chebyshev の不等式から,

$$\begin{aligned}
&P^N\left(\left|\frac{X_{(1)} + \cdots + X_{(N)}}{N} - \mathbb{E}[X]\right| \geq \varepsilon\right) \\
&= P^N\left(\left|\frac{X_{(1)} + \cdots + X_{(N)}}{N} - \mathbb{E}\left[\frac{X_{(1)} + \cdots + X_{(N)}}{N}\right]\right| \geq \varepsilon\right) \\
&\leq \frac{\mathbb{V}\left[\frac{X_{(1)}+\cdots+X_{(N)}}{N}\right]}{\varepsilon^2} \\
&= \frac{\mathbb{V}[X]}{N\varepsilon^2} \quad (\text{命題 11.2 より}).
\end{aligned}$$

したがって,

$$0 \leq P^N\left(\left|\frac{X_{(1)} + \cdots + X_{(N)}}{N} - \mathbb{E}[X]\right| \geq \varepsilon\right) \leq \frac{\mathbb{V}[X]}{N\varepsilon^2} \tag{13.1}$$

ここで, $\lim_{N\to\infty} \frac{\mathbb{V}[X]}{N\varepsilon^2} = 0$ だから, 挟み撃ちの原理より, 主張が成り立つ. □

確率 $P^N\left(\left|\frac{X_{(1)}+\cdots+X_{(N)}}{N} - \mathbb{E}[X]\right| \geq \varepsilon\right)$ は, 標本平均の実現値が母平均から ε 以上外れる確率をあらわしている. 大数の弱法則により, 母平均から少しでも外れれば, 標本サイズ N を大きくすることで, その確率は 0 に近づくことが分かる. これは, 定理 12.1 より大分精度が良くなっている.

補足 61. 不等式 (13.1) は, "($N \to \infty$ のとき) 確率が 0 に近づくスピード" は $\frac{\mathbb{V}[X]}{N\varepsilon^2}$ より速いと主張している. しかし, これは不満足である. 実用上は, (統計学の前提から) $\mathbb{V}[X]$ が観測不可能であるからである. とは言え, このような不満足点が確率論や統計学のさらなる理論を発展させる原動力となる.

本節では, Chebyshev の不等式を利用するために証明に母分散の存在を仮定したが, 実際には母分散 $\mathbb{V}[X]$ が存在しない場合でも大数の弱法則は成り立つ. しかし, その分証明が難しくなるので本稿では扱わない.

補足 62. 弱法則という呼称からもわかる通り, 大数の法則には強法則もある. 大数の強法則では, 弱法則とは近づき方の評価の仕方が違う. 大数の強法則からは弱法則を導くことができるので, 強法則は弱法則よりも強い. しかし, その分証明が難しくなるので本稿では扱わない.

13.2.1 統計的確率の現代的理解

第 1 節から棚上げになっていた統計的確率について考えたい.

$(\Omega; \mathcal{E}, P)$ を確率空間とし, 事象 $E \in \mathcal{E}$ をとる. もちろん, $P(E)$ こそが E が起こる確率である. いま, 我々は E が起こる確率 $P(E)$ を知らないと仮定しよう. どうすれば, $P(E)$ を知ることができるであろうか.

母平均の推定という考え方をしよう. 母平均は標本平均の期待値と一致するのだった. 標本平均の実現値は標本平均の期待値の周辺にばらつくから, 標本平均の実現値は母平均の周辺にばらつく. 標本平均の実現値は観測可能であるから, これを利用すればよいことになる.

そこで, 確率変数 $X : \Omega \to \mathbb{R}$ を

$$X := \chi_E, \quad X(\omega) = \chi_E(\omega) = \begin{cases} 1 & \omega \in E \\ 0 & \omega \notin E \end{cases} \qquad (\omega \in \Omega)$$

で定めよう. このとき, 命題 8.1(1) と命題 8.2(2) より,

(1) $\mathbb{E}[X] = P(E)$.

(2) $\mathbb{V}[X] = P(E)(1 - P(E))$.

特に, この確率変数 X は期待値・分散を持つ.

いま, X の N 個のコピー $X_{(1)},\cdots,X_{(N)}:\Omega^N\to\mathbb{R}$ を考えよう. このとき, 大数の弱法則から[50],

$$\lim_{N\to\infty}P^N\left(\left|\frac{X_{(1)}+\cdots+X_{(N)}}{N}-P(E)\right|\geq\varepsilon\right)=0 \tag{13.2}$$

を得る. ここで,

$$\begin{aligned}&\frac{X_{(1)}+\cdots+X_{(N)}}{N}((\omega_1,\cdots,\omega_N))\\&=\frac{X_{(1)}((\omega_1,\cdots,\omega_N))+\cdots+X_{(N)}((\omega_1,\cdots,\omega_N))}{N}\\&=\frac{X(\omega_1)+\cdots+X(\omega_N)}{N}\\&=\frac{\#\left\{i\in\{1,2,\cdots,N\}\ \middle|\ \omega_i\in E\right\}}{N}\quad\left(=\frac{N_E}{N}\right)\end{aligned}$$

となる. ここで, 最右辺は相対度数であり, 1 節の記号では $\frac{N_E}{N}$ となる. つまり, この場合の標本平均の実現値は相対度数に他ならない. すると, 式 (13.2) は相対度数が確率 $P(E)$ に近づいていくことを意味するのである. こうして, 統計的確率の現代的理解が得られる. この段階で 1 節で挙げた統計的確率の持つデメリット (1)(2)(3) については, 次のように解答できる:

デメリット (1) について: 無限に繰り返すことができない試行については統計的確率は適用できない. したがって, 統計的確率の考え方に基づいて確率を考えることはできないが, 確率 $P(E)$ 自体はそもそも与えられているものだから問題ない.

デメリット (2) について: 人間には無限回の試行を行なうことはできないが, 相対度数は大数の弱法則によって確率 $P(E)$ に近づくことが保証されている.

デメリット (3) について: 相対度数の極限は確率 $P(E)$ であるが, 確率 $P(E)$ は与えられているものなので, $P(E)$ を計算する必要はそもそもない.

[50] 大数の弱法則自体は分散が存在しなくても成り立つが, 我々は分散の存在を仮定した証明しか与えていないので, X が分散を持つことを示した.

13.3 2 枚のコイン表裏 (その 2) 標本サイズの算出 (弱)

2 枚のコインを投げる試行において, 表と裏が一枚ずつ出る確率を考えよう. 3.4.2 節で述べた通り, 4 通りの案が考えられる. いま, どの案においても一様確率空間を仮定すれば, 表と裏が一枚ずつ出る確率は,

- 案 1: $P^2(\{(表, 裏), (裏, 表)\}) = \frac{1}{2}$,
- 案 2: $P^{\langle 2 \rangle}(\{(表, 裏)\}) = 1$,
- 案 3: $P^{(2)}(\{\{表, 裏\}\}) = 1$,
- 案 4: $P^{((2))}(\{\{\!\{表, 裏\}\!\}\}) = \frac{1}{3}$

となる. さて, 散々述べてきた通り, 確率は仮定である. したがって, 案 1 も仮定である. 言い換えれば, 案 1 を論理的に納得することはできない. それでは一切の納得を諦めなければならないのであろうか. この問題への一定の解答を与えるのが統計的確率の援用である.

もし, 母平均が $\frac{1}{2}$ であるならば, 大数の法則から, 十分大きな標本サイズをとれば, 標本平均の実現値は母平均 $\frac{1}{2}$ 近辺に収まるはずである. こうして, 確率が $\frac{1}{2}$ であることを心理的に納得することができるようになる. つまり, 論理的納得はできないが, 統計的確率を援用することで, 心理的納得は得られる, ということである.

一方で, 逆に標本サイズが不十分だとどうだろうか. この場合, 標本平均の実現値が $\frac{1}{2}$ から大きく外れるかもしれない. 実践的な授業を行なう意図で, この二枚のコインの試行を授業で実践したいと思う授業者は多いだろうが, このときに, 例えば標本平均の実現値が 0.4 程度になってしまったら, この結果は案 4 を支持しているように見えてしまう. これでは, 授業者の目論見は大外れである. この実践では, 標本平均の実現値が 0.45 ~ 0.55 程度に収まることが必要であろう. この程度の実現値であれば, 案 2 案 3 案 4 を棄却して案 1 を採択するのが自然と思えるだろう.

ここで必要となるのが標本サイズの算出である. これは, 標本サイズがどれくらいであれば 95% 以上の確率で標本平均の実現値が 0.45 ~ 0.55 の範囲に入るかを考えればよいのである. もちろん, 標本平均は確率変数なので, それでも運悪く残りの 5% を引き当てて 0.45 ~ 0.55 の範囲から外れるかもしれないが, とは言え, そう大きく外れもしないであろう. どうしても気になるのであれば, さらに精度をよくして, 99% 以上の確率で標本平均の実現値が 0.45 ~ 0.55 の範囲に入る標本サイズを考えるとか, 95% 以上の確率で標本平均の実現値が 0.48 ~ 0.52 の範囲に入る標本サイズを考えるとかすればよい.

ここでは, Chebyshev の不等式を利用した標本サイズの算出方法を紹介しよう. 先に断っておくと, この手法で算出される標本サイズはかなり丼ぶり勘定である. 後で, 中心極限定理を利用した標本サイズの算出方法を述べるが, 中心極限定理を利用すると, より精密なサイズを算出できる. ここで大雑把な算出方法を述べるのは, 高度な定理 (中心極限定理) を利用しなくとも簡単な定理 (Chebyshev の不等式) だけで, (大雑把ではあるが) 算出できるからである.

まず, 簡単な式変形から

$$
\begin{aligned}
&P^N\left(0.45 \leq \frac{X_{(1)} + \cdots + X_{(N)}}{N} \leq 0.55\right) \\
&= P^N\left(-0.05 \leq \frac{X_{(1)} + \cdots + X_{(N)}}{N} - \mathbb{E}[X] \leq 0.05\right) \quad (\mathbb{E}[X] = 0.5 \text{ より}) \\
&\geq 1 - \frac{\mathbb{V}[X]}{N0.05^2} \quad \left(\begin{array}{c}\text{Chebyshev の}\\ \text{不等式より}\end{array}\right) \\
&= 1 - \frac{100}{N} \quad (\mathbb{V}[X] = 0.25 \text{ より})
\end{aligned}
$$

となる. ここで, $1 - \frac{100}{N} \geq 95\%$ ならば

$$
P^N\left(0.45 \leq \frac{X_{(1)} + \cdots + X_{(N)}}{N} \leq 0.55\right) \geq 95\% \quad (\text{授業者の希望})
$$

となるので, $1 - \frac{100}{N} \geq 95\%$ となればよい. そこで, これを解けば, $N \geq 2000$ を得る. こうして, 2000 回試行すれば 0.45 ~ 0.55 の範囲に 95% 以上の確率で入ることが分かる.

補足 63. もちろん, 大数の法則の前提にあるように, 各試行が独立であるという前提の下でである. この実験を生徒にさせる場合, 授業者は独立性が担保できるように実験環境を整えることを忘れてはならない.

補足 64. 実際には, この「$N \geq 2000$」という評価式はとても甘い. したがって, 本節で述べたこの算出法は使い物にならない. 本当は 385 回試行すれば $P^N\left(0.45 \leq \frac{X_{(1)}+\cdots+X_{(N)}}{N} \leq 0.55\right) \geq 95\%$ となるからである. 2000 回は多すぎるのである.

この甘さは Chebyshev の不等式という大甘の不等式から来ている. 後で述べる通り, 中心極限定理を利用すれば「$N \geq 385$」という評価式が得られる. このように, 手間をかければよりよい評価が得られる.

14 標本平均の標準化 (☆)

167 ページのグラフを見てみよう. 標本平均の実現値は標本サイズの増加とともに期待値近辺に密集してくる. これは大数の法則の現れだった.

それでは, このときの分布の形状に着目してみよう. 標本サイズの増加とともに分布の形状がきれいな整った形になってきていることが観測できる. この現象は中心極限定理の現れである. しかし, さらに詳しく見ようと標本サイズをさらに増やすと, 大数の法則の効果によって, 分布が細長くなってしまう. 分散が 0 に近づくからだ. つまり, 標本サイズを大きくすると, むしろ形状を細かく見ることができないのである.

そこで, スケールを調整してみよう. 標本サイズの増加とともに横方向に引き伸ばせばよいのである. そのために標本平均を標準化する. このとき直接計算から次が得られる:

命題 14.1. 標本平均の標準化は, 標準化の和の $\frac{1}{\sqrt{N}}$ 倍に等しい:

$$\frac{\frac{X_{(1)}+\cdots+X_{(N)}}{N} - \mathbb{E}\left[\frac{X_{(1)}+\cdots+X_{(N)}}{N}\right]}{\sigma\left[\frac{X_{(1)}+\cdots+X_{(N)}}{N}\right]} = \frac{\frac{X_{(1)}-\mathbb{E}[X_{(1)}]}{\sigma[X_{(1)}]} + \cdots + \frac{X_{(N)}-\mathbb{E}[X_{(N)}]}{\sigma[X_{(N)}]}}{\sqrt{N}}.$$

こうすることで, 分布の形状が観察しやすくなる.

補足 65. ここから先, 本書では標本平均の標準化が主たる興味対象になるが, 標準化は標本平均に限らず, 確率変数全般に対して広く有用な手段である. 一般に, データをとるときにその単位の選び方には自由度がある. 例えば, 身長のデータをとるにしても, [cm] でとるか [m] でとるかと言った自由度がある. この違いだけで, 数値上 100 倍の違いが出る. また, 気温のデータであれば, [℃] でとるか [℉] でとるかによって, 倍率だけでなく基準点 0 の位置も変わってしまう. 分散や標準偏差はこういった単位の選び方の影響を受ける. しかし, 標準化してしまえば, その実現値は単位の選び方によらない. 期待値を引くことにより基準点の影響を除去し, 標準偏差で割ることにより倍率の影響を除去しているのである. つまり, 標準化という操作は, 単位の選び方という人為的な部分を除去する意味を持つ.

14.1 標準正規分布に従う確率変数の場合 (☆)

定理 14.2. Y を標準正規分布に従う確率変数とする. このとき, Y のサイズ N の標本平均の $\sqrt{N}$ 倍も標準正規分布に従う:

$$\frac{Y_{(1)} + \cdots + Y_{(N)}}{\sqrt{N}} \sim \mathrm{N}(0,1).$$

Proof. $C := \left\{ (y_1, \cdots, y_N) \in \mathbb{R}^N \;\middle|\; \frac{y_1 + \cdots + y_N}{\sqrt{N}} \in B \right\}$ とおくと,

$$\begin{aligned}
&\mathrm{P}^N\left(\frac{Y_{(1)} + \cdots + Y_{(N)}}{\sqrt{N}} \in B \right) \\
&= \int \cdots \iint_C \frac{1}{\sqrt{2\pi}} \exp\left(-\frac{y_1^2}{2} \right) \cdots \frac{1}{\sqrt{2\pi}} \exp\left(-\frac{y_N^2}{2} \right) \mathrm{d}y_1 \cdots \mathrm{d}y_N \\
&= \frac{1}{(\sqrt{2\pi})^N} \int \cdots \iint_C \exp\left(-\frac{y_1^2 + \cdots + y_N^2}{2} \right) \mathrm{d}y_1 \cdots \mathrm{d}y_N
\end{aligned}$$

となるが, ここで,

$$z_k := \frac{y_1 + \cdots + y_k - k y_{k+1}}{\sqrt{k^2 + k}}, \quad (1 \leq k \leq N-1), \quad z_N := \frac{y_1 + \cdots + y_N}{\sqrt{N}}$$

と変数変換すれば, 重積分の計算から,

$$\begin{aligned}
&\frac{1}{(\sqrt{2\pi})^N} \int \cdots \iint_C \exp\left(-\frac{y_1^2 + \cdots + y_N^2}{2} \right) \mathrm{d}y_1 \cdots \mathrm{d}y_N \\
&= \frac{1}{(\sqrt{2\pi})^N} \int \cdots \iint_{\mathbb{R}^{N-1} \times B} \exp\left(-\frac{z_1^2 + \cdots + z_{N-1}^2 + z_N^2}{2} \right) \mathrm{d}z_1 \cdots \mathrm{d}z_{N-1}\, \mathrm{d}z_N \\
&= \int_{\mathbb{R}} \frac{1}{\sqrt{2\pi}} \exp\left(-\frac{z_1^2}{2} \right) \mathrm{d}z_1 \cdots \int_{\mathbb{R}} \frac{1}{\sqrt{2\pi}} \exp\left(-\frac{z_{N-1}^2}{2} \right) \mathrm{d}z_{N-1} \int_B \frac{1}{\sqrt{2\pi}} \exp\left(-\frac{z_N^2}{2} \right) \mathrm{d}z_N \\
&= \mu_{\mathrm{N}(0,1)}(B).
\end{aligned}$$

□

補足 66. z_k $(1 \leq k \leq N-1)$ 達の取り方には自由度がある. この変換は, 座標系を回転させて (直交変換して) 計算しやすくしているだけである.

15 中心極限定理 (☆)

中心極限定理における中心とは, この定理が確率論において中心的なテーマであることに由来しているらしい. 実際, この極限定理は確率論を語る上で欠くことのできない基本的な主題だと言えるだろう. 本書では, 大数の法則の精密化という文脈で中心極限定理をとらえたい.

15.1 $\mathrm{C}_{\mathrm{b}}^r(\mathbb{R})$ に属す関数 (☆)

本書では, ほどほどに滑らかな関数の性質を利用して, 中心極限定理を証明する. まず, そのための準備をしよう.

定義 15.1. C^r 級関数 $f:\mathbb{R}\to\mathbb{R}$ に対して,

$$\|f\|_k := \sup_{x\in\mathbb{R}} \left|f^{(k)}(x)\right|, \quad (0 \le k \le r)$$

とおき, これらを***ノルム*** *(norm)* と呼ぶ. ただし, $f^{(k)}$ は f の k 階導関数であり, $f^{(0)} = f$ とする. このとき,

$$\mathrm{C}_{\mathrm{b}}^r(\mathbb{R}) := \left\{ f:\mathbb{R}\to\mathbb{R} \;\middle|\; \begin{array}{l} f \text{ は } \mathrm{C}^r \text{ 級関数}, \\ \|f\|_k < \infty \quad (0 \le k \le r) \end{array} \right\}$$

とおく.

添え字の b は, k 階導関数 $f^{(k)}$ $(0 \le k \le r)$ が有界 (bounded) であることをあらわしている. r は任意の自然数でよいが, 後で用いるのは $r = 0$ と $r = 3$ の場合だけなので, ここでは, $\mathrm{C}_{\mathrm{b}}^0(\mathbb{R})$ と $\mathrm{C}_{\mathrm{b}}^3(\mathbb{R})$ にのみ注目する.

例 15.1.

$$f(x) := \begin{cases} 1 - x^2 & -1 < x < 1 \\ 0 & x \le -1, 1 \le x \end{cases}$$

とおくと, f は $\mathrm{C}_{\mathrm{b}}^0(\mathbb{R})$ に属すが $\mathrm{C}_{\mathrm{b}}^1(\mathbb{R})$ には属さない.

例 15.2.

$$f(x) := \begin{cases} (1 - x^2)^2 & -1 < x < 1 \\ 0 & x \le -1, 1 \le x \end{cases}$$

とおくと, f は $\mathrm{C}_{\mathrm{b}}^1(\mathbb{R})$ に属すが $\mathrm{C}_{\mathrm{b}}^2(\mathbb{R})$ には属さない.

例 15.3.

$$f(x) := \begin{cases} (1 - x^2)^3 & -1 < x < 1 \\ 0 & x \le -1, 1 \le x \end{cases}$$

とおくと, f は $\mathrm{C}_{\mathrm{b}}^2(\mathbb{R})$ に属すが $\mathrm{C}_{\mathrm{b}}^3(\mathbb{R})$ には属さない.

例 15.4.

$$\mathrm{f}(x) := \begin{cases} \exp\left(-\frac{1}{x}\right) & x > 0 \\ 0 & x \leq 0 \end{cases}$$

とおくと, f は $\mathrm{C}^3_\mathrm{b}(\mathbb{R})$ に属す. この関数 f は命題 15.2 で利用することになる. 以下は関数 f の $x \geq 0$ の範囲の関数形と増減表とノルムである.

$$\mathrm{f}(x) = \exp\left(-\frac{1}{x}\right), \qquad \|\mathrm{f}\|_0 = 1,$$

x	0		∞
$\mathrm{f}(x)$	0	↗	1

$$\mathrm{f}'(x) = \frac{1}{x^2}\exp\left(-\frac{1}{x}\right), \qquad \|\mathrm{f}\|_1 = 4e^{-2} \sim 0.5413411329464508,$$

x	0		$\frac{1}{2}$		∞
$\mathrm{f}'(x)$	0	↗	$4e^{-2}$	↘	0
			~ 0.5413411329464508		

$$\mathrm{f}''(x) = \frac{1-2x}{x^4}\exp\left(-\frac{1}{x}\right), \qquad \|\mathrm{f}\|_2 = (144+84\sqrt{3})e^{-3-\sqrt{3}} \sim 2.54996027445224,$$

x	0		$\frac{1}{2}-\frac{1}{2\sqrt{3}}$		$\frac{1}{2}+\frac{1}{2\sqrt{3}}$		∞
$\mathrm{f}''(x)$	0	↗	$(144+84\sqrt{3})e^{-3-\sqrt{3}}$	↘	$(144-84\sqrt{3})e^{-3+\sqrt{3}}$	↗	0
			~ 2.54996027445224		~ -0.41993632255698		

$$\mathrm{f}'''(x) = \frac{1-6x+6x^2}{x^6}\exp\left(-\frac{1}{x}\right), \qquad \|\mathrm{f}\|_3 \sim 30.398507730,$$

x	0		$\frac{1}{2}+\frac{1}{\sqrt{3}}\cos\frac{13}{18}\pi$		$\frac{1}{2}+\frac{1}{\sqrt{3}}\cos\frac{25}{18}\pi$		$\frac{1}{2}+\frac{1}{\sqrt{3}}\cos\frac{1}{18}\pi$		∞
$\mathrm{f}'''(x)$	0	↗		↘		↗		↘	0
			~ 30.398507730		~ -12.728696430		~ 0.379321524		

問題 26. 実際には任意の r について, $\mathrm{f} \in \mathrm{C}^r_\mathrm{b}(\mathbb{R})$ が成り立つ. これを示せ.

命題 15.1. $\mathrm{C}_\mathrm{b}^r(\mathbb{R})$ は以下を満たす.

(1) $f, g \in \mathrm{C}_\mathrm{b}^r(\mathbb{R}) \Rightarrow f + g \in \mathrm{C}_\mathrm{b}^r(\mathbb{R})$.

(2) $\chi_\varnothing \in \mathrm{C}_\mathrm{b}^r(\mathbb{R})$.

(3) $f \in \mathrm{C}_\mathrm{b}^r(\mathbb{R}) \Rightarrow -f \in \mathrm{C}_\mathrm{b}^r(\mathbb{R})$.

(4) $f, g \in \mathrm{C}_\mathrm{b}^r(\mathbb{R}) \Rightarrow fg \in \mathrm{C}_\mathrm{b}^r(\mathbb{R})$.

(5) $\chi_\mathbb{R} \in \mathrm{C}_\mathrm{b}^r(\mathbb{R})$.

(6) $f \in \mathrm{C}_\mathrm{b}^r(\mathbb{R}), a \in \mathbb{R} \Rightarrow af \in \mathrm{C}_\mathrm{b}^r(\mathbb{R})$.

Proof. (1)

$$\left|(f+g)^{(k)}(x)\right| = \left|f^{(k)}(x) + g^{(k)}(x)\right| \le \left|f^{(k)}(x)\right| + \left|g^{(k)}(x)\right| \le \|f\|_k + \|g\|_k$$

となるので, $\|f+g\|_k \le \|f\|_k + \|g\|_k$ から従う.

(2) $\|\chi_\varnothing\|_k = 0$ から従う.

(4)

$$\begin{aligned}\left|(fg)^{(k)}(x)\right| &= \left|\sum_{i=0}^k \binom{k}{i} f^{(i)}(x) g^{(k-i)}(x)\right| \le \sum_{i=0}^k \binom{k}{i} \left|f^{(i)}(x)\right| \left|g^{(k-i)}(x)\right| \\ &\le \sum_{i=0}^k \binom{k}{i} \|f\|_i \|g\|_{k-i}\end{aligned}$$

となるので, $\|fg\|_k \le \sum_{i=0}^k \binom{k}{i} \|f\|_i \|g\|_{k-i}$ から従う.

(5) $\|\chi_\mathbb{R}\|_0 = 1, \|\chi_\mathbb{R}\|_k = 0 \ (k \ge 1)$ から従う.

(6) $\|af\|_k = |a|\|f\|_k$ から従う.

(3) (6) で $a = -1$ とすればよい. □

補足 67. 性質 (1)(2)(3)(4)(5) から集合 $\mathrm{C}_\mathrm{b}^r(\mathbb{R})$ が可換環であることが, 性質 (1)(2)(3)(6) から集合 $\mathrm{C}_\mathrm{b}^r(\mathbb{R})$ が実ベクトル空間であることが従う.

命題 15.2. G を $\mathbb{R}$ の開集合とすると, $C_b^r(\mathbb{R})$ に属す関数 g で, G 上で $0 < g(x) < 1$, G^c 上で $g(x) = 1$ となるものが存在する.

Proof. $G = \varnothing$ の場合は $g = \chi_{\mathbb{R}}$ とすればよいので, 以下, $G \neq \varnothing$ とする.

(step 1)　開区間 $(-\infty, b), (a, b), (a, +\infty)$ に対して, 例 15.4 の関数 f を用いて,

$$g_{-\infty,b}(x) := 1-\mathrm{f}(b-x),\quad g_{a,b}(x) := 1-\mathrm{f}(x-a)\mathrm{f}(b-x),\quad g_{a,+\infty}(x) := 1-\mathrm{f}(x-a)$$

とおくと, 上の命題から, これらは $C_b^3(\mathbb{R})$ に属す. また,

- 関数 $g_{-\infty,b}$ は, $(-\infty, b)$ 上では $0 < g_{-\infty,b}(x) < 1$ で, $[b, +\infty)$ 上では $g_{-\infty,b}(x) = 1$.
- 関数 $g_{a,b}$ は, (a, b) 上では $0 < g_{a,b}(x) < 1$ で, $(-\infty, a] \cup [b, +\infty)$ 上では $g_{a,b}(x) = 1$.
- 関数 $g_{a,+\infty}$ は, $(a, +\infty)$ 上では $0 < g_{a,+\infty}(x) < 1$ で, $(-\infty, a]$ 上では $g_{a,+\infty}(x) = 1$.

(step2)　F を実数直線 $\mathbb{R}$ の閉集合とするとき, F^c は開集合だから, 可算個の開区間の直和集合である. したがって, (step1) で作った関数をつなぎ合わせれば, これは題意を満たす. □

命題 15.3. 関数 $f \in C_b^3(\mathbb{R})$ の Taylor 展開

$$f(a+x) = f(a) + f'(a)x + \frac{f''(a)}{2}x^2 + R(a, x)$$

の剰余項 $R(a, x)$ は, $|R(a, x)| \leq \frac{\|f\|_3}{6}|x|^3$ と評価できる.

Proof. Taylor の定理の積分表示より, 剰余項は

$$R(a, x) = \int_0^x \frac{f'''(a+s)}{2}(x-s)^2\,\mathrm{d}s$$

となるから, $|R(a, x)| = \left|\int_0^x \frac{f'''(a+s)}{2}(x-s)^2\,\mathrm{d}s\right| \leq \frac{\|f\|_3}{6}|x|^3$ のように評価できる. □

15.2 評価式 (☆)

本節では, 中心極限定理の証明の中核をなす評価式を証明する.

補題 15.4. $X, Y, A : \Omega \to \mathbb{R}$ を確率変数とし, $\mathbb{E}[X] = \mathbb{E}[Y] = 0$, $\mathbb{V}[X] = \mathbb{V}[Y]$ とする. また, A, X は独立, A, Y は独立とする. このとき, 任意の $f \in \mathrm{C}_\mathrm{b}^3(\mathbb{R})$ に対して,

$$|\mathbb{E}[f(A+X)] - \mathbb{E}[f(A+Y)]| \leq \frac{\|f\|_3}{6}\left(\mathbb{E}\left[|X|^3\right] + \mathbb{E}\left[|Y|^3\right]\right)$$

が成り立つ.

Proof. まず, 関数 $f \in \mathrm{C}_\mathrm{b}^3(\mathbb{R})$ の Taylor 展開を

$$f(a+x) = f(a) + f'(a)x + \frac{f''(a)}{2}x^2 + R(a,x)$$

とすれば, 命題 15.3 より, $|R(a,x)| \leq \frac{\|f\|_3}{6}|x|^3$.

さて, A と X は独立, また, A と Y は独立なので,

$$\begin{aligned}
&\mathbb{E}[f(A+X)] - \mathbb{E}[f(A+Y)] \\
&= \mathbb{E}\left[f(A) + f'(A)X + \frac{f''(A)}{2}X^2 + R(A,X)\right] \\
&\quad - \mathbb{E}\left[f(A) + f'(A)Y + \frac{f''(A)}{2}Y^2 + R(A,Y)\right] \\
&= \mathbb{E}[f'(A)](\mathbb{E}[X] - \mathbb{E}[Y]) + \frac{\mathbb{E}[f''(A)]}{2}\left(\mathbb{E}\left[X^2\right] - \mathbb{E}\left[Y^2\right]\right) \\
&\quad + \mathbb{E}[R(A,X)] - \mathbb{E}[R(A,Y)] \\
&= \mathbb{E}[R(A,X)] - \mathbb{E}[R(A,Y)].
\end{aligned}$$

したがって,

$$\begin{aligned}
|\mathbb{E}[R(A,X)] - \mathbb{E}[R(A,Y)]| &\leq \mathbb{E}[|R(A,X)|] + \mathbb{E}[|R(A,Y)|] \\
\leq \mathbb{E}\left[\frac{\|f\|_3}{6}|X|^3\right] + \mathbb{E}\left[\frac{\|f\|_3}{6}|Y|^3\right] &= \frac{\|f\|_3}{6}\left(\mathbb{E}\left[|X|^3\right] + \mathbb{E}\left[|Y|^3\right]\right).
\end{aligned}$$

以上より, 主張は示された. □

次の評価式は記号がやや重たいので, 初読の際はまず添え字を無視して (つまり, コピーしていることを無視して), 評価の仕方だけを追うとよい.

補題 15.5. $X : \Omega_1 \to \mathbb{R}$ と $Y : \Omega_2 \to \mathbb{R}$ を期待値 0, 分散 1, 有限歪度を持つ確率変数とする. このとき, $f \in C_b^3(\mathbb{R})$ に対して,

$$\left|\mathbb{E}\left[f\left(\frac{X_{(1)} + \cdots + X_{(N)}}{\sqrt{N}}\right)\right] - \mathbb{E}\left[f\left(\frac{Y_{(1)} + \cdots + Y_{(N)}}{\sqrt{N}}\right)\right]\right| \leq \frac{\|f\|_3}{6\sqrt{N}} (\kappa_3[X] + \kappa_3[Y]).$$

Proof. $A_k := \frac{X_{(1)}+\cdots+X_{(k-1)}+Y_{(k+1)}+\cdots+Y_{(N)}}{\sqrt{N}}$ とおくと,

$$\begin{aligned}&\left|\mathbb{E}\left[f\left(\frac{X_{(1)} + \cdots + X_{(k)} + Y_{(k+1)} + \cdots + Y_{(N)}}{\sqrt{N}}\right)\right]\right.\\ &\qquad \left. - \mathbb{E}\left[f\left(\frac{X_{(1)} + \cdots + X_{(k-1)} + Y_{(k)} + \cdots + Y_{(N)}}{\sqrt{N}}\right)\right]\right|\\ &= \left|\mathbb{E}\left[f\left(A_k + \frac{X_{(k)}}{\sqrt{N}}\right)\right] - \mathbb{E}\left[f\left(A_k + \frac{Y_{(k)}}{\sqrt{N}}\right)\right]\right|\end{aligned}$$

となるが, $A_k, \frac{X_{(k)}}{\sqrt{N}}$ は独立, $A_k, \frac{Y_{(k)}}{\sqrt{N}}$ は独立なので, 補題 15.4 より,

$$\begin{aligned}&\left|\mathbb{E}\left[f\left(A_k + \frac{X_{(k)}}{\sqrt{N}}\right)\right] - \mathbb{E}\left[f\left(A_k + \frac{Y_{(k)}}{\sqrt{N}}\right)\right]\right| \leq \frac{\|f\|_3}{6}\left(\mathbb{E}\left[\left|\frac{X_{(k)}}{\sqrt{N}}\right|^3\right] + \mathbb{E}\left[\left|\frac{Y_{(k)}}{\sqrt{N}}\right|^3\right]\right)\\ &= \frac{\|f\|_3}{6N\sqrt{N}}\left(\mathbb{E}\left[\left|X_{(k)}\right|^3\right] + \mathbb{E}\left[\left|Y_{(k)}\right|^3\right]\right) = \frac{\|f\|_3}{6N\sqrt{N}}(\kappa_3[X] + \kappa_3[Y]).\end{aligned}$$

これを $1 \leq k \leq N$ について足し上げれば,

$$\begin{aligned}&\left|\mathbb{E}\left[f\left(\frac{X_{(1)} + \cdots + X_{(N)}}{\sqrt{N}}\right)\right] - \mathbb{E}\left[f\left(\frac{Y_{(1)} + \cdots + Y_{(N)}}{\sqrt{N}}\right)\right]\right|\\ &= \left|\sum_{k=1}^{N}\left(\mathbb{E}\left[f\left(A_k + \frac{X_{(k)}}{\sqrt{N}}\right)\right] - \mathbb{E}\left[f\left(A_k + \frac{Y_{(k)}}{\sqrt{N}}\right)\right]\right)\right|\\ &\leq \sum_{k=1}^{N}\left|\mathbb{E}\left[f\left(A_k + \frac{X_{(k)}}{\sqrt{N}}\right)\right] - \mathbb{E}\left[f\left(A_k + \frac{Y_{(k)}}{\sqrt{N}}\right)\right]\right|\\ &\leq N\frac{\|f\|_3}{6N\sqrt{N}}(\kappa_3[X] + \kappa_3[Y]) = \frac{\|f\|_3}{6\sqrt{N}}(\kappa_3[X] + \kappa_3[Y]).\end{aligned}$$

以上より, 主張は示された. □

15.3 Portmanteau の補題 (☆)

次に紹介する Portmanteau の補題は, 本来 (1) (3) (4) (5) の必要十分性を主張するが[51], 本書では, 後で使う都合で (2) を挿入している.

Portmanteau (ポートマントー) の補題

補題 15.6. 実数直線 $(\mathbb{R};\mathcal{B})$ 上の確率分布の列 μ_N, 確率分布 μ について, 以下は同値:

(1) 任意の $f \in \mathrm{C}^0_{\mathrm{b}}(\mathbb{R})$ に対して, $\displaystyle\lim_{N\to\infty}\int_{\mathbb{R}} f(x)\,\mathrm{d}\mu_N = \int_{\mathbb{R}} f(x)\,\mathrm{d}\mu$.

(2) 任意の $f \in \mathrm{C}^3_{\mathrm{b}}(\mathbb{R})$ に対して, $\displaystyle\lim_{N\to\infty}\int_{\mathbb{R}} f(x)\,\mathrm{d}\mu_N = \int_{\mathbb{R}} f(x)\,\mathrm{d}\mu$.

(3) 任意の閉集合 F に対して, $\displaystyle\lim_{N\to\infty}\sup_{M\geq N}\mu_M(F) \leq \mu(F)$.

(4) 任意の開集合 G に対して, $\displaystyle\lim_{N\to\infty}\inf_{M\geq N}\mu_M(G) \geq \mu(G)$.

(5) 任意の $\mu(\partial B) = 0$ なる Borel 集合 B に対して, $\displaystyle\lim_{N\to\infty}\mu_N(B) = \mu(B)$.

Proof. (1) ⇒ (2): これは自明.

(2) ⇒ (3): F を閉集合とする. このとき, 開集合 F^c について, 命題 15.2 から得られる関数 g をとり, 関数列 (g^n) を考える. $g^n \geq \chi_F$ より,

$$\int_{\mathbb{R}} g^n(x)\,\mathrm{d}\mu_N(x) \geq \int_{\mathbb{R}} \chi_F(x)\,\mathrm{d}\mu_N(x) = \mu_N(F)$$

したがって,

$$\int_{\mathbb{R}} g^n(x)\,\mathrm{d}\mu(x) \overset{(2)}{=} \lim_{N\to\infty}\int_{\mathbb{R}} g^n(x)\,\mathrm{d}\mu_N(x) \geq \lim_{N\to\infty}\sup_{M\geq N}\mu_M(F).$$

$\displaystyle\lim_{n\to\infty} g^n = \chi_F$ と Lebesgue の収束定理から,

$$\mu(F) = \int_{\mathbb{R}} \chi_F(x)\,\mathrm{d}\mu(x) = \int_{\mathbb{R}} \lim_{n\to\infty} g^n(x)\,\mathrm{d}\mu(x) = \lim_{n\to\infty}\int_{\mathbb{R}} g^n(x)\,\mathrm{d}\mu(x)$$
$$\geq \lim_{N\to\infty}\sup_{M\geq N}\mu_M(F).$$

[51] 他の必要十分条件については, 例えば, [13][14][7] を見よ.

(3) $\Leftrightarrow$ (4): 補集合をとれば, これは自明.

(3) $\Rightarrow$ (5), (4) $\Rightarrow$ (5): いずれも (3)(4) ともに仮定できる. いま, B の閉包 $\overline{B}$, B の内部 B° について, (3)(4) より,

$$\begin{aligned}\mu(B^\circ) &\le \lim_{N\to\infty}\inf_{M\ge N}\mu_M(B^\circ) \le \lim_{N\to\infty}\inf_{M\ge N}\mu_M(B)\\ &\le \lim_{N\to\infty}\sup_{M\ge N}\mu_M(B) \le \lim_{N\to\infty}\sup_{M\ge N}\mu_M(\overline{B}) \le \mu(\overline{B})\end{aligned}$$

を得るが, $\mu(\partial B) = 0$ より, $\mu(B^\circ) = \mu(\overline{B})$ なので, $\lim_{N\to\infty}\mu_N(B) = \mu(B)$.

(5) $\Rightarrow$ (1): $f \in C_b^0(\mathbb{R})$ を任意にとり, $L := \|f\|_0 + 1$ とおく. 任意に $M > 0, \varepsilon > 0$ をとる. $\mu(\{x\}) > 0$ となる $x \in \mathbb{R}$ は高々可算個だから, 点列 $-L = a_0 < a_1 < \cdots < a_{M-1} < a_M = L$ で

- $\mu(f = a_i) = 0 \ \ (0 \le i \le M)$,
- $|a_{i+1} - a_i| \le \frac{1}{M} \ \ (0 \le i < M)$

となるものがとれる. ここで,

$$B_{M,i} := \left\{ x \in \mathbb{R} \;\middle|\; a_i \le f(x) < a_{i+1} \right\},$$

とおけば, $B_{M,i}$ は $\mu(\partial B_{M,i}) = 0$ を満たす. したがって, 仮定より, N が十分大きければ, すべての i で, $\left|\mu_N(B_{M,i}) - \mu_N(B_{M,i})\right| < \varepsilon$ となる. さて,

$$g_M := \sum_{i=0}^{M-1} a_i \chi_{B_{M,i}}$$

とおけば任意の $x \in \mathbb{R}$ で $0 \le f(x) - g_M(x) \le \frac{1}{M}$ となる. このとき,

$$\begin{aligned}\left|\int_{\mathbb{R}} f(x)\,\mathrm{d}\mu_N(x) - \int_{\mathbb{R}} f(x)\,\mathrm{d}\mu(x)\right| &\le \left|\int_{\mathbb{R}} f(x)\,\mathrm{d}\mu_N(x) - \int_{\mathbb{R}} g_M(x)\,\mathrm{d}\mu_N(x)\right|\\ &\quad + \left|\int_{\mathbb{R}} g_M(x)\,\mathrm{d}\mu_N(x) - \int_{\mathbb{R}} g_M(x)\,\mathrm{d}\mu(x)\right|\\ &\quad + \left|\int_{\mathbb{R}} g_M(x)\,\mathrm{d}\mu(x) - \int_{\mathbb{R}} f(x)\,\mathrm{d}\mu(x)\right|\\ &\le \frac{1}{M} + M\varepsilon + \frac{1}{M}.\end{aligned}$$

M, ε は任意だから,

$$\lim_{N\to\infty}\left|\int_{\mathbb{R}} f(x)\,\mathrm{d}\mu_N(x) - \int_{\mathbb{R}} g(x)\,\mathrm{d}\mu(x)\right| = 0.$$

□

15.4 中心極限定理 (☆)

いよいよフィナーレ. 中心極限定理を証明しよう.

定理 15.7. $(\Omega;\mathcal{E},P)$ を確率空間, $X:\Omega\to\mathbb{R}$ を期待値 0, 分散 1 を持つ確率変数とする. いま, $\mu_{\mathrm{N}(0,1)}$ を標準正規分布とすれば, $\mu_{\mathrm{N}(0,1)}(\partial B)=0$ なる任意の $B\in\mathcal{B}$ に対して,

$$\lim_{N\to\infty}P^N\left(\frac{X_{(1)}+\cdots+X_{(N)}}{\sqrt{N}}\in B\right)=\mu_{\mathrm{N}(0,1)}(B).$$

特に, 実数 $a<b$ に対して,

$$\lim_{N\to\infty}P^N\left(a\le\frac{X_{(1)}+\cdots+X_{(N)}}{\sqrt{N}}\le b\right)=\frac{1}{\sqrt{2\pi}}\int_a^b\exp\left(-\frac{x^2}{2}\right)\mathrm{d}x.$$

ここで, 不等号 $\le$ はどちらも $<$ に置き替えてもよい.

本書では, 歪度 $\mathbb{S}[X]$ の存在 ($\kappa_3[X]$ の存在) を仮定した証明を紹介する.

Proof. まず, $(\mathbb{R};\mathcal{B},\mathrm{P})$ を分散 1 を持つ誤差の確率空間とし, $Y:\mathbb{R}\to\mathbb{R}$ を恒等写像とすれば, 確率変数 Y は標準正規分布に従うので, Y は期待値 0, 分散 1, 歪度 0 を持つ[52]. いま, 任意に $f\in C_{\mathrm{b}}^3(\mathbb{R})$ をとると, 補題 15.5 より,

$$\left|\mathbb{E}\left[f\left(\frac{X_{(1)}+\cdots+X_{(N)}}{\sqrt{N}}\right)\right]-\mathbb{E}\left[f\left(\frac{Y_{(1)}+\cdots+Y_{(N)}}{\sqrt{N}}\right)\right]\right|$$
$$\le\frac{\|f\|_3}{6\sqrt{N}}\left(\kappa_3[X]+\kappa_3[Y]\right).$$

ここで, 辺々 $N\to\infty$ とすれば, 定理 14.2 より,

$$\lim_{N\to\infty}\int_{\mathbb{R}}f(x)\,\mathrm{d}P^N_{\frac{X_{(1)}+\cdots+X_{(N)}}{\sqrt{N}}}(x)=\lim_{N\to\infty}\int_{\mathbb{R}}f(x)\,\mathrm{dP}^N_{\frac{Y_{(1)}+\cdots+Y_{(N)}}{\sqrt{N}}}(x)$$
$$=\int_{\mathbb{R}}f(x)\,\mathrm{d}\mu_{\mathrm{N}(0,1)}(x).$$

$f\in C_{\mathrm{b}}^3(\mathbb{R})$ は任意だったから, Portmanteau の補題より,

$$\lim_{N\to\infty}P^N\left(\frac{X_{(1)}+\cdots+X_{(N)}}{\sqrt{N}}\in B\right)=\lim_{N\to\infty}P^N_{\frac{X_{(1)}+\cdots+X_{(N)}}{\sqrt{N}}}(B)=\mu_{\mathrm{N}(0,1)}(B).$$

□

[52] 3 次の絶対モーメントは $\kappa_3[Y]=\frac{4}{\sqrt{2\pi}}$ であるが, この事実はいらない.

15.5　2 枚のコイン表裏 (その 3) 標本サイズの算出 (強)(☆)

13.3 節では, Chebyshev の不等式を利用した標本サイズの算出法を述べたが, これはだいぶ丼ぶり勘定であった, 本節では, 中心極限定理を利用したより精密な標本サイズの算出法を述べる. 中心極限定理という高度な定理を利用するだけあって, その恩恵は大きい. まず, 標準正規分布の確率密度関数を $\varphi_{\mathrm{N}(0,1)}(x) = \dfrac{1}{\sqrt{2\pi}} \exp\left(-\dfrac{x^2}{2}\right)$ とおくことにしよう.

$$
\begin{aligned}
95\% &\le P^N\left(0.45 \le \frac{X_{(1)} + \cdots + X_{(N)}}{N} \le 0.55\right) && \text{(授業者の希望)} \\
&= P^N\left(-\frac{\sqrt{N}}{10} \le \frac{\frac{X_{(1)}-\mathbb{E}[X]}{\sigma[X]} + \cdots + \frac{X_{(N)}-\mathbb{E}[X]}{\sigma[X]}}{\sqrt{N}} \le \frac{\sqrt{N}}{10}\right). && \left(\begin{array}{c}\mathbb{E}[X] = 0.5 \\ \sigma[X] = 0.5 \\ \text{より}\end{array}\right) \\
&\sim \int_{-\frac{\sqrt{N}}{10}}^{\frac{\sqrt{N}}{10}} \varphi_{\mathrm{N}(0,1)}(x)\,\mathrm{d}x && \text{(中心極限定理より)}
\end{aligned}
$$

また, 標準正規分布表より, $95\% \sim \displaystyle\int_{-1.96}^{1.96} \varphi_{\mathrm{N}(0,1)}(x)\,\mathrm{d}x$. つまり, 近似的に

$$
\int_{-1.96}^{1.96} \varphi_{\mathrm{N}(0,1)}(x)\,\mathrm{d}x \lesssim \int_{-\frac{\sqrt{N}}{10}}^{\frac{\sqrt{N}}{10}} \varphi_{\mathrm{N}(0,1)}(x)\,\mathrm{d}x.
$$

したがって,

$$
\frac{\sqrt{N}}{10} \gtrsim 1.96 \Leftrightarrow \sqrt{N} \gtrsim 19.6 \Leftrightarrow N \gtrsim 384.16
$$

なので, 以上より, およそ 385 回の標本サイズが必要と分かる. 多めに見積もって, 400 回も実験すれば, 95% 以上の確率で標本平均の実現値が 0.45 ~ 0.55 の範囲に入ることが分かった. つまり, 授業者は 400 回分の試行を授業中に実践すればよいのである.

16 補遺

本文中に納めなかった定理の証明について, ここで補っておきたい.

16.1 実数直線の位相の周辺

本節では, 本論で用いる, 特に中心極限定理の証明中に用いる実数についての基本的な用語と性質について復習する.

16.1.1 ε-近傍, 開集合と閉集合

実数 $x \in \mathbb{R}$ と $\varepsilon > 0$ に対して,

$$N_\varepsilon(x) := \left\{ a \in \mathbb{R} \;\middle|\; |a - x| < \varepsilon \right\}$$

とおき, これを x **の** ε**-近傍**と呼ぶ.

定義 16.1. 実数直線 $\mathbb{R}$ の部分集合 G が**開集合**であるとは, 任意の $x \in G$ に対して, ある $\varepsilon > 0$ が存在して, $N_\varepsilon(x) \subseteq G$ が成り立つことである:

$$\forall x \in \mathbb{R}; x \in G \Rightarrow \exists \varepsilon > 0; N_\varepsilon(x) \subseteq G.$$

定義 16.2. 実数直線 $\mathbb{R}$ の部分集合 B と点 $x \in \mathbb{R}$ に対して, x **が** B **の内点**であるとは, ある $\varepsilon > 0$ が存在して, $N_\varepsilon(x) \subseteq B$ が成り立つことである. B の内点の全体を B° とおき, B **の内部**と呼ぶ.

定義 16.3. 実数直線 $\mathbb{R}$ の部分集合 F が**閉集合**であるとは, 任意の $x \in \mathbb{R}$ について, 任意の $\varepsilon > 0$ に対して $N_\varepsilon(x) \cap F = \varnothing$ であるならば, $x \in F$ となることである:

$$\forall x \in \mathbb{R}; \text{“}\forall \varepsilon > 0; N_\varepsilon(x) \cap F = \varnothing\text{”} \Rightarrow x \in F.$$

定義 16.4. 実数直線 $\mathbb{R}$ の部分集合 B と点 $x \in \mathbb{R}$ に対して, x **が** B **の触点**であるとは, 任意の $\varepsilon > 0$ に対して, $N_\varepsilon(x) \cap B \neq \varnothing$ が成り立つことである. B の触点の全体を $\overline{B}$ とおき, B **の閉包**と呼ぶ.

任意の部分集合 $B \subseteq \mathbb{R}$ に対して, 以下が成り立つ:

(1) $B^\circ \subseteq B \subseteq \overline{B}$

(2) B は開集合 $\Leftrightarrow B = B^\circ$.

(3) B は閉集合 $\Leftrightarrow B = \overline{B}$.

$\partial B := \overline{B} \setminus B^\circ$ とおき, これを B **の境界**と呼ぶ.

16.1.2 区間

定義 16.5. 実数直線 $\mathbb{R}$ の部分集合 I が**区間**であるとは, I が空でなく, 任意の $a, b \in I$ $(a < b)$ と $a < c < b$ となる実数 c に対して, $c \in I$ となることである.

区間は 9 種類	(閉区間)	(閉区間でない)
(開区間)	$(-\infty, +\infty)$,	$(-\infty, b), (a, b), (a, +\infty)$,
(開区間でない)	$(-\infty, b], [a, b], [a, +\infty)$	$(a, b], [a, b)$.

- $(-\infty, +\infty), (-\infty, b), (a, b), (a, +\infty)$ は開集合なので, **開区間**と呼ぶ.
- $(-\infty, +\infty), (-\infty, b], [a, b], [a, +\infty)$ は閉集合なので, **閉区間**と呼ぶ.
- $(-\infty, +\infty)$ は開かつ閉区間である.
- $(a, b], [a, b)$ を**半開区間**と呼ぶ. これらは開区間でも閉区間でもない.

定理 16.1. 実数直線における開集合は可算個の開区間の直和である.

Proof. $U \subseteq \mathbb{R}$ を開集合とする. いま, $a, b \in U$ に対して, 二項関係 $\sim$ を

$$a \sim b :\Leftrightarrow \text{“}a \leq b \text{ and } [a, b] \subseteq U\text{” or “}b \leq a \text{ and } [b, a] \subseteq U\text{”}$$

で定めれば, $\sim$ は U 上の同値関係をなす. そこで, この同値関係に関する同値類を I_λ $(\lambda \in \Lambda)$ であらわすことにすれば, これは明らかに区間であり, 開集合 U は区間 I_λ 達の直和に分解することができる:

$$U = \coprod_{\lambda \in \Lambda} I_\lambda.$$

以上より, 示すべきは以下の 2 点である:

(1) I_λ が開区間であること. (2) Λ が可算集合であること.

(1) I_λ を一つとり, 任意に $x \in I_\lambda$ をとる. U は開集合だから, 十分小さな ε-近傍 $N_\varepsilon(x)$ は U に含まれる. いま, 任意に $y \in N_\varepsilon(x)$ をとれば, $[x, y]$ か $[y, x]$ は $N_\varepsilon(x)$ に含まれるから, $[x, y]$ か $[y, x]$ は U に含まれる. ゆえに, $y \in I_\lambda$. したがって, $N_\varepsilon(x) \subseteq I_\lambda$. よって, I_λ は開集合である.

(2) 有理数の全体 $\mathbb{Q}$ は可算集合なので, $U_\mathbb{Q} := U \cap \mathbb{Q}$ は可算集合である. いま, 有理数 $x \in U_\mathbb{Q}$ に対して, $x \in I_\lambda$ となる $\lambda \in \Lambda$ を対応させよう. この対応を $\varphi : U_\mathbb{Q} \to \Lambda$ とあらわすことにする. さて, 任意に $\lambda \in \Lambda$ と $x \in I_\lambda$ をとる. (1) から I_λ は開集合だから, x と異なる $y \in I_\lambda$ が存在する. x と y の間に有理数が存在するから, φ は全射である. $U_\mathbb{Q}$ は可算集合だから, Λ も可算集合である.

以上より, U は可算個の開区間の直和である. □

16.1.3 広義積分

K を $\mathbb{R}^N$ の有界閉集合とする. K の定義関数 χ_K について,

$$\int \cdots \int_K \chi_K(x_1, \cdots, x_N)\, \mathrm{d}x_1 \cdots \mathrm{d}x_N$$

が定義されるとき, K は**体積確定**と呼ばれるのだった.

また, K を $\mathbb{R}^N$ の体積確定な有界閉集合とする. K 上の実数値関数 f について,

$$\int \cdots \int_K f(x_1, \cdots, x_N)\, \mathrm{d}x_1 \cdots \mathrm{d}x_N$$

が定義されるとき, f は **K 上 *Riemann* 可積分**と呼ばれるのだった. 例えば連続関数は Riemann 可積分であった.

C が $\mathbb{R}^N$ の開集合のとき, C に含まれる体積確定な有界閉集合の列 $K_1, K_2, K_3, \cdots$ が

(1) $K_1 \subseteq K_2 \subseteq K_3 \subseteq \cdots$,

(2) $\displaystyle\bigcup_{n=1}^{\infty} K_n = C$,

(3) C に含まれる任意の有界閉集合 F に対して, ある n が存在して, $F \subseteq K_n$ が成り立つ

を満たすとき, 列 (K_n) を **C の取り尽くし列**と呼ぶ.

開集合 C 上の実数値関数 f が**広義 *Riemann* 可積分**であるとは, C の任意の取り尽くし列 (K_n) に対して,

$$\lim_{n\to\infty} \int \cdots \int_{K_n} f(x_1, \cdots, x_N)\, \mathrm{d}x_1 \cdots \mathrm{d}x_N$$

が収束することである. 次の定理は基本的である:

定理 16.2. C を $\mathbb{R}^N$ の開集合とし, f を C 上の非負実数値関数とする. このとき, 以下は同値:

(1) f は C 上広義 Riemann 可積分.

(2) C のある取り尽くし列 (K_n) について,

$$\lim_{n\to\infty}\int\cdots\int_{K_n} f(x_1,\cdots,x_N)\,\mathrm{d}x_1\cdots\mathrm{d}x_N$$

は収束する.

本書では, 確率密度関数に対して, この定義を利用する.

有界閉直方体塊は体積確定な有界閉集合であることに注意しよう. いま, C を開集合として, (K_n) を有界閉直方体塊の列で,

$$(1)\quad K_1 \subseteq K_2 \subseteq \cdots, \qquad (2)\quad \bigcup_{n=1}^{\infty} K_n = C$$

を満たすものとする. このとき, (K_n) が C の取り尽くし列になることを示そう. つまり, 条件 (3) を満たすことを示せばよい.

いま, F を有界閉集合とする. $F \subseteq \bigcup_{n=1}^{\infty} K_n$ であるから, n が存在して, $F \subseteq K_n^\circ$ となる[53]. ゆえに, (1)(2) を満たす有界閉直方体塊の列は C の取り尽くし列となるので, このような一組の (K_n) が取れればよいことになる.

16.2　関数方程式

補題 16.3. g を 0 以上の実数で定義された正値連続関数とする. g は任意の $u, v \geq 0$ に対して, 次を満たすとする:

$$g(u+v) = g(u)g(v).$$

このとき, g は $g(t) = \exp(at)$ の形の関数に限る.

[53] 背理法で示す. 任意の n に対して, $F \not\subseteq K_n^\circ$. したがって, $(F \setminus K_n^\circ)_n$ は有界閉集合の減少列となる. これは空でないので, 矛盾する.

Proof. (step 1) $h(t) := \log g(t)$ とおけば, 条件は $h(u+v) = h(u) + h(v)$ と書き替えられる.

(step 2) $a := h(1)$ とおく. t を自然数とすれば,

$$h(t) = h(\overbrace{1 + 1 + \cdots + 1}^{t\text{ 個}}) \overset{\text{step 1}}{=} \overbrace{h(1) + h(1) + \cdots + h(1)}^{t\text{ 個}} = \overbrace{a + a + \cdots + a}^{t\text{ 個}} = at.$$

(step 3) t を 0 以上の有理数とすれば, $t = \frac{m}{n}$ $(m, n \in \mathbb{N}, n \neq 0)$ とあらわせる. このとき,

$$h(t) = \frac{1}{n}h(nt) = \frac{1}{n}h(m) \overset{\text{step 2}}{=} \frac{1}{n}am = at.$$

(step 4) $t \geq 0$ を任意にとる. t_n を t に収束する (0 以上の) 有理数列とする. このとき, h の連続性より,

$$h(t) = h(\lim_{n\to\infty} t_n) = \lim_{n\to\infty} h(t_n) \overset{\text{step 3}}{=} \lim_{n\to\infty} at_n = a \lim_{n\to\infty} t_n = at.$$

したがって, $g(t) = \exp h(t) = \exp(at)$ の形になる. □

16.3 測度論の周辺

16.3.1 半集合体

定義 16.6. Ω を空でない集合とする. Ω の部分集合の族 $\mathcal{E} \subseteq 2^\Omega$ が**半集合体** *(set semifield)* であるとは,

(1) $\emptyset, \Omega \in \mathcal{E}$,

(2) 任意の $\omega \in \Omega$ に対して, $\{\omega\} \in \mathcal{E}$,

(3) $E, F \in \mathcal{E}$ であれば, $E \cap F \in \mathcal{E}$,

(4) $E, F \in \mathcal{E}$ であれば, 有限個の $G_1, \cdots, G_m \in \mathcal{E}$ が存在して, $G_1, \cdots, G_m$ は $E \setminus F$ の分割となる

を満たすことである. 半集合体 $\mathcal{E}$ の元を**基本図形** *(an elementary figure)* と呼ぶ. また, 対ごとに互いに素な有限個の基本図形の直和を**基本図形塊** *(a set elementary figure)* と呼ぶ.

補足 68. 集合半体と訳すべきかもしれないが, 代数系における半体と混同するのを避けるために, 本書では半集合体と訳す.

補題 16.4. $E_1, \cdots, E_n$ を対ごとに素な基本図形, F を基本図形とすれば, $(E_1 \amalg \cdots \amalg E_n) \setminus F$ は対ごとに素な基本図形の直和であらわされる.

Proof.

$$
\begin{aligned}
(E_1 \amalg \cdots \amalg E_n) \setminus F &= (E_1 \setminus F) \amalg \cdots \amalg (E_n \setminus F) \\
&= (G_{11} \amalg \cdots \amalg G_{1m_1}) \amalg \cdots \amalg (G_{n1} \amalg \cdots \amalg G_{nm_n}).
\end{aligned}
$$

□

定義 16.7. 半集合体 $\mathcal{E}$ が**集合体** *(a set field)* であるとは, 次を満たすことである:

- $E, F \in \mathcal{E}$ ならば $E \setminus F \in \mathcal{E}$ となる.

補足 69. この条件は半集合体の公理 (4) より強い ($m = 1$ としたもの).

命題 16.5. $\mathcal{E}$ を半集合体とする. このとき, $\mathcal{E}_0$ を基本図形塊の全体とすれば, $\mathcal{E}_0$ は $\mathcal{E}$ を含む最小の集合体である.

Proof. (共通部分で閉じていること)　$E_1 \cup \cdots \cup E_n, F_1 \cup \cdots \cup F_m$ を基本図形塊とする. このとき,

$$
\bigcup_{i=1}^{n} E_i \cap \bigcup_{j=1}^{m} F_j = \bigcup_{i=1}^{n} \bigcup_{j=1}^{m} \left(E_i \cap F_j\right)
$$

いま, $(i, j) \neq (i', j')$ であれば, $\left(E_i \cap F_j\right) \cap \left(E_{i'} \cap F_{j'}\right) = \varnothing$ なので, これは基本図形の有限個の直和である.

(補集合で閉じていること)　$E_1, \cdots, E_n$ を対ごとに素な基本図形とする. このとき,

$$
(E_1 \cup \cdots \cup E_n)^c = (\Omega \setminus E_1) \setminus E_2 \setminus \cdots \setminus E_n
$$

に補題を n 回適用すれば, $(E_1 \cup \cdots \cup E_n)^c$ は有限個の基本図形の直和であらわされる. □

命題 16.6. 半集合体 $\mathcal{E}$ において, 包含関係のあるふたつの任意の基本図形塊 $\coprod_{i=1}^{n} E_i \subseteq \coprod_{j=1}^{m} F_j$ に対して, 基本図形 $G_1, \cdots, G_l$ が存在して,

$$\coprod_{j=1}^{m} F_j = \coprod_{i=1}^{n} E_i \amalg \coprod_{k=1}^{l} G_k.$$

Proof. 各 j について, $\coprod_{i=1}^{n} \left(E_i \cap F_j\right) \subseteq F_j$ なので, 公理 (3) より, $F_j = \coprod_{i=1}^{n} \left(E_i \cap F_j\right) \amalg G_{j1} \amalg \cdots \amalg G_{jp_j}$ という分割が得られる. したがって, 分割の表示を

$$\begin{aligned}
\coprod_{j=1}^{m} F_j &= \coprod_{j=1}^{m} \left(\coprod_{i=1}^{n} \left(E_i \cap F_j\right) \amalg G_{j1} \amalg \cdots \amalg G_{jp_j} \right) \\
&= \coprod_{j=1}^{m} \coprod_{i=1}^{n} \left(E_i \cap F_j\right) \amalg \coprod_{j=1}^{m} \left(G_{j1} \amalg \cdots \amalg G_{jp_j}\right) \\
&= \coprod_{i=1}^{n} E_i \amalg \coprod_{j=1}^{m} \left(G_{j1} \amalg \cdots \amalg G_{jp_j}\right)
\end{aligned}$$

のようにできる. □

16.3.2 Carathéodory の拡張定理に向けて

Carathéodory の拡張定理は通常, 集合体上の確率測度が σ-集合体上の確率測度へ一意的に拡張できることとして述べられる. 本書では半集合体上の確率測度を拡張するので, ここでは集合体へ拡張できるところまで証明して, 後半は他書へ譲ろうと思う.

命題 16.7. $\mathcal{E}$ を半集合体, P を $\mathcal{E}$ 上の確率測度とする. このとき, $\mathcal{E}_0$ を $\mathcal{E}$ を含む最小の集合体とすれば, P は $\mathcal{E}_0$ 上の確率測度に一意的に拡張できる.

Proof. $E_1 \amalg \cdots \amalg E_n$ を基本図形塊とするとき,

$$P\left(\coprod_{i=1}^{n} E_i\right) := \sum_{i=1}^{n} P(E_i)$$

と定めたい. これが well-defined であることを示そう.

$E_1 \amalg \cdots \amalg E_n = F_1 \amalg \cdots \amalg F_m$ をもう一つの表示とする. このとき, 各 i について,

$$E_i = E_i \cap \coprod_{j=1}^{m} F_j = \coprod_{j=1}^{m} \left(E_i \cap F_j\right)$$

であるから,

$$P(E_i) = \sum_{j=1}^{m} P\left(E_i \cap F_j\right).$$

同様に, 各 j について,

$$F_j = \coprod_{i=1}^{n} E_i \cap F_j = \coprod_{i=1}^{n} \left(E_i \cap F_j\right)$$

であるから,

$$P(F_j) = \sum_{i=1}^{n} P\left(E_i \cap F_j\right).$$

したがって,

$$\sum_{i=1}^{n} P(E_i) = \sum_{i=1}^{n} \sum_{j=1}^{m} P\left(E_i \cap F_j\right) = \sum_{j=1}^{m} \sum_{i=1}^{n} P\left(E_i \cap F_j\right) = \sum_{j=1}^{m} P(F_j).$$

ゆえに, well-defined.

$E_1, E_2, E_3, \cdots$ を対ごとに素な基本図形塊とし, $\coprod_{i=1}^{\infty} E_i$ も基本図形塊とする. このとき, 各基本図形塊は基本図形の直和に 分解できるので,

$$P\left(\coprod_{i=1}^{\infty} E_i\right) = \sum_{i=1}^{\infty} P(E_i)$$

が成り立つ. したがって, これが集合体への確率測度の拡張である. 一意性は明らか. □

16.3.3 Borel 集合族

定理 16.8. 以下の $\mathbb{R}$ の部分集合族を含む最小の完全加法族はいずれも Borel 集合族 $\mathcal{B}$ に一致する.

(1) $\mathcal{B}_1 := \left\{(a,b) \;\middle|\; a < b\right\}$,

(2) $\mathcal{B}_2 := \left\{[a,b) \;\middle|\; a < b\right\}$,

(3) $\mathcal{B}_3 := \left\{(a,b] \;\middle|\; a < b\right\}$,

(4) $\mathcal{B}_4 := \left\{[a,b] \;\middle|\; a \le b\right\}$,

(5) $\mathcal{B}_5 := \left\{(a,+\infty) \subseteq \mathbb{R} \;\middle|\; a \in \mathbb{R}\right\}$,

(6) $\mathcal{B}_6 := \left\{[a,+\infty) \subseteq \mathbb{R} \;\middle|\; a \in \mathbb{R}\right\}$,

(7) $\mathcal{B}_7 := \left\{(-\infty,b) \subseteq \mathbb{R} \;\middle|\; b \in \mathbb{R}\right\}$,

(8) $\mathcal{B}_8 := \left\{(-\infty,b] \subseteq \mathbb{R} \;\middle|\; b \in \mathbb{R}\right\}$.

Proof. $\mathbb{R}$ の開集合の全体を $\mathcal{B}_0$ とおけば, 定義から $\sigma[\mathcal{B}_0] = \mathcal{B}$ である.

(1) $\mathcal{B}_1 \subseteq \mathcal{B}_0$ より, $\sigma[\mathcal{B}_1] \subseteq \sigma[\mathcal{B}_0]$.

逆に, $U \in \mathcal{B}_0$ を任意にとる. このとき, U は可算個の有界開区間 (a_i, b_i) の和集合である. いま, 各 (a_i, b_i) は $\mathcal{B}_1$ に属すから, U は $\sigma[\mathcal{B}_1]$ に属す. つまり, $\mathcal{B}_0 \subseteq \sigma[\mathcal{B}_1]$. 以上より, $\sigma[\mathcal{B}_0] = \sigma[\mathcal{B}_1]$.

(2) 任意に $[a,b) \in \mathcal{B}_2$ をとる. ここで, 狭義単調増加列 a_n で, a に収束するものをとれば, $\displaystyle\bigcap_{n\in\mathbb{N}}(a_n, b) = [a,b)$ となるから, $\mathcal{B}_2 \subseteq \sigma[\mathcal{B}_1]$.

逆に, 任意に $(a,b) \in \mathcal{B}_1$ をとる. ここで, (a,b) 内の狭義単調減少列 a_n で, a に収束するものをとれば, $\displaystyle\bigcup_{n\in\mathbb{N}}[a_n, b) = (a,b)$ となるから, $\mathcal{B}_1 \subseteq \sigma[\mathcal{B}_2]$.

以上より, $\sigma[\mathcal{B}_1] = \sigma[\mathcal{B}_2]$.

(3)(4) (2) と同様である.

(5) 任意に $(a,+\infty) \in \mathcal{B}_5$ をとる. このとき, 半開区間の列 $(a, a+1]$, $(a+1, a+2], (a+2, a+3], \cdots$ をとれば, $\displaystyle\bigcup_{n\in\mathbb{N}}(a+n, a+n+1] = (a,+\infty)$ となるから, $\mathcal{B}_5 \subseteq \sigma[\mathcal{B}_3]$.

逆に, 任意に $(a,b] \in \mathcal{B}_3$ をとる. ここで, $(a,+\infty) \setminus (b,+\infty) = (a,b]$ となるから, $\mathcal{B}_3 \subseteq \sigma[\mathcal{B}_5]$. 以上より, $\sigma[\mathcal{B}_3] = \sigma[\mathcal{B}_5]$.

(6)(7)(8) (5) と同様である. □

16.3.4 可測関数

定理 16.9. $(\Omega; \mathcal{E})$ を可測空間とする. $f : \Omega \to \mathbb{R}$ とする. このとき, f が可測であることと, 以下の条件はいずれも必要十分である:

(1) $\forall a, b \in \mathbb{R}; a < b \Rightarrow f^{-1}((a, b)) \in \mathcal{E}$.

(2) $\forall a, b \in \mathbb{R}; a < b \Rightarrow f^{-1}([a, b)) \in \mathcal{E}$.

(3) $\forall a, b \in \mathbb{R}; a < b \Rightarrow f^{-1}((a, b]) \in \mathcal{E}$.

(4) $\forall a, b \in \mathbb{R}; a < b \Rightarrow f^{-1}([a, b]) \in \mathcal{E}$.

(5) $\forall a \in \mathbb{R}; f^{-1}((a, +\infty)) \in \mathcal{E}$.

(6) $\forall a \in \mathbb{R}; f^{-1}([a, +\infty)) \in \mathcal{E}$.

(7) $\forall b \in \mathbb{R}; f^{-1}((-\infty, b)) \in \mathcal{E}$.

(8) $\forall b \in \mathbb{R}; f^{-1}((-\infty, b]) \in \mathcal{E}$.

Proof. (1) $\Rightarrow$ (2). 任意に $b \in \mathbb{R}$ をとる. このとき, $B := (-\infty, b]$ とおけば, $B \in \mathcal{B}$ である. 仮定 (1) より, $f^{-1}(B) \in \mathcal{E}$ である. このとき,

$$f^{-1}(B) = \left\{ \omega \in \Omega \;\middle|\; f(\omega) \in B \right\} = \left\{ \omega \in \Omega \;\middle|\; f(\omega) \leq b \right\} = f^{-1}((-\infty, b]).$$

(2) $\Rightarrow$ (1). まず,

$$\mathcal{B}_0 := \left\{ B \in \mathcal{B} \;\middle|\; f^{-1}(B) \in \mathcal{E} \right\}$$

とおく. このとき,

- $\mathcal{B}_0 \subseteq \mathcal{B}$.
- $\mathcal{B}_0$ は $\mathbb{R}$ の σ-集合体.
- 任意の $a \in \mathbb{R}$ に対して, $(a, +\infty) \in \mathcal{B}_0$.

よって, $\mathcal{B} = \sigma(\left\{ (a, +\infty) \;\middle|\; a \in \mathbb{R} \right\}) \subseteq \mathcal{B}_0$. したがって, $\mathcal{B}_0 = \mathcal{B}$. よって, (1) が成り立つ.

(1) とその他の同値性も同様. □

参考文献

[1] Martin Gardner, *Mathematical Games: How three modern mathematicians disproved a celebrated conjecture of Leonhard Euler*, Scientific American **201** (1959), no. 5, 188.

[2] ______, *Mathematical Games: Problems involving questions of probability and ambiguity*, Scientific American **201** (1959), no. 4, 174–182.

[3] ______, *The Second Scientific American Book of Mathematical Puzzles and Diversions*, Simon & Schuster, 1961.

[4] John F. W. Herschel, *Quetelet on probabilities*, Edinburgh Review **92** (1850), 1–57.

[5] John W. Tukey, *Exploratory Data Analysis*, Addison-Wesley, 1977.

[6] 伊藤清三, **ルベーグ積分入門**, 裳華房, 1963(初版)1998(第 37 刷).

[7] 伊藤雄二, **確率論** *(***新数学講座** *10)*, 朝倉書店, 2002(初版)2004(第 2 刷).

[8] P. S. Laplace (翻訳: 内井惣七), *Essai philosophique sur les probabilités (***翻訳: 確率の哲学的試論***)*, (翻訳: 岩波文庫), 1814 (翻訳:1997).

[9] 国立教育政策研究所, **平成** *27* **年度全国学力・学習状況調査の調査問題・正答例・解説資料について**, `https://www.nier.go.jp/15chousa/15chousa.htm`, 2015.

[10] A. N. Kolmogorov (翻訳: 坂本實), *Grundbegriffe der Wahrscheinlichkeitsrechnung (***翻訳: 確率論の基礎概念***)*, (翻訳: 筑摩書房), 1933 (翻訳:2010).

[11] 小針晛宏, **確率・統計入門**, 岩波書店, 1973.

[12] 文部科学省, *[***数学編***]* **中学校指導要領**, 平成 29 年告示.

[13] 舟木直久, **確率論** *(***講座:数学の考え方** *20)*, 朝倉書店, 2004(初版)2012(第 7 刷).

[14] 西尾真喜子, **確率論**, 実教出版, 1978(初版)2011(第 33 刷).

索 引

仲田 研登（なかだ けんと：NAKADA Kento）

2000 年　筑波大学第一学群自然学類　数学専攻　卒業
2002 年　大阪大学大学院理学研究科博士前期課程　数学専攻　修了
2007 年　大阪大学大学院情報科学研究科博士後期課程　情報基礎数学専攻
　　　　単位習得退学
2008 年　大阪大学　博士 (理学) 取得
2009 年　稚内北星学園大学情報メディア学部情報メディア学科　講師
2012 年　岡山大学大学院　教育学研究科　講師
2017 年　同　准教授　現在に至る

岡山大学版教科書　**数学教員のための確率論**

2021 年 9 月 15 日　初版第 1 刷発行

著　者　　仲田 研登
発行者　　槇野 博史
発行所　　岡山大学出版会
〒700-8530　岡山県岡山市北区津島中 3-1-1
TEL 086-251-7306　FAX 086-251-7314
http://www.lib.okayama-u.ac.jp/up/
印刷・製本　友野印刷株式会社

　ISBN 978-4-904228-71-5